海岱地区新石器时代
动物考古研究

宋艳波 著

上海古籍出版社

本书的出版得到山东大学青年交叉科学群体（2020QNQT018）和

山东大学青年学者未来计划项目共同资助

序

　　有意识地收集考古遗址各种堆积中的动物骨骼,并对其进行种属鉴定、数量统计、具体分析和综合研究,是动物考古学的基本内容。收集动物骨骼的行为在考古学中产生较早,特别是在年代较早的旧石器时代,通过动物骨骼不仅可以了解古人类社会经济基本构成的狩猎和捕捞活动,而且在没有研究出测定地质时期绝对年代的自然科学方法之前,动物群的组合变化和绝灭种属、现生种属的所占比例,还是判定遗址相对年代和划分地层的重要依据。进入新石器时代之后,随着定居聚落的出现和普及,由驯养动物逐渐形成的家畜饲养业,是构成农业经济的两大重要支柱之一。这种现象一直持续到历史时期。同时在很长的时期之内,狩猎和捕捞作业仍然是人类生业经济的重要来源。

　　动物不仅可以为人类提供营养充足的肉食和奶制品等食物,它们的皮毛、骨角牙壳还可以用来制作衣服、生产工具、生活用具、武器和装饰品等,从而极大丰富了人类的生活。同时,因为动物的分布区域和生存方式受制于地貌、气候、水文、土壤、植物等环境因素,反过来,动物遗存又是研究人类不同时期生存环境不可或缺的资料。

　　基于上述,中国现代考古学产生初期就开始注意动物类遗存的收集和鉴定。例如:山东城子崖遗址发掘过程中采集的动物骨骼,在随后出版的中国第一部田野考古发掘报告——《城子崖(山东历城县龙山镇之黑陶文化遗址)》(1934年)中,虽然所用的篇幅不长,但是特地将出土动物骨骼单独辟为一章(第七章)予以公布。大体同时(1936年),古生物学家杨钟健和德日进,对安阳殷墟出土的哺乳动物遗存进行了鉴定、分析和研究,并根据动物的来源将殷墟遗址出土的哺乳动物区分为本地野生、家畜和外地搬迁而来等三组。

　　20世纪50年代,影响深远并经过大面积发掘的陕西西安半坡和河南陕县庙底沟遗址,也发现一定数量的动物骨骼。半坡遗址出土的动物遗存由李有恒和韩德芬进行了专门研究,他们在鉴定分类的基础上,将半坡的动物骨骼分为驯养及可能是驯养动物、狩猎获取动物、可能是较晚时期侵入动物等三大类别,并据此探讨了半坡时期当地的地理环境和家畜饲养等问题。这一研究作为附录置于《西安半坡——原始氏族公社聚落遗址》的报告之后,开把相关遗存的鉴定、分析和研究等内容以附录的形式置于考古发掘报告正文之后的先河。

此后进行的田野考古发掘工作,虽然多数也注意到各类动物遗存的收集,但总体上因为其与当时中国考古学研究的重心关联度不大,各种动物遗存的收集手段和重视程度都明显不足,效果也不甚理想。除了个别遗址,绝大多数似乎仍然延续了考古学诞生以来的做法和水平。这一时期出版的田野考古发掘报告,基本上是采用附录的形式,将动物类遗存与其他相关内容,如人体骨骼、玉石器原料、植物类遗存以及其他特殊遗存的鉴定和分析报告等,一起置于考古发掘报告的正文之后,如《大汶口》(1974 年)、《临潼姜寨》(1988 年)、《淅川下王岗》(1989 年)、《兖州西吴寺》(1990 年)、《山东王因》(2000 年)、《蒙城尉迟寺》(2001 年)等。

1980 年代,随着国家对外开放政策的实施,在国外研习考古学的部分访问和留学学者归来之后,将西方考古学界关于动物考古研究的新理念和新方法带回了中国。如中国科学院古脊椎动物与古人类研究所的祁国琴和中国社会科学院考古研究所的袁靖,在这一时期分别结合国外动物考古学的研究历史与现状,先后系统阐述了动物考古学的研究目标和具体方法,并选择个别遗址(如姜寨)进行了个案研究,对动物考古学在中国的发展起到了较好的引导和促进作用。

1990 年代中期至新旧世纪之交,中国考古学的发展产生重大变化。一方面在区系类型理论的指导下,中国主要地区基本建立起新石器时代和青铜时代早期考古学文化的时空框架和文化发展谱系,从而促使中国考古学研究的重心开始由文化史向古代社会转移;另一方面,随着《中华人民共和国涉外考古工作管理办法》于1991 年的发布实施,在中国的遗址上开展中外合作的田野考古发掘工作有了实质性进展。国外考古学的一系列新理论、新方法和新技术被引入到中国的田野考古发掘和研究之中,如围绕古代社会研究开展的聚落考古,以及为获取更多研究古代社会的信息和资料而开展的多学科合作研究等。在对这些外来因素的理解、消化、改造和不断创新并使之适应中国考古学实际的过程之中,逐渐探索出一条适合中国考古学研究的学术之路。在这一历史背景和新的形势之下,作为多学科合作研究重要内容之一的动物考古越来越受到重视,研究的理念、方法、田野和实验室操作技术迅速与国际接轨,并获取许多引人注目的丰硕成果。

在上述历史背景之下,山东大学与美国耶鲁大学于 1995 年冬开始,在以两城镇龙山文化遗址为中心的鲁东南沿海地区,合作开展了长时期的区域系统考古调查和聚落考古研究工作。1998～2001 年,在前四年系统调查的基础上,联合考古队选择该地区的龙山文化中心聚落——两城镇遗址进行重点发掘。为期三年的两城镇遗址考古发掘工作,在聚落考古理念的指导下,从发掘前的课题设计,发掘中的多学科采样、记录,到实验室的鉴定、检测、统计和分析,全面开展了多学科综合研究的实践。这一发掘工作不仅获取了大量过去未曾发现的新资料,而且对于不同自然科学方法和技术如何在考古学研究的完整流程中予以实施和操作,总结出一套符合中国考古学实际的操作程序。

随后,多学科合作研究工作在海岱地区得到积极响应。最近十几年以来,以山东为主的海岱地区多数遗址的田野考古工作,无论是主动性发掘,还是配合基本建设的抢救性工作,多通过筛选和水洗等行之有效的操作方法,开始主动地收集动物、植物、人类骨骼以及石骨器制作等手工业废料等遗存,并从点到面、由浅及深地开展系统的后续检测、分析和研究,逐渐积累了比较丰富的不同学科的研究资料。

为了适应中国考古学研究转型这一新的发展和变化,特别是转型之后极大地增加了考古工作的容量,客观上要求有更多的不同学科专业人员加入考古研究的队伍中来。于是,2002 年我们正式组建成立了山东大学东方考古研究中心。按中心之发展规划,第一步先设立了动物、植物、陶器和玉石器等四个考古实验室。宋艳波从北京大学研究生毕业之后,应聘到山东大学东方考古研究中心,并主持动物考古实验室的研究工作,从而使山东大学的动物考古研究迅速发展起来,实验室的建设工作也逐渐走向正规。

在动物遗存的研究方面,大体经历了这样的过程,即初期多是对一个遗址出土的动物骨骼进行种属鉴定、最小个体数统计、各类动物比例的统计分析等,逐渐上升到与生业关系密切的家畜饲养和狩猎活动、人类的肉食来源以及环境变迁等,甚至某一类动物研究如家猪的驯养和某一时期动物遗存的综合研究等。随着出土资料的积累和关于动物考古研究的不断深入,对更大范围和更长时间跨度内,动物对人类的影响和人类对动物遗存的利用及区域差异和演变过程,便逐渐提上了考古研究工作的日程。

地处黄河和淮河下游的海岱地区,新石器时代各考古学文化的文化内涵和特征、文化的源流关系、不同区域之间的文化交流等考古学基础研究开展得相对较为充分,各时期考古遗存的分期和年代清晰而明确。十几年来,宋艳波亲自收集、鉴定、统计和分析了海岱地区绝大多数遗址发掘出土的不同时期的动物遗存资料,在这一基础上,她从宏观和微观相结合的角度,全面、系统、深入地分析和研究了海岱地区新石器时代的动物遗存。研究的中心是动物遗存所反映的海岱地区史前社会。主要内容包括各时期动物群反映的古环境变迁、以家猪为主的六畜的出现和利用、动物资源的利用及其反映的生业经济等方面,探讨自后李文化到龙山文化时期先民动物资源利用模式的发展演变以及特殊动物埋藏所反映的人类精神文化现象等,认为海岱地区先民动物资源利用及生业经济选择方面的重大变化发生于大汶口文化中晚期,而精神文化现象等方面的重大变化可能要晚至龙山文化时期。此外,在整体上分为后李文化、北辛文化、大汶口文化早期、大汶口文化中晚期和龙山文化五个大的时期进行纵向演变分析的基础上,还对海岱地区内部不同区域动物群所反映的古环境进行了空间差异的比较和探讨,从而对不同时期人类的聚落选址和生业经济活动有了更为立体的了解和认识。

宋艳波在山东大学考古学系工作的近二十年中,表现出极强的求知欲、上进心和责任感,学术目标明确,并能坚持不懈。她学习勤奋努力,阅读了大量国内外关于动物考古的文献资料,了解和掌握了国外动物考古的理论、方法和新的发展趋势,奠定了从事研究工作的坚实基础;她对工作兢兢业业,较早获得国家文物局颁发的个人田野考古领队资质,担负着本科生和研究生的课堂教学任务,多次作为领队和辅导老师指导考古专业本科生的田野考古实习;她的研究工作认真扎实,精益求精,从普通遗址出土的动物骨骼分类、鉴定和统计分析做起,脚步遍及海岱地区乃至全国各地,在此基础上提炼和归纳出对考古学文化甚至更大区域和更长时段动物遗存的分布和演变规律,并上升到社会层面进行探索和研究。

基于上述,我愿意向业内同行推荐宋艳波精心撰写的这一研究成果。

栾丰实

2022 年 1 月 10 日

目　　录

插 图 目 录

插 表 目 录

第一章 绪 论

　　动物考古学,是指对考古遗址中出土的动物遗存进行分析和研究的学科[1]。其研究目标包括复原古代环境,研究人类行为,研究人类与环境、人类与其他动物群体之间的关系等,最终目标是从动物遗存的角度复原古代社会[2]。

　　海岱地区,是中国新石器时代至青铜时代早期几个主要的文化区系之一。鼎盛时期的分布范围包括了山东全省、江苏和安徽省北部、河南省东部、河北省东南部和辽东半岛南部等广大地区。这一地区的新石器文化遗存,以其文化发展线索清晰、年代关系明确和文化发展水平较高而受到学术界的高度重视。

　　进入 21 世纪以来,海岱地区史前考古呈现出全面发展的态势,新的田野资料大量涌现,学术思想的转变和专题性的学术会议及重大课题的启动推进了研究工作的不断深入,从而使海岱地区成为中国史前考古研究的重要地区之一[3]。

　　本书是关于海岱地区新石器时代的动物考古学观察与分析,涉及的时空概念分别为海岱地区和新石器时代。关干海岱地区的空间分布以及论文中涉及的有关海岱地区各新石器时代文化的分区、分期等情况全部参照栾丰实的观点[4];对于遗址本身的时代归属则尊重发掘报告编写者的成果,在此基础上遇

---

〔1〕 周本雄:《考古动物学》,《中国大百科全书·考古卷》,中国大百科全书出版社,1986 年,第252 页;Elizabeth J. Reitz and Elizabeth S. Wing, *Zooarchaeology*, Cambridge University Press, 2008, p1.

〔2〕 祁国琴:《动物考古学所要研究和解决的问题》,《人类学学报》1983 年第 3 期,第 293~300页;袁靖:《研究动物考古学的目标、理论和方法》,《中国历史博物馆馆刊》1995 年第 1 期,第59~68 页。

〔3〕 栾丰实:《海岱地区考古研究》,山东大学出版社,1997 年;栾丰实:《海岱地区史前考古的新进展》,《山东大学学报(哲学社会科学版)》2006 年第 5 期,第 35~40 页。

〔4〕 栾丰实:《海岱地区考古研究》,山东大学出版社,1997 年。

到多次发掘的遗址,以出版时间距离现在最近的报告所作出的年代判断作为主要依据[1]。

在空间分布上,海岱地区是以泰沂山系为中心,不同时期的分布范围有一定差别,总体上呈逐渐扩大的趋势,鼎盛时期包括山东全省、苏皖两省北部、豫东、冀东南以及辽东半岛南部在内的广大地区,或被称为泰沂文化区。

新石器时代,指的是地质时代的全新世早中期,绝对年代为距今 10 000 年到距今 4 000 年前后这段时期。海岱地区新石器时代早期的遗址,目前来看只发现沂源扁扁洞一处,绝对年代为距今 11 000~9 000 年[2]。新石器时代中期以来的文化序列比较清楚,包括后李文化、北辛文化、大汶口文化和龙山文化四个大的时期。

综上所述,本文所涉及的遗址时代上不早于扁扁洞遗址所处的时期,不晚于龙山文化时期;空间上来看以山东省行政区内遗址为主,同时也包括江苏北部、安徽北部、河南东部及辽东半岛的部分遗址。

第一节　研究背景

一、动物考古学研究的历史与现状

动物考古学最早开始于 19 世纪中期的欧洲地区,法国学者利用不同地层中出土的动物骨骼对史前历史进行分期,建立起史前考古学的框架。19 世纪末期,一些学者开始对动物遗骸进行研究,观察骨骼表面的人工痕迹,并开始区分早期家养动物与野生动物。20 世纪中期,一些学者开始利用动物生态来复原环境,并针对动物遗存所能反映出的诸如屠宰、消费等人类行为进行了相关的探讨。进入 21 世纪以来,借助现代科技手段进行的专题和区域性研究逐渐成为动物考古学研究的主要方面[3]。

---

〔1〕 少数报告的分期和断代在原报告的基础上,根据栾丰实教授《海岱地区考古研究》中论述的分期方案进行校正。

〔2〕 Bo sun, Mayke Wagner, Zhijun Zhao, Gang Li, Xiaohong Wu, Pavel E. Tarasov, Archaeological discovery and research at Bianbiandong early Neolithic cave site, Shandong, China, *Quaternary International*, 2014, 348: 169~182.

〔3〕 袁靖、秦小丽译:《动物考古学研究的进展——以西欧、北美为中心》,《考古与文物》1994 年第 1 期,第 92~112 页;祁国琴、袁靖:《欧美动物考古学简史》,《华夏考古》1997 年第 3 期,第 91~99 页。

二、海岱地区新石器时代动物考古研究历程

本地区考古学兴起之初就已经开展过动物考古相关研究。八十余年的发展历程,可以大致分为以下三个阶段。

1. 萌芽期(20 世纪 30 年代)

这一时期出版的《城子崖》报告中专门有《墓葬与人类,兽类,鸟类之遗骨及介壳之遗壳》一章,研究章丘城子崖遗址出土的动物遗骸,时代上包括龙山文化和岳石文化时期,开创了本地区新石器时代动物考古研究的先河。该报告虽然是在正文中单辟一章用来记叙动物考古的相关资料,但文章的内容过于简短,仅仅是停留在对动物种属的介绍上,缺乏具体的统计数字,对于所获动物遗存的时代归属也不够明确。

2. 开始期(20 世纪 60 至 70 年代)

这一时期,李有恒、叶祥奎等学者对曲阜西夏侯墓地〔1〕和泰安大汶口墓地〔2〕中出土的猪、龟等动物遗存进行鉴定与描述。

与前一时期相比,研究者对出土动物遗存的描述更为详细,还对其中比较特殊的动物进行了重点讨论与分析。开始涉及家畜饲养、环境以及动物遗存所表现出的人类意识等方面,只是这些分析大都浅尝辄止,缺乏全面系统的阐释。

3. 发展期(20 世纪 80 年代至今)

这一时期,国外动物考古学的研究方法陆续传入,环境考古学正式成为考古学的分支学科并得到了快速发展。在这样的形势下,中国动物考古学也得到较快的发展,开始有专门的动物考古学者对出土的动物遗存进行全面分析和研究。海岱地区的动物考古研究发展也比较迅速,这一时期发表的动物考古相关研究报告数量远多于前两个时期。

本时期以新世纪为界,又可以分成两个阶段。

(1)第一阶段:20 世纪 80 年代到 90 年代末

20 世纪 80 年代以来,考古工作者对动物遗存的重视程度逐渐加强,本地区动物遗存研究的相关报告陆续发表,包括:周本雄对鲁家口动物的研究〔3〕,成

---

〔1〕 李有恒、许春华:《山东曲阜西夏侯新石器时代遗址猪骨的鉴定》,《考古学报》1964 年第 2 期,第 104~105 页。

〔2〕 李有恒:《大汶口墓群的兽骨及其他动物骨骼》;叶祥奎:《我国首次发现的地平龟甲壳》,《大汶口——新石器时代墓葬发掘报告》,文物出版社,1974 年,第 156~163 页。

〔3〕 周本雄:《山东潍县鲁家口遗址动物遗骸》,《考古学报》1985 年第 3 期,第 349~350 页。

庆泰等对三里河〔1〕和白石村〔2〕动物的研究,孔庆生对五村、小荆山和前埠下动物的研究〔3〕,卢浩泉等对尹家城和西吴寺动物的研究〔4〕,石荣琳对建新动物的研究〔5〕,周本雄等对王因动物的研究〔6〕,李民昌对万北动物的研究〔7〕,韩立刚对石山子动物的研究〔8〕等。

这些报告绝大多数是由生物学者来完成的,而且多以附录的形式存在于考古发掘报告中。这些报告大部分偏重对动物种属的介绍及环境的复原方面,缺乏系统全面的动物考古学研究。部分报告甚至忽视了考古发掘中文化层的划分与时代的区别,将所有动物遗存放在一起进行讨论,降低了资料分析的科学性以及结论的可信性。

(2) 第二阶段:20 世纪以来

此阶段是以 20 世纪末期袁靖等对胶东半岛贝丘遗址的研究〔9〕为起点的,这本报告从环境考古的各个角度对胶东半岛新石器时代的贝丘遗址进行全面综合的分析论述,为环境考古学研究打下坚实的基础。

与此同时,伴随着田野考古发掘技术与方法的不断进步,越来越多的考古工作者在发掘的过程中采用筛选和浮选的方法,获得了更多的动物遗存。在

〔1〕 成庆泰:《三里河遗址出土的鱼骨、鱼鳞鉴定报告》;齐钟彦:《三里河遗址出土的贝壳等鉴定报告》,《胶县三里河》,文物出版社,1988 年,第 186~191 页。

〔2〕 成庆泰:《烟台白石村新石器时代遗址出土鱼类的研究》;齐钟秀:《烟台白石村新石器时代遗址出土软体动物的鉴定》;周本雄:《烟台白石村新石器时代遗址出土动物鉴定》,《胶东考古》,文物出版社,2000 年,第 91~95 页。

〔3〕 孔庆生:《广饶县五村大汶口文化遗址中的动物遗骸》,《海岱考古(第一辑)》,山东大学出版社,1989 年,第 122~123 页;孔庆生:《小荆山遗址中的动物遗骸》,《华夏考古》1996 年第 2 期,第 23~28 页;孔庆生:《前埠下新石器时代遗址中的动物遗骸》,《山东省高速公路考古报告集(1997)》,科学出版社,2000 年,第 103~105 页。

〔4〕 卢浩泉、周才武:《山东泗水县尹家城遗址出土动、植物标本鉴定报告》,《泗水尹家城》,文物出版社,1990 年,第 350~352 页;卢浩泉:《西吴寺遗址兽骨鉴定报告》,《兖州西吴寺》,文物出版社,1990 年,第 248~249 页。

〔5〕 石荣琳:《建新遗址的动物遗骸》,《枣庄建新:新石器时代遗址发掘报告》,科学出版社,1996 年,第 224 页。

〔6〕 周本雄:《山东兖州王因新石器时代遗址出土的动物遗骸》;周本雄:《山东兖州王因新石器时代遗址中的扬子鳄遗骸》;叶祥奎:《山东兖州王因遗址中的龟类甲壳分析报告》;郭书元、李云通、邵望平:《山东兖州王因新石器时代遗址的软体动物群》,《山东王因——新石器时代遗址发掘报告》,科学出版社,2000 年,第 414~451 页。

〔7〕 李民昌:《江苏沭阳万北新石器时代遗址动物骨骼鉴定报告》,《东南文化》1991 年第 Z1 期,第 183~189 页。

〔8〕 安徽省文物考古研究所:《安徽省濉溪县石山子遗址动物骨骼鉴定与研究》,《考古》1992 年第 3 期,第 253~262+293~294 页。

〔9〕 中国社会科学院考古研究所:《胶东半岛贝丘遗址环境考古》,社会科学文献出版社,2007 年。

这样好的条件下,笔者所在的山东大学动物考古实验室自 2005 年以来,已经
陆续完成数十处新石器时代遗址出土动物遗存的鉴定、整理和分析工作,其中
属于海岱地区的遗址有 37 处。在研究的过程中,笔者及指导的学生严格按照
现代动物考古学的研究方法对这些遗址出土的动物遗存进行鉴定、统计、分析
与讨论,目前部分遗址的研究结果已经发表[1]。在此期间,本地区新石器时
代动物考古的相关研究成果还包括:张颖对桐林动物的研究[2],袁靖等对尉迟
寺动物的研究[3],钟蓓对西公桥和玉皇顶动物的研究[4],吕鹏对西朱封动物

〔1〕 宋艳波:《济南长清月庄 2003 年出土动物遗存分析》,《考古学研究(七)》,科学出版社,2008
年,第 519~531 页;宋艳波、何德亮:《枣庄建新遗址 2006 年动物骨骼鉴定报告》,《海岱考古
(第三辑)》,科学出版社,2010 年,第 224~226 页;宋艳波:《即墨北阡遗址 2007 年出土动物遗
存分析》,《考古》2011 年第 11 期,第 14~18 页;宋艳波、宋嘉莉、何德亮:《山东滕州庄里西龙
山文化出土动物遗存分析》,《东方考古(第 9 集)》,科学出版社,2012 年,第 609~626 页;宋艳
波、李倩、何德亮:《苍山后杨官庄遗址出土动物遗存分析报告》,《海岱考古(第六辑)》,科学
出版社,2013 年,第 108~132 页;宋艳波:《北阡遗址 2009、2011 年度出土动物遗存初步分
析》,《东方考古(第 10 集)》,科学出版社,2013 年,第 194~215 页;宋艳波、饶小艳:《东初遗
址出土动物遗存分析》,《东方考古(第 10 集)》,科学出版社,2013 年,第 189~193 页;宋艳波、
林留根:《史前动物遗存分析》,《梁王城遗址发掘报告(史前卷)》,文物出版社,2013 年,第
547~559 页;宋艳波、王泽冰:《山东牟平蛤堆顶遗址 2013 年出土软体动物分析》,《东方考古
(第 13 集)》,科学出版社,2016 年,第 208~219 页;宋艳波、饶小艳、贾庆元:《宿州芦城孜遗
址动物骨骼鉴定报告》,《宿州芦城孜》,文物出版社,2016 年,第 369~387 页;宋艳波、刘延常、
徐倩倩:《临沭东盘遗址龙山文化时期动物遗存鉴定报告》,《海岱考古(第十辑)》,科学出版
社,2017 年,第 139~149 页;宋艳波、王永波:《寿光边线王龙山文化城址出土动物遗存分析》,
《龙山文化与早期文明——第 22 届国际历史科学大会章丘卫星会议文集》,文物出版社,2017
年,第 204~212 页;宋艳波、饶小艳、贾庆元:《安徽濉溪石山孜遗址出土动物遗存分析》,《濉
溪石山孜——石山孜遗址第二、三次发掘报告》,文物出版社,2017 年,第 402~424 页;宋艳
波、王泽冰、赵文丫、王杰:《牟平蛤堆顶遗址出土动物遗存研究报告》,《东方考古(第 14
集)》,科学出版社,2018 年,第 245~268 页;Yanbo Song, Bo Sun, Yaqi Gao, Hailin Yi. The
environment and subsistence in the lower reaches of the yellow river around 10,000 BP—faunal
evidence from the bianbiandong cave site in shandong province, China, *Quaternary International*,
2019, 521: 35~43;宋艳波、李慧、范宪军、武昊、陈松涛、靳桂云:《山东滕州官桥村南遗址出
土动物研究报告》,《东方考古(第 16 集)》,科学出版社,2019 年,第 252~261 页;宋艳波、乙海
琳、张小雷:《安徽萧县金寨遗址(2016、2017)动物遗存分析》,《东南文化》2020 年第 3 期,第
104~111 页;宋艳波、王杰、刘延常、王泽冰:《西河遗址 2008 年出土动物遗存分析——兼论后
李文化时期的鱼类消费》,《江汉考古》2021 年第 1 期,第 112~119 页。
〔2〕 张颖:《山东桐林遗址动物骨骼分析》,北京大学学士学位论文,2006 年。
〔3〕 袁靖、陈亮:《尉迟寺遗址动物骨骼研究报告》,《蒙城尉迟寺——皖北新石器时代聚落遗存的
发掘与研究》,科学出版社,2001 年,第 424~441 页;罗运兵、吕鹏、杨梦菲、袁靖:《动物骨骼鉴
定报告》,《蒙城尉迟寺(第二部)》,科学出版社,2007 年,第 306~327 页。
〔4〕 钟蓓:《滕州西公桥遗址中出土的动物骨骼》,《海岱考古(第二辑)》,科学出版社,2007 年,第
238~240 页;钟蓓:《济宁玉皇顶遗址中的动物遗骸》,《海岱考古(第三辑)》,科学出版社,
2010 年,第 98~99 页。

的研究[1]，汤卓炜等对藤花落动物的研究[2]，戴玲玲等对后铁营动物的研究[3]，社科院考古所科技考古中心动物考古实验室对山台寺动物的研究[4]等。这一时期的报告大多为动物考古学者所做的研究，在研究的过程中注重了与传统考古学的有机结合，其分析结果科学性要更强一些。

总的来说，中国动物考古学虽然起步较晚，但是经过了二十多年来的迅速发展，学界对动物考古学的研究目标、理论、方法和技术都有了全新的认识。在这样的形势下，不少学者开始关注并进行重点区域的专题化和系统化研究，而海岱地区作为中国史前考古一个重要的文化区，目前为止已积累较为丰富的材料，具备了对本地区新石器时代动物资源利用模式进行汇总分析的条件，尤其是近年来运用科学系统的采集方法获取的一些新材料将为进一步的研究奠定坚实的基础。

第二节 研究内容和理论方法

本书以作者亲自鉴定或指导学生鉴定整理的遗址动物遗存的研究为基础，同时搜集海岱地区其他新石器时代遗址内有关动物遗存的资料，探讨本地区新石器时代先民对动物资源的利用情况，并将其置于聚落考古研究视野中，尝试探讨不同文化、不同区域、不同等级聚落先民动物资源利用方式的关系。

一、研究内容

动物遗存的鉴定和研究工作是了解海岱地区新石器时代动物群资料的基本依据。遗址中出土的动物遗存主要是与当时人类有着密切关系的动物遗骸，多为当时人类行为的产物，这些动物遗存或多或少都可以从不同的角度反映出不同的人类行为。动物考古学研究的终极目标是复原古代社会，对遗址动物群的面貌有一个基本的认识，是进一步研究人与动物关系以及人与社会关系的前提。

在上节所述国内外动物考古学发展趋势的前提下，本文的研究将侧重于以下几个方面：

---

[1] 吕鹏：《西朱封墓地出土动物遗存鉴定报告》，《临朐西朱封：山东龙山文化墓葬的发掘与研究》，文物出版社，2018年，第407~412页。

[2] 汤卓炜、林留根、周润垦、盛之翰、张萌：《江苏连云港藤花落遗址动物遗存初步研究》，《藤花落——连云港市新石器时代遗址考古发掘报告（下）》，科学出版社，2014年，第654~679页。

[3] 戴玲玲、张东：《安徽省亳州后铁营遗址出土动物骨骼研究》，《南方文物》2018年第1期，第142~150页。

[4] 中国社会科学院考古研究所科技考古中心动物考古实验室：《河南柘城山台寺遗址出土动物遗骸研究报告》，《豫东考古报告》，科学出版社，2017年，第367~393页。

1. 家畜饲养的产生与发展

传统的六畜(马牛羊猪狗鸡)是什么时候开始在海岱地区出现的？是本地驯化还是外地传入的？一些动物(如猪)在驯化(出现)之后,先民在对其饲养和利用方面又经历了怎样的发展过程？

2. 动物构成相关讨论

包括家养动物与野生动物的比例关系所反映出来的人类行为、生产和生活方式等方面的探讨;人类的主要肉食来源及其所反映的生业经济的发展演变;人类对不同动物利用模式的讨论与分析。

3. 动物群所反映的古代环境及先民对自然资源的开发与利用

包括新石器时代不同文化阶段的动物种属及其所反映的自然环境,先民对周围自然资源的开发与利用;北辛文化、大汶口文化、龙山文化时期不同地方类型间的区域环境差异及先民对野生动物资源的开发与利用等方面。

4. 动物的特殊埋藏现象及其反映的先民意识

房址、灰坑、灰沟等遗迹及墓葬中出现的特殊动物埋藏,都能够反映出先民的行为和意识,可以通过对这些特殊埋藏现象涉及的动物种属、骨骼部位及空间位置等信息的分析和讨论,探讨先民行为和意识的发展演变。

5. 动物遗存表现出的聚落等级与阶层分化

海岱地区自大汶口文化晚期开始出现聚落间的等级差异和遗迹间的等级分化现象,从动物遗存入手,讨论不同等级聚落间动物资源利用与生业经济的差异及动物利用模式的差异,可以为全面复原古代社会提供更多的证据。

二、研究方法

包括动物考古学和聚落考古学的相关研究方法。

1. 动物考古学的研究方法

（1）利用动物分类学的相关知识进行基础鉴定

参照《中国脊椎动物化石手册》[1]、《动物骨骼图谱》[2]、《中国经济动物志——淡水软体动物》[3]和《中国海洋贝类图鉴》[4]等相关文献,同时以山东大学动物考古实验室的现生动物标本为主要参考对象,以动物考古实验

〔1〕 中国科学院古脊椎动物与古人类研究所《中国脊椎动物化石手册》编写组:《中国脊椎动物化石手册(增订版)》,科学出版社,1979年。
〔2〕 伊丽莎白·施密德著,李天元译:《动物骨骼图谱》,中国地质大学出版社,1992年。
〔3〕 刘月英等:《中国经济动物志——淡水软体动物》,科学出版社,1979年。
〔4〕 张素萍:《中国海洋贝类图鉴》,海洋出版社,2008年。

室历年积累的古代典型动物标本作为辅助参考对象,对遗址出土的动物遗存进行鉴定。尽量确定其具体的属种(不能确定属种的按照其特征分别鉴定到纲、目和科)、所在部位(包括左右)、死亡年龄和性别特征等,记录骨骼保存状况,观察骨骼表面痕迹(包括风化磨蚀痕迹、人工砍砸切割等痕迹、动物啃咬痕迹与烧烤痕迹等),并对部分骨骼进行测量。在鉴定的过程中,还对全部标本进行重量的记录。

猪、牛、羊的牙齿的萌出阶段与磨蚀级别的纪录,采取格兰特(Grant)的记录方法,测量则主要根据安格拉·冯登德里施(Angela Von den Driesh)《考古遗址出土动物骨骼测量指南》确定的测量方法与标准[1]。

(2) 使用 NISP、MNI、MNE 等来进行量化分析

NISP(可鉴定标本数):代表可以据其进行系统分类或可以鉴定到骨骼部位的标本数量,它能提供标本量多少的信息,是初始的量化单元。考虑到各遗址动物遗存鉴定精度的不同,本书在使用可鉴定标本数统计时将其全部定为科一级进行。

MNI(最小个体数):计算一个分类中的标本最少代表几个个体。方法是判断这类动物骨骼的部位及其左右,然后将统计的数量聚拢起来选择最大值。

MNE(最小骨骼元素数):主要根据解剖学部位来计算一个分类中某类骨骼或骨骼部位的数量,不必面对鉴定不出骨骼是左侧还是右侧的问题,而是直接讨论骨骼的部位,研究人们对不同动物不同身体部位的需求,借以分析古人对动物的利用情况。这一分析主要运用于随葬动物的研究中。

(3) 借鉴地质学上的均变论进行环境分析

在假定动物生态与生活习性古今一致的基础上,根据遗址出土的野生动物群和野生植物组合进行遗址周边生态环境的复原,为进一步探讨古代人地关系提供更多资料。

(4) 探讨肉食资源获取方式的演变与发展

利用动物构成的比例来讨论家畜饲养业的产生与发展情况,分析先民肉食的不同来源,探讨生业经济的发展演变过程。

(5) 借助科学检测结果探讨先民食物构成及家畜饲养方式

通过对部分动物骨骼的 C 和 N 稳定同位素检测,在动物构成及数量统计结果基础上,结合植物考古相关研究成果,对先民的食物构成、生业经济状况及部分家畜的饲养和利用方式等进行相关研究。

---

[1] 安格拉·冯登德里施(Angela Von den Driesh)著,马萧林、侯彦峰译:《考古遗址出土动物骨骼测量指南》,科学出版社,2007 年。

2. 聚落考古研究方法

（1）典型聚落内部动物遗存的分布分析

主要探讨居址中发现的动物遗存空间布局特征，与动物有关的特殊埋藏现象及其意义；墓葬遗迹中随葬动物种属、部位等的差异及其显示的特殊含义。

（2）各时期不同区域聚落之间动物资源比较分析

后李文化时期，遗址主要集中在鲁北地区，北辛文化以后各个时期遗址分布范围逐步扩大，结合动物群的特征，可以分为不同的小区。根据对各小区动物群的鉴定与分析，讨论各小区动物资源的利用模式是否存在一定的差异；同时探讨可能导致这些差异的原因。

（3）同一区域不同时期动物资源利用模式比较分析

讨论同一地理单元内部在前后几千年的时间内，环境与动物资源利用模式的变化，并探讨产生变化的主要因素。

三、研究资料

1. 汇总收集前人资料

这些资料主要为前辈学者对海岱地区新石器时代出土动物资料的鉴定与研究。在无法核查以前出土的动物骨骼标本的情况下，如果没有坚实足够的证据提出怀疑，一律尊重前人的研究结果。

凡是经过两次或以上发掘且已发表发掘报告或简报的遗址，所引资料均为现有发表成果基础上的综合分析；若多次发掘最终汇总成为一本完全的发掘报告，则所引资料以最后出版的发掘报告为准。

2. 重点讨论近年来获得的新资料

这部分资料包括两个部分，一部分为笔者所在实验室的一手资料。自 2005 年以来山东大学动物考古实验室收集整理的发掘资料，包括：沂源扁扁洞、长清月庄、章丘西河、历城张马屯、临淄后李、潍溪石山孜、沂源黄崖洞、沭阳万北、滕州官桥村南、滕州前坝桥、临泉王新庄、泰安大汶口、即墨北阡、牟平蛤堆顶、荣成东初、邳州梁王城、萧县金寨、章丘焦家、泗洪赵庄、枣庄建新、阜阳高庄古城、邹平丁公、章丘城子崖和黄桑院、槐荫彭家庄、滕州庄里西、枣庄二疏城、茌平教场铺、桓台前埠、寿光边线王和双王城、临沭东盘、日照两城镇、烟台午台、滕州西孟庄、苍山后杨官庄、定陶十里铺北和宿州芦城孜等遗址，这些遗址的材料全部由笔者本人或指导学生按照统一标准进行鉴定和分析。另一部分为近年来发表的海岱地区新石器时代遗址出土的动物考古研究资料，包括蒙城尉迟寺、连云港藤花落、亳州后铁营、柘城山台寺和临朐西朱封等遗址。

第二章　动物群构成及其
反映的自然环境

　　本章的重点在于讨论各个时期先民利用的动物遗存种属构成及其反映的自然环境演变情况。

　　海岱地区发现的早于后李文化时期的新石器时代遗址,目前为止还只有沂源扁扁洞[1]一处。该遗址的可鉴定动物包括珠蚌属、蜗牛、鱼纲、两栖动物纲、鳖科、雉科、鸦科、梅花鹿、獐、猪属、狗、猫科、兔科、竹鼠科和食虫目等,其中狗有可能为家养动物,其余均为野生动物。

　　从全部数量来看,哺乳纲占比最高,约占 96%,鸟纲、鱼纲、爬行纲、两栖纲、腹足纲和瓣鳃纲都非常少。

第一节　后李文化时期的动物
群及自然环境

　　海岱地区目前已经发掘的后李文化时期遗址集中分布于鲁北地区,包括:临淄后李,潍坊前埠下,章丘西河、小荆山,长清月庄,历城张马屯,张店彭家庄和小高[2]等,其中前埠下、小荆山、月庄、西河、张马屯和后李遗址已有专门的动物遗存鉴定报告。

---

〔1〕 Yanbo Song, Bo Sun, Yaqi Gao, Hailin Yi, The environment and subsistence in the lower reaches of the yellow river around 10,000 BP—faunal evidence from the bianbiandong cave site in shandong province, China, *Quaternary International*, 2019, 521: 35~43.

〔2〕 栾丰实:《试论后李文化》,《海岱地区考古研究》,山东大学出版社,1997 年,第 1~26 页;山东省文物考古研究所:《山东 20 世纪的考古发现和研究》,科学出版社,2005 年,第 44~84 页;中国社会科学院考古研究所:《中国考古学·新石器时代卷》,中国社会科学出版社,2010 年,第 150~156 页;近年发掘资料全部为山东省文物考古研究院与山东大学的内部资料,目前尚未发表。

一、诸遗址的动物群构成

1. 小荆山遗址 [1]

该遗址可鉴定动物包括：圆顶珠蚌、珠蚌、扭蚌、剑状矛蚌、楔蚌、丽蚌、篮蚬、青鱼、草鱼、鳖、雉、斑鹿、鹿、羊、牛、马、野猪、家猪、狼、家犬、狐、貉等。其中，猪、狗、牛、羊和马可能为家畜，其余均为野生动物。

小荆山遗址大致可分三个时代的堆积：后李文化时期、汉代和宋金时期 [2]，动物遗存鉴定报告中并未将这三个时期的动物区分开来，结合近年来的动物考古研究成果，笔者认为遗址中鉴定出的羊和马并非属于后李文化时期的遗存。

2. 西河遗址 [3]

该遗址经历多次发掘，在 2008 年发掘过程中采用浮选法获取动植物遗存。1991、1997 和 2008 年度发掘所获动物遗存(包括 2008 年浮选所获)由笔者鉴定分析。三个年度综合来看，可鉴定动物包括：蚌科、圆田螺属、沼螺属、鲤鱼、草鱼、青鱼、鳡鱼、乌鳢、鳖科、鸟纲、牛科、麋鹿、梅花鹿、小型鹿科、猪、小型犬科(可能为貉)和竹鼠科等。其中猪可能是家畜，其余均为野生动物。

全部动物中，哺乳纲数量最多(49%)，鱼纲次之(36%)，鸟纲占 12%，腹足纲、瓣鳃纲和爬行纲数量都非常少。

3. 前埠下遗址 [4]

该遗址可鉴定动物包括：中华圆田螺、圆顶珠蚌、珠蚌、背瘤丽蚌、失衡丽蚌、丽蚌、扭蚌、篮蚬、文蛤、青蛤、青鱼、草鱼、鲤鱼、鲶鱼、黄颡鱼、鳖、龟、鸡、中华鼢鼠、狼、狗、狐、貉、狗獾、虎、猫、野猪、家猪、麂、獐、梅花鹿、鹿、羊、牛和水牛等。其中狗和家猪为家养动物，其他均为野生动物。

〔1〕 孔庆生：《小荆山遗址中的动物遗骸》，《华夏考古》1996 年第 2 期，第 23~28 页。

〔2〕 山东省文物考古研究所、章丘市博物馆：《山东章丘市小荆山遗址调查、发掘报告》，《华夏考古》1996 年第 2 期，第 1~23 页。

〔3〕 宋艳波：《济南地区后李文化时期动物遗存综合分析》，《华夏考古》2016 年第 3 期，第 53~59 页；宋艳波、王杰、刘延常、王泽冰：《西河遗址 2008 年出土动物遗存分析——兼论后李文化时期的鱼类消费》，《江汉考古》2021 年第 1 期，第 112~119 页。

〔4〕 孔庆生：《前埠下新石器时代遗址中的动物遗骸》，《山东省高速公路考古报告集(1997)》，科学出版社，2000 年，第 103~105 页。

前埠下遗址大致可分为两个时期的堆积：后李文化时期和大汶口文化时期[1]，动物遗存鉴定报告中并未将这两个时期的动物区分开来，结合近年来的动物考古研究成果，笔者认为遗址中鉴定出的羊和鸡并非属于后李文化时期的遗存。

4. 月庄遗址[2]

该遗址在发掘过程中使用浮选法获取动植物遗存。目前，全部遗存（包括浮选所获）已完成鉴定工作。可鉴定动物包括：青鱼、草鱼、鲤鱼、鲢鱼、鳡鱼、乌鳢、鲶鱼、鲈鱼、龟科、鳖科、雉科、小型鸭科、鹤科、牛科、麋鹿、梅花鹿、小型鹿科、猪、兔科、狗和猫科等。其中狗为家养动物，猪可能为家养动物，其余均为野生动物。

全部动物中，鱼纲数量最多（55%），哺乳纲次之（43%），鸟纲和爬行纲数量都非常少。

5. 张马屯遗址[3]

该遗址在发掘过程中使用浮选法获取动植物遗存。目前，全部遗存（包括浮选所获）已完成鉴定工作。可鉴定动物包括：剑状矛蚌、丽蚌属、圆顶珠蚌、乌鳢、龟科、鳖科、雉科、梅花鹿、狗、狗獾、貉、狐、麋鹿、牛科、小型鹿科和猪等。其中猪和狗可能为家养动物，其余均为野生动物。

全部动物中，哺乳纲数量最多（56%），鱼纲次之（16%，），瓣鳃纲占13%，爬行纲和鸟纲各占8%。

6. 后李遗址[4]

该遗址在20世纪先后经过多次发掘，从已发表的资料来看，仅提及在灰坑中有兽骨、蚌壳等，具体种属不明。

2014~2017年，山东省文物考古研究院对该遗址又进行了多次发掘，发掘过程中使用浮选法获取动植物遗存。目前这些动物遗存（包括浮选所获）已由笔者指导学生完成鉴定工作，可鉴定动物包括：圆顶珠蚌、扁蜷螺、蟹、乌鳢、鲤鱼、鲫鱼、鲢鱼、青鱼、草鱼、鲶鱼、鲨鱼、龟科、鳖科、大型鸭科、雉科、鼠科、仓鼠科、鼢

〔1〕 山东省文物考古研究所、寒亭区文管所：《山东潍坊前埠下遗址发掘报告》，《山东省高速公路考古报告集（1997）》，科学出版社，2000年，第1~102页。

〔2〕 宋艳波：《济南长清月庄2003年出土动物遗存分析》，北京大学考古文博学院编《考古学研究（七）》，科学出版社，2008年，第519~531页；宋艳波：《济南地区后李文化时期动物遗存综合分析》，《华夏考古》2016年第3期，第53~59页。已发表文章的数据并未包括全部的鱼骨，本文包含该遗址出土全部鱼骨，综合后数量为2 373件。

〔3〕 宋艳波：《济南地区后李文化时期动物遗存综合分析》，《华夏考古》2016年第3期，第53~59页。已发表文章中的数据未包含重浮中挑出的动物遗存。

〔4〕 济青公路文物考古队：《山东临淄后李遗址第一、二次发掘简报》，《考古》1992年第11期，第987~996页；济青公路文物考古队：《山东临淄后李遗址第三、四次发掘简报》，《考古》1994年第2期，第97~112页。2014~2017年度出土动物遗存由笔者指导学生鉴定整理，目前尚未发表。

鼠、狗、麋鹿、中型鹿科、小型鹿科、牛科和猪等。其中猪和狗可能为家养动物,其余均为野生动物。

全部动物中,哺乳纲数量最多(62%),鱼纲次之(18%),鸟纲占13%,瓣鳃纲、腹足纲、甲壳纲、两栖纲和爬行纲数量都比较少。

二、后李文化时期动物群及其代表的古环境

综合来看,本时期各遗址动物群大都比较一致,除月庄遗址未发现软体动物外,其余遗址均包含有少量的瓣鳃纲和腹足纲软体动物;鱼纲、爬行纲、鸟纲和哺乳纲动物在各个遗址中也都有不同数量的发现。可见,本时期遗址出土的动物种属构成较为复杂,说明先民利用的动物种属呈现出复杂多样化的特征,各遗址不同纲动物比例构成情况见图2.1。

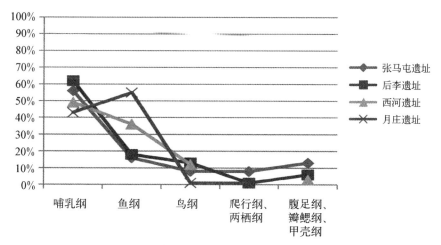

图 2.1　后李文化时期诸遗址动物构成示意图

这些遗址中,张马屯遗址的时代最早[1],西河、小荆山、后李遗址时代稍晚一些,月庄和前埠下遗址时代最晚[2]。从各遗址动物构成的历时性变化来看(图2.1),哺乳纲的比重呈现出降低的趋势,与之相对应的则是鱼纲比重呈现出的上升趋势。我们把早于后李文化时期的扁扁洞遗址动物构成情况与后李文化时期诸遗址做一比较(图2.2),可见这种趋势更加明显。

〔1〕 王芬、李铭、靳桂云:《济南市张马屯遗址新石器时代早期文化遗存》,《考古》2018年第2期,第116~120页;宋艳波:《济南地区后李文化时期动物遗存综合分析》,《华夏考古》2016年第3期,第53~59页。已发表资料中未包括重浮中挑出的动物遗存。
〔2〕 山东大学东方考古研究中心、山东省文物考古研究所、济南市考古研究所:《山东济南长清区月庄遗址2003年发掘报告》,《东方考古(第2集)》,科学出版社,2006年,第442页。

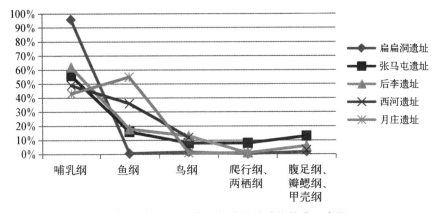

图 2.2 扁扁洞及后李文化诸遗址动物构成示意图

1. 野生动物群代表的古环境

各遗址发现的动物中,除狗为明确的家养动物,猪可能为家养动物外,其余均为野生动物。

软体动物中(表 2.1),除前埠下遗址发现有文蛤、青蛤等海产种属外,其余均为淡水种属(包括珠蚌、丽蚌、矛蚌、扭蚌、楔蚌、篮蚬、扁蜷螺和圆田螺等)。这些淡水软体动物的存在,说明各遗址附近均有一定面积的水域存在[1]。前埠下遗址发现的青蛤与文蛤属于近海的潮间带中常见的软体动物[2],生活于泥沙质海底表层,该遗址位于后李文化分布范围的最东部,离海相对较近,可以获得这类动物。遗址中普遍存在的这些淡水软体动物中,矛蚌、篮蚬和珠蚌现在在山东地区也有分布,而丽蚌、楔蚌、扭蚌等种属现在主要分布于温暖湿润的南方省区,这类生物的出现,表明当时的气候要比现在温暖湿润,大致与现在的南方省区的气候相似。

鱼纲动物中(表 2.1),除月庄遗址发现鲈鱼、后李遗址发现鲨鱼这类海产种属外,其余也均为淡水种属(包括青鱼、草鱼、鲤鱼、鲢鱼、鲫鱼、乌鳢、鳡鱼、鲶鱼、黄颡鱼等)。这些种类繁杂的淡水鱼类的发现,说明遗址周围都有着较大面积的淡水水域[3]。而少量海产种属的存在,则说明内陆聚落先民与沿海聚落之间可能存在着一定程度的交流与联系。发现的鱼类中,鲤鱼、草鱼和鲶鱼现在

〔1〕 刘月英、张文珍等:《中国经济动物志(淡水软体动物)》,科学出版社,1979 年。

〔2〕 徐凤山、张素萍:《中国海产双壳类图志》,科学出版社,2008 年。

〔3〕 李明德:《鱼类学(上册)》,南开大学出版社,1992 年;伍献文、杨干荣等:《中国经济动物志(淡水鱼类)》,科学出版社,1979 年;倪勇、伍汉霖:《江苏鱼类志》,中国农业出版社,2006 年。

在该地区仍有发现,而青鱼和黄颡鱼等,现在主要生存于长江流域,这两种鱼(尤其是青鱼)的广泛发现,说明当时鲁北地区的气候要比现在更加温暖湿润,接近现在的长江流域。

表2.1　后李文化时期诸遗址出土动物一览表

动物 \ 遗址	张马屯遗址	后李遗址	西河遗址	小荆山遗址	月庄遗址	前埠下遗址
瓣鳃纲	剑状矛蚌、圆顶珠蚌、丽蚌属	圆顶珠蚌	蚌科	圆顶珠蚌、扭蚌、剑状矛蚌、楔蚌、丽蚌、篮蚬	无	圆顶珠蚌、背瘤丽蚌、失衡丽蚌、扭蚌、篮蚬、文蛤、青蛤
腹足纲	无	扁蜷螺	圆田螺属、沼螺属	无	无	中华圆田螺
甲壳纲	无	蟹	无	无	无	无
鱼纲	乌鳢	乌鳢、鲤鱼、鲫鱼、鲢鱼、青鱼、草鱼、鲶鱼、鲨鱼	鲤鱼、草鱼、青鱼、鳡鱼、乌鳢	青鱼、草鱼	青鱼、草鱼、鲤鱼、鲢鱼、鳡鱼、乌鳢、鲶鱼、鲈鱼	青鱼、草鱼、鲤鱼、鲶鱼、黄颡鱼
爬行纲	龟科、鳖科	龟科、鳖科	鳖科	鳖	龟科、鳖科	龟、鳖
鸟纲	雉科	大型鸭科、雉科	鸟纲	雉	雉科、小型鸭科、鹤科	雉科
哺乳纲	梅花鹿、麋鹿、小型鹿科、牛科、猪、狗、狗獾、貉、狐	麋鹿、中型鹿科、小型鹿科、牛科、猪、鼠科、仓鼠科、鼢鼠、狗	麋鹿、梅花鹿、牛科、小型鹿科、猪、貉、竹鼠科	斑鹿、牛、野猪、家猪、狼、狗、狐、貉	麋鹿、梅花鹿、小型鹿科、牛科、猪、兔科、狗、猫科	梅花鹿、獐、鹿、牛科、水牛、野猪、家猪、虎、猫、狗獾、貉、狐、狼、狗、中华鼢鼠

爬行动物中(表2.1),各遗址均发现有鳖科动物,部分遗址发现龟科动物,这些动物都属常见的爬行类,栖息于江河、湖泊或池塘中[1]。这些水生动物的存在与遗址附近存在较大面积的淡水水域环境也是相符的。

鸟纲动物中(表2.1),除西河遗址因骨骼破碎程度太高无法进一步鉴定外,其余遗址均鉴定出陆生的雉科动物和少量的水生鸭科、鹤科等动物。雉科动物

---

[1]　张孟闻等:《中国动物志·爬行纲·第一卷》,科学出版社,1989年。

的广泛存在说明遗址周围有着一定面积的山林草甸[1]，而少量水生鸟类的存在也与遗址周边的淡水水域环境是相符的[2]。

哺乳动物中(表 2.1)，除明确为家养动物的狗、可能为家养动物的猪外，其余均为野生动物。各遗址中均发现有不同体型的鹿科动物(麋鹿、梅花鹿、獐、麂等小型鹿)、野生的牛科动物和多种野生的食肉动物(獾、貉、狐、猫、狼)。这些种类繁杂的陆生哺乳动物的存在表明遗址附近有着一定面积的森林(树林)和灌木等[3]，与各遗址靠近鲁中山区的地貌环境是相符的。这些野生哺乳动物中，獐和麂是典型的喜暖种属，现在主要生活在长江流域，这些动物的存在说明遗址当时的气候条件接近现在的长江流域。

从各遗址动物群所反映的气候环境来看，本时期遗址所在的鲁北地区气候要比现在更加温暖湿润，河湖等淡水资源分布面积较大，林地的面积也要比现在大得多。

2. 后李文化时期鲁北地区的古环境——其他方面的证据

目前，针对后李文化时期的古环境研究还包括以下几个方面：植物考古、土壤微形态和地貌学等。

(1) 植物考古证据

后李遗址[4]，孢粉分析发现，样品中以草本植物花粉居优势，包括蒿属、乔本科、藜科、菊科、蓼属、莎草属和香蒲等；木本植物花粉次之，包括松属、桦属、栎属、榆属和胡桃科等；蕨类植物孢子较少，包括卷柏和水龙骨科等。这一时期，气候暖湿，可能比今高 2~3 摄氏度，植被包括旱生植物、水草及灌木丛，地貌有低地及水体，当时先民居住区域地势平坦，靠近河边，野生动植物资源丰富。

前埠下遗址[5]植物硅酸体组合以长方形和方形为主，表明当时遗址周围生长了大量反映温暖湿润环境的一些植物种类。

〔1〕 郑作新等：《中国动物志·鸟纲·第四卷(鸡形目)》，科学出版社，1978 年。
〔2〕 郑作新：《中国经济动物志·鸟类(第二版)》，科学出版社，1993 年。
〔3〕 盛和林：《中国鹿类动物》，华东师范大学出版社，1992 年，第 97~98、129、151~152、166、204~205、226~227 页；高耀亭等：《中国动物志·兽纲·第八卷(食肉目)》，科学出版社，1987 年，第 66~68 页；夏武平等：《中国动物图谱(兽类)》，科学出版社，1988 年，第 85~86 页。
〔4〕 严富华、麦学舜：《淄博临淄后李庄遗址的环境考古学研究》，中国第二届环境考古学术讨论会论文，1994 年，油印稿。转引自何德亮：《山东新石器时代环境考古学研究》，《东方博物》2004 年第 2 期，第 27 页。
〔5〕 靳桂云：《前埠下遗址植物硅酸体分析报告》，《山东省高速公路考古报告集(1997 年)》，科学出版社，2000 年，第 106~107 页。

张马屯遗址[1],明确的栽培植物有粟和黍;草本植物包括禾本科的黍亚科、狗尾草属、马唐属、牛筋草,非禾本科的豆科、莎草科、唇形科、茜草科、十字花科、罂粟科、蓼科、芸薹属、藜属、紫堇属等;木本植物包括榆科、栎木属、小叶朴、小花扁担杆、葡萄属、蛇葡萄属、乌蔹莓属、桑属(?)和李属;水生植物包括蔗草属和芡实。这些植物中蔗草属和芡实属于典型的水生植物,表明遗址周围分布有一定面积的淡水水域,与遗址动物群复原的环境特征是相符的。

西河遗址[2]发现丰富的植物遗存,包括稻、粟、豆科、禾本科、狗尾草属、稗属、牛筋草、莎草科、薹草属、蔗草属、藜属、苋属、菊科、野西瓜苗、罂粟科、葡萄属、桑属和山桃。这些植物中稻、莎草属和蔗草属等属于典型的水生(湿地)植物,表明遗址周围分布有一定面积的淡水水域,这与遗址动物群复原的环境特征也是相符的。

月庄遗址[3]发现丰富的植物遗存。栽培植物的种类包括稻谷、黍、粟和无法鉴定种属的黍族,其余植物还包括藜属、蓼属、酸模叶蓼、十字花科、紫苏属、马齿苋属和葡萄属。出土的5种禾本科黍族的杂草种子,约占种子总数的10%,从粒形特征来看,遗址出土的黍属种子应该不是糠稷,而中国本土的黍属植物,除糠稷外均分布于亚热带地区。这些植物的发现说明当时遗址周围的气候要相当于现在的亚热带地区。遗址中发现的栽培稻,同样显示出先民对遗址周围水资源的利用。这些与动物群所复原的气候环境特征也是相符的。

（2）土壤微形态证据

针对月庄遗址剖面的土壤微形态[4]的研究,结果反映出一个典型的冲积型河漫滩土壤和冲积物的加积历史,其中伴有局部侵蚀、人类扰动和河谷水文状况的变化。该研究揭示出河流河漫滩在早期黄河下游生业经济中的重要地位。

依据连续加积剖面所重建的连续的河流冲积活动,每年或季节性的洪水都

〔1〕 吴文婉、靳桂云、王兴华:《海岱地区后李文化的植物利用和栽培·来自济南张马屯遗址的证据》,《中国农史》2015年第2期,第3~13页。

〔2〕 吴文婉、张克思、王泽冰、靳桂云:《章丘西河遗址（2008）植物遗存分析》,《东方考古（第10集）》,科学出版社,2013年,第373~390页。

〔3〕 (加)Gary W. Crawford、陈雪香、栾丰实、王建华:《山东济南长清月庄遗址植物遗存的初步分析》,《江汉考古》2013年第2期,第107~116页。

〔4〕 庄亦杰、宝文博、Charles French 著,宿凯、靳桂云译,庄亦杰校:《河漫滩加积历史与文化活动:中国黄河下游月庄遗址的地质考古调查》,《东方考古（第12集）》,科学出版社,2015年,第369~397页。

会带来大量侵蚀的土壤沉积物,这些新沉积物可能带着营养物质在冲积平原上创建新的生态位,这个生态位将有助于植物生产,这些植被富集的新的生态位对史前植物利用策略产生很大影响。

（3）地貌学证据

西河遗址的地貌学研究表明:在地貌位置上,西河遗址所在为山前黄土台塬中河谷地带的二级阶地;西河遗址的河流地貌在晚更新世向全新世转变的阶段发生了重大变化,开始因河流的下切成为河漫滩,沉积过程转为以风成堆积为主,间杂洪水淤积,并以此为母质,开始发育古土壤;不晚于距今8 000年,河流进一步下切,遗址地貌转变为河流阶地;西河早期的先民在河漫滩上进行渔猎和采集等食物资源的获取活动;在遗址及其周围地貌起重要作用的"小环境"中,资源配置的状况能够满足后李先民广谱经济模式的需求[1]。

针对后李文化遗址的地貌学研究认为,后李文化时期聚落的地貌位置具有两个特点:第一,都位于河漫滩或者河流低阶地的位置,台地与河床的高差不大;第二,除个别遗址之外,都在距离山地数千米的范围之内。

在遗址周边的山前地带,大的地貌单元至少包括基岩丘陵、宽窄不一的黄土台地和受河流影响的泛滥平原;各地貌单元的水热条件以及母质的不同,导致存在从森林、灌丛到旱生、中生和湿生草本植物的多种植被类型。

地层剖面观察显示:后李文化时期,河流已经发生了明显的下切,河道开始固定下来,但此时河流下切的幅度是有限的。后李文化时期的聚落基本上处于山前地带的河漫滩或低阶地之上,与现在许多遗址的旁边是深切的沟谷有较大的区别。在当时的地貌背景下,不同尺度的景观异质性形成了多种多样的小环境,为广谱型的资源利用方式提供了基础。同时,遗址周围的水环境条件也远优于现在[2]。

3. 小结

综合上述动物考古、植物考古、土壤微形态和地貌学等的研究成果可知:在后李文化时期,先民多选择居住于河漫滩或河流低阶地上,以方便获取和利用水资源及水生动植物资源;遗址多位于距离山地不远的山前地带,周边分布有不同的地貌单元,存在从森林、灌丛到旱生、中生和湿生草本植物的多种植被类型,适合多种野生动物生存,野生的动植物资源都非常丰富;野生动植物遗存的发现则说明当时遗址附近有沼泽和大面积水域,山地有森林覆盖,反映为湿热的亚热带

〔1〕 王辉、兰玉富、刘延常、佟佩华:《山东省章丘西河遗址的古地貌及相关问题》,《南方文物》2016年第3期,第141~147+138页。

〔2〕 王辉、兰玉富、刘延常、佟佩华、王守功:《后李文化遗址的地貌学观察》,《南方文物》2018年第4期,第77~84页。

气候环境[1]。

<h1 style="text-align:center">第二节　北辛文化时期的动物
群及自然环境</h1>

海岱地区目前已经发掘的北辛文化时期遗址有：滕州北辛、西康留、官桥村南、前坝桥，济宁张山、玉皇顶，沂源黄崖洞，兖州西桑园、王因，泰安大汶口，汶上东贾柏，长清张官，章丘王官庄，邹平西南庄，临淄后李，青州桃园，烟台白石村、邱家庄，荣成河口，连云港二涧村、大村、朝阳，邳县大墩子、灌云大伊山和沭阳万北等[2]。

一、诸遗址动物群构成

海岱地区的北辛文化可以划分为四个类型，即北辛类型、苑城类型、白石类型和大伊山类型[3]。结合动物群的特征，可以将这四个小区合并为以下三个区域进行分析：鲁中南苏北皖北、鲁北和胶东半岛地区。

1. 鲁中南苏北皖北地区

包括了北辛文化的北辛类型和大伊山类型。代表性遗址包括北辛、大汶口、王因、玉皇顶、官桥村南、万北和石山孜等。

（1）北辛遗址[4]

遗址年代从北辛文化早期延续到晚期，遗址中出土的动物经周本雄、李有恒和叶祥奎鉴定，可鉴定动物包括：猪、牛、四不像、梅花鹿、獐、貉、獾、丽蚌、中国圆田螺、青鱼、鳖、乌龟和鸡等，同时还发现有食肉动物（狗或貉）的粪便。

（2）大汶口遗址[5]

遗址年代为北辛文化晚期，地层和遗迹单位中，出土大量猪骨。据年龄鉴定，大多属未成年的幼猪。次有鹿角和鹿牙及少量獐、狗、牛、羊、獐、野猫、鱼、鳖

---

[1] 何德亮：《山东新石器时代环境考古学研究》，《东方博物》2004年第2期，第24~40页。

[2] 栾丰实：《北辛文化研究》，《海岱地区考古研究》，山东大学出版社，1997年，第27~53页；山东省文物考古研究所：《山东20世纪的考古发现和研究》，科学出版社，2005年，第84~126页；中国社会科学院考古研究所：《中国考古学·新石器时代卷》，中国社会科学出版社，2010年，第269~278页。

[3] 栾丰实：《北辛文化研究》，《海岱地区考古研究》，山东大学出版社，1997年，第27~53页。

[4] 中国社会科学院考古研究所山东工作队、山东省滕县博物馆：《山东滕县北辛遗址发掘报告》，《考古学报》1984年第2期，第159~191页。

[5] 山东省文物考古研究所：《大汶口续集——大汶口遗址第二、三次发掘报告》，科学出版社，1997年，第19~64页；山东省文物考古研究所：《山东泰安市大汶口遗址2012~2013年发掘简报》，《考古》2015年第10期，第7 24+2页。

和禽等多种遗骨。其中猪为家畜。

（3）王因遗址〔1〕

遗址年代为北辛文化晚期，动物遗骸包括家畜、家禽、野生哺乳动物、鱼类及介壳类遗骸，灰坑及文化层中总数达三千件以上。可见渔猎、采集和饲养家畜在当时经济生活中占有不小的比例。经过鉴定，家畜有猪、狗、猫、牛，野兽有虎、熊、狼、鹿、麋鹿、狍、獐、貂、獾、狐等，还有鳄鱼、鸡、青鱼、草鱼、鳖、龟、蚌、螺等。其中猪、狗、猫、牛为驯养动物。

出土蚌类鉴定结果如下：杜氏珠蚌、雕饰珠蚌、细纹丽蚌、蔚县丽蚌、多瘤丽蚌、细瘤丽蚌、白河丽蚌、拟丽蚌、天津丽蚌、失衡丽蚌、洞穴丽蚌、角月丽蚌、背瘤丽蚌、薄壳丽蚌、林氏丽蚌、猪耳丽蚌、相关丽蚌、巨首楔蚌、圆头楔蚌、江西楔蚌、鱼形楔蚌、微红楔蚌、中国尖嵴蚌、剑状矛蚌、三角帆蚌、射线裂嵴蚌、高裂嵴蚌、厚美带蚌、重美带蚌、中国圆田螺、角环棱螺、硬环棱螺、双线环棱螺。

（4）玉皇顶遗址〔2〕

遗址年代为北辛文化晚期，从遗址中发掘出有鉴定价值的动物遗骸约340余件，经鉴定，该批动物遗骸分属于无脊椎动物的腹足纲、瓣鳃纲，脊椎动物的鱼纲、鸟纲和哺乳纲，至少可以代表20个种属。属种名如下：中华圆田螺、圆顶珠蚌、珠蚌、楔蚌、丽蚌、扭蚌、草鱼、鸡、中华鼢鼠、狗獾、家猪、野猪、狗、羊、牛、兔、鹿、獐、麋鹿、梅花鹿。除狗和猪两种家畜外，牛不能肯定为家畜，鸡为家禽。

（5）官桥村南遗址〔3〕

遗址年代为北辛文化中期。发掘中使用浮选法获取动植物遗存。目前全部动物遗存（包括浮选所获）已经完成鉴定。可鉴定动物包括：尖嵴蚌属、圆顶珠蚌、乌鳢、鲇鱼、青鱼、鲤鱼、龟科、鳖科、雉科、中型鹿科、小型鹿科、狗和猪等。其中猪和狗为家养动物。

全部动物中，哺乳纲数量最多，约占34%；其次是瓣鳃纲和鸟纲，分别占

〔1〕　周本雄：《山东兖州王因新石器时代遗址出土的动物遗骸》；周本雄：《山东兖州王因新石器时代遗址中的扬子鳄遗骸》；叶祥奎：《山东兖州王因遗址中的龟类甲壳分析报告》；郭书元、李云通、邵望平：《山东兖州王因新石器时代遗址的软体动物群》，《山东王因——新石器时代遗址发掘报告》，科学出版社，2000年，第68～69页，414～451页。

〔2〕　山东省文物考古研究所、济宁市文物局文研室、任城区文物管理所：《山东济宁玉皇顶遗址发掘报告》，《海岱考古（第三辑）》，科学出版社，2010年，第1～113页；钟蓓：《济宁玉皇顶遗址中的动物遗骸》，《海岱考古（第三辑）》，科学出版社，2010年，第98～99页。

〔3〕　山东大学考古学与博物馆学系、滕州市汉画像石馆：《山东滕州官桥村南遗址北辛文化遗存发掘简报》，《东南文化》2019年第1期，第45～53页；宋艳波、李慧、范宪军、武昊、陈松涛、靳桂云：《山东滕州官桥村南遗址出土动物研究报告》，《东方考古（第16集）》，科学出版社，2019年，第252～261页。

25%和24%;鱼纲占16%;爬行纲数量极少。

（6）前坝桥遗址[1]

遗址年代为北辛文化中期。发掘中使用浮选法获取动植物遗存。目前全部动物遗存（包括浮选所获）已经完成鉴定。可鉴定动物包括：鳄科、龟科、鸟、中型鹿科、小型鹿科、猪和狗。其中猪和狗应为家养动物。

全部动物中,哺乳纲数量最多,约占83%;鸟纲和爬行纲分别占12%和5%。

（7）万北遗址[2]

遗址年代为北辛文化中晚期。20世纪80年代的发掘材料中,可鉴定动物包括家猪、家犬、梅花鹿、四不像鹿（麋鹿）、青鱼、丽蚌、裂齿蚌（即裂嵴蚌）和龟等。其中家猪、家犬、梅花鹿和麋鹿在北辛文化中期（万北一期）和北辛文化晚期（万北二期）均有发现。从数量来看,无论是万北一期还是万北二期,家猪的数量都是最多的。

（8）王新庄遗址[3]

遗址年代约为北辛文化中期。可鉴定动物全部为哺乳纲,包括麋鹿、梅花鹿、牛和猪。猪可能为家养动物。

（9）石山孜遗址[4]

遗址年代为北辛文化早中期。可鉴定动物包括龟科、鸟纲、梅花鹿、麋鹿、小型鹿科、牛科、猪和狗等。其中,猪和狗应为家养动物。

全部动物中,哺乳纲数量最多,约占99%;爬行纲和鸟纲数量都非常少。该遗址发掘于20世纪90年代,并未采用筛选或浮选的方法来获取动物遗存,有可能会低估鱼、鸟等细小骨骼类动物的比例。

（10）其他遗址

二涧村[5]、大村[6]和朝阳[7]等遗址发掘简报中未见任何有关动物遗存

〔1〕　山东大学考古学与博物馆学系剖面采样所获,由笔者鉴定,目前尚未发表。

〔2〕　李民昌:《江苏沭阳万北新石器时代遗址动物骨骼鉴定报告》,《东南文化》1991年第Z1期,第183~189页;南京博物院:《江苏沭阳万北遗址新石器时代遗存发掘简报》,《东南文化》1992年第2期,第124~133页。

〔3〕　安徽省文物考古研究所发掘所获,动物遗存由笔者鉴定分析,目前尚未发表。

〔4〕　安徽省文物考古研究所:《濉溪石山孜——石山孜遗址第二、三次发掘报告》,文物出版社,2017年,第402~424页。

〔5〕　江苏省文物工作队:《江苏连云港市二涧村遗址第二次发掘》,《考古》1962年第3期,第111~116页。

〔6〕　江苏省文物工作队:《江苏新海连市大村新石器时代遗址勘察记》,《考古》1961年第6期,第321~323页。

〔7〕　王奇志:《连云港市朝阳新石器时代及周代遗址》,《中国考古学年鉴（1996）》,文物出版社,1998年,第137页。

的信息;西康留、张山、东贾柏、西桑园、大墩子和大伊山等未见专门的动物遗存鉴定报告,仅在发表资料中提及有部分动物种属存在(表2.2)。

2. 鲁北地区

主要为北辛文化的苑城类型。本地区经过发掘的几个遗址除黄崖和后李遗址外均未见专门的动物遗存鉴定报告。

(1) 黄崖遗址[1]

遗址年代相当于北辛文化时期。可鉴定动物包括:梅花鹿、小型鹿科、猪、兔科、螺、蚌科、蜗牛、蟹、鱼、鳖科、鸟、狗獾和小犬科等。

全部动物中,哺乳纲数量最多,约占75%;腹足纲和瓣鳃纲占22%;鸟纲占2%;鱼纲、爬行纲和甲壳纲数量极少。

(2) 后李遗址[2]

遗址年代为北辛文化时期。2014~2017年度发掘中使用浮选法来获取动植物遗存。目前全部遗存(包括浮选所获)已由笔者指导学生完成鉴定。可鉴定动物包括:丽蚌属、牡蛎科、文蛤、扭蚌属、蛤蜊属、无齿蚌属、圆顶珠蚌、中华圆田螺、觿螺科、草鱼、鲫鱼、鲤鱼、乌鳢、龟科、鳖科、雉科、鼠科、狗、猫科、麋鹿、梅花鹿、小型鹿科、牛科和猪等。猪和狗应为家养动物。

全部动物中,哺乳纲数量最多,约占62%;其次是鱼纲,占16%;腹足纲、鸟纲和瓣鳃纲分别占9%、6%和7%;爬行纲数量极少。

(3) 其他遗址

张官[3]、桃园[4]、董褚[5]和王官庄[6]等遗址发掘简报中均未见任何有关动物种属的信息;西南庄遗址发表的资料中提及有部分动物种属存在(表2.2)。

3. 胶东半岛地区

主要为北辛文化的白石类型。以白石村、大仲家、翁家埠、蛤堆顶和北阡等典型贝丘遗址为代表,这些遗址大多有专门的动物遗存鉴定报告。

---

[1] 材料来自山东省文物考古研究院,由笔者鉴定分析,目前尚未发表。

[2] 材料来自山东省文物考古研究院,由笔者鉴定分析,目前尚未发表。

[3] 燕生东、曹大志、蓝秋霞:《长清张官遗址发掘的主要收获》,《青年考古学家》第十二期,1999年,第27~29页。

[4] 青州市博物馆:《青州市新石器遗址调查》,《海岱考古(第一辑)》,山东大学出版社,1989年,第125~140页。

[5] 高明奎等:《临淄区董褚新石器时代和周代遗址及东周宋金元墓葬》,《中国考古学年鉴(2004)》,文物出版社,2005年,第220~221页。

[6] 李玉亭:《章丘县王官新石器时代遗址》,《中国考古学年鉴(1991)》,文物出版社,1992年,第201页。

（1）白石村遗址[1]

遗址年代相当于北辛文化中期到晚期。动物遗存由成庆泰、齐钟秀和周本雄鉴定，可鉴定动物包括：梅花鹿、獐、家猪、野猪、狐、獾、鸟、鲈鱼、真鲷、黑鲷、红鳍东方鲀、福氏玉螺、滩栖螺、冠螺、脉红螺、毛蚶、长牡蛎、牡蛎、蚌、文蛤、日本镜蛤、青蛤、等边浅蛤、蚬等。

（2）大仲家遗址[2]

遗址年代相当于北辛文化晚期。可鉴定动物包括：多形滩栖螺、脉红螺、牡蛎、文蛤、蛤仔、中华青蛤、红鳍东方鲀和猪等。猪可能为家养动物。

全部动物中，瓣鳃纲数量最多，占81%；腹足纲次之，占18%；哺乳纲和鱼纲都非常少。

（3）翁家埠遗址[3]

遗址年代相当于北辛文化晚期。可鉴定动物包括：多形滩栖螺、脉红螺、泥蚶、牡蛎、蚬、文蛤、中华青蛤、鱼、鳖、雉、野鸽、貉、狗獾、猪獾、猪、梅花鹿、小型鹿科、鼠和兔等。猪可能为家养动物。

全部动物中，瓣鳃纲数量最多，占44%；哺乳纲和腹足纲次之，分别占33%和22%；鱼纲、爬行纲和鸟纲都非常少。

（4）蛤堆顶遗址[4]

遗址年代相当于北辛文化晚期。可鉴定动物包括：多形滩栖螺、脉红螺、牡蛎、文蛤、蛤仔、毛蚶、鳟鱼、红鳍东方鲀、黑鲷、猪獾、猪、梅花鹿和小型鹿科等。猪有可能为家猪。试掘报告中未发表软体动物的具体数量。哺乳纲数量多于鱼纲，占比分别为70%和30%。

（5）北阡遗址[5]

遗址年代相当于北辛文化晚期。发掘过程中使用筛选法和浮选法获取动植物遗存。目前，全部遗存（包括浮选所获）已由笔者完成鉴定。可鉴定动物包

[1]　成庆泰：《烟台白石村新石器时代遗址出土鱼类的研究》；齐钟秀：《烟台白石村新石器时代遗址出土软体动物的鉴定》；周本雄：《烟台白石村新石器时代遗址出土动物鉴定》，《胶东考古》，文物出版社，2000年，第28~95页。

[2]　中国社会科学院考古研究所：《胶东半岛贝丘遗址环境考古》，社会科学文献出版社，2007年，第182~190页，根据试掘报告，此处列出的动物群属于邱家庄一期（北辛文化晚期）。

[3]　中国社会科学院考古研究所：《胶东半岛贝丘遗址环境考古》，社会科学文献出版社，2007年，第150~157页，根据试掘报告，此处列出的动物群属于邱家庄一期（北辛文化晚期）。

[4]　中国社会科学院考古研究所：《胶东半岛贝丘遗址环境考古》，社会科学文献出版社，2007年，第200~206页，根据试掘报告，此处列出的动物群属于邱家庄一期（北辛文化晚期）。

[5]　宋艳波：《北阡遗址2009、2011年度出土动物遗存初步分析》，《东方考古（第10集）》，科学出版社，2013年，第194~215页。

括：脉红螺、牡蛎、蚌科、缢蛏、珠蚌属、蟹、鱼、鸟、中型鹿科、小型鹿科、牛科、猪和狗等。猪和狗应为家养动物。

全部动物数量，哺乳纲最多，约占55%；瓣鳃纲次之，占43%；鱼纲、鸟纲、甲壳纲和腹足纲都比较少。

（6）其他遗址

本地区尚有部分遗址的动物遗存为调查、钻探取样所获，其中提及的动物种属如表2.2所示。

表2.2　北辛文化时期提及有动物遗存的遗址出土动物一览表

遗址名称	哺乳动物		其 他 动 物		
	家养	野生	软体动物	鱼	爬行动物
西康留[1]		鹿类			
张山[2]		鹿类			
东贾柏[3]	猪			鱼	龟、鳄鱼
西桑园[4]		鹿类			鳄鱼
大墩子[5]	猪、狗	牛、鹿、獐、貉	蚌	鱼	龟
大伊山[6]	猪				
西南庄[7]	猪	鹿	淡水蚌		

〔1〕山东省文物考古研究所、滕州市博物馆：《山东滕州市西康留遗址调查、钻探、试掘简报》，《海岱考古（第三辑）》，科学出版社，2006年，第133页，骨角器种类较多，说明有鹿类动物存在，从角器的图片观察应为梅花鹿的角。

〔2〕济宁市文物考古研究室：《山东济宁市张山遗址的发掘》，《考古》1996年第4期，第4页，发现角器5件，证明有鹿角存在，间接说明有鹿类动物存在。

〔3〕中国社会科学院考古研究所山东工作队：《山东汶上县东贾柏村新石器时代遗址发掘简报》，《考古》1993年第6期，第461~467页。

〔4〕胡秉华：《兖州县西桑园北辛文化遗址》，《中国考古学年鉴（1989）》，文物出版社，1990年，第169~170页。文中仅提及有骨器、角器，说明有鹿类动物存在。另外东贾柏报告第487页提及西桑园遗址有鳄鱼存在。

〔5〕南京博物院：《江苏邳县四户镇大墩子遗址探掘报告》，《考古学报》1964年第2期，第9~56页。

〔6〕连云港市博物馆：《江苏灌云大伊山新石器时代遗址第一次发掘报告》，《东南文化》1988年第2期，第37~46页；南京博物院、连云港市博物馆、灌云县博物馆：《江苏灌云大伊山遗址1986年的发掘》，《文物》1991年第7期，第10~27页。

〔7〕山东大学历史系考古专业：《山东邹平县苑城早期新石器文化遗址调查》，《考古》1989年第6期，第489~496页。

续　表

遗址名称	哺乳动物		其他动物		
	家养	野生	软体动物	鱼	爬行动物
丁戈庄[1]			文蛤、脉红螺、多形滩栖螺、毛蚶、泥蚶		
东演堤[2]			牡蛎、蚬、脉红螺		
南阡[3]	狗		牡蛎、蚬、文蛤、毛蚶		
泉水头[4]			牡蛎、蚬、文蛤		
桃林[5]	猪		泥蚶、脉红螺、牡蛎		
桃村王家[6]			泥蚶、牡蛎、文蛤		
蜊岔埠[7]	猪		泥蚶、脉红螺、文蛤、牡蛎、青蛤		
河口[8]	猪		牡蛎、泥蚶、毛蚶、青蛤、脉红螺		
南王绪[9]	猪		牡蛎、蛤仔、青蛤		
邱家庄[10]	猪	小型鹿科	蚬、多形滩栖螺、蛤仔、文蛤、青蛤	鱼	

[1] 中国社会科学院考古研究所:《胶东半岛贝丘遗址环境考古》,社会科学文献出版社,2007年,第41页。所列动物均属邱家庄一期(北辛文化晚期)。

[2] 中国社会科学院考古研究所:《胶东半岛贝丘遗址环境考古》,社会科学文献出版社,2007年,第48页。所列动物均属邱家庄一期(北辛文化晚期)。

[3] 中国社会科学院考古研究所:《胶东半岛贝丘遗址环境考古》,社会科学文献出版社,2007年,第55页。所列动物均属邱家庄一期(北辛文化晚期)。

[4] 中国社会科学院考古研究所:《胶东半岛贝丘遗址环境考古》,社会科学文献出版社,2007年,第68页。所列动物均属邱家庄一期(北辛文化晚期)。

[5] 中国社会科学院考古研究所:《胶东半岛贝丘遗址环境考古》,社会科学文献出版社,2007年,第75页。所列动物均属邱家庄一期(北辛文化晚期)。

[6] 中国社会科学院考古研究所:《胶东半岛贝丘遗址环境考古》,社会科学文献出版社,2007年,第87~88页。所列动物均属邱家庄一期(北辛文化晚期)。

[7] 中国社会科学院考古研究所:《胶东半岛贝丘遗址环境考古》,社会科学文献出版社,2007年,第81~82页。所列动物均属邱家庄一期(北辛文化晚期)。

[8] 中国社会科学院考古研究所:《胶东半岛贝丘遗址环境考古》,社会科学文献出版社,2007年,第93页。所列动物均属邱家庄一期(北辛文化晚期)。

[9] 中国社会科学院考古研究所:《胶东半岛贝丘遗址环境考古》,社会科学文献出版社,2007年,第104~105页。所列动物均属邱家庄一期(北辛文化晚期)。

[10] 中国社会科学院考古研究所:《胶东半岛贝丘遗址环境考古》,社会科学文献出版社,2007年,第111~116页。所列动物为采样小方及探孔第4层所处,属邱家庄一期(北辛文化晚期)。

续 表

遗址名称	哺 乳 动 物		其 他 动 物		
	家养	野生	软体动物	鱼	爬行动物
蛎碴堆[1]	猪	梅花鹿	蛤仔、多形滩栖螺、异白樱蛤、牡蛎、脉红螺、青蛤		
义和[2]	猪		蛤仔、多形滩栖螺、文蛤、蚬、毛蚶、牡蛎、脉红螺		
北兰格[3]	猪	梅花鹿、小型鹿科、猪獾	蛤仔、牡蛎、文蛤、青蛤、多形滩栖螺、脉红螺	真鲷	

二、北辛文化时期动物群及其所代表的古环境

综合来看,本时期各遗址动物群大都比较一致,除大汶口、前坝桥、石山孜和王新庄遗址未发现(报道)软体动物外,其余遗址均包含有少量的瓣鳃纲和腹足纲软体动物;鱼纲、爬行纲、鸟纲和哺乳纲动物在各个遗址中也都有不同数量的发现。可见,本时期遗址出土的动物种属构成与后李文化时期相似,都比较复杂。各遗址不同纲动物比例构成情况见图2.3,存在着区域性的差异,胶东半岛地区明显以软体动物为主,而鲁北和鲁中南苏北地区则明显以哺乳动物为主。

这些有具体动物数量的遗址中,鲁中南苏北皖北地区的石山孜、官桥村南、前坝桥和王新庄遗址属于北辛文化早中期,其动物构成情况如图2.4所示,官桥村南水生动物(软体动物和鱼)和鸟类的比例要明显高于另外三处遗址。

鲁北和胶东半岛地区诸遗址均属北辛文化晚期,其动物构成情况如图2.5所示,鲁北地区明显以哺乳纲为主,而胶东半岛地区则明显以软体动物为主;除后李遗址鱼纲比例较高外,其余遗址鱼纲数量也都很少。

---

〔1〕 中国社会科学院考古研究所:《胶东半岛贝丘遗址环境考古》,社会科学文献出版社,2007年,第123~124页。所列动物均属邱家庄一期(北辛文化晚期)。

〔2〕 中国社会科学院考古研究所:《胶东半岛贝丘遗址环境考古》,社会科学文献出版社,2007年,第129~130页。所列动物均属邱家庄一期(北辛文化晚期)。

〔3〕 中国社会科学院考古研究所:《胶东半岛贝丘遗址环境考古》,社会科学文献出版社,2007年,第136~137页。所列动物均属邱家庄一期(北辛文化晚期)。

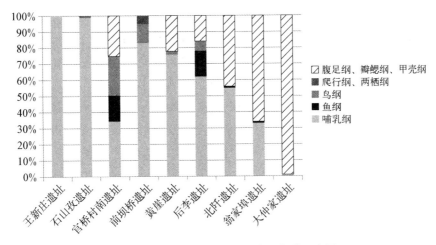

图2.3 北辛文化时期诸遗址动物构成示意图

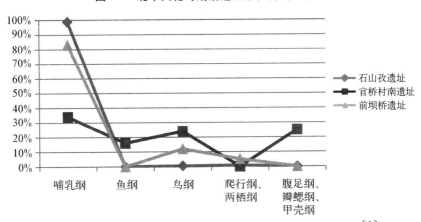

图2.4 鲁中南苏北皖北地区北辛文化诸遗址出土动物构成示意图[1]

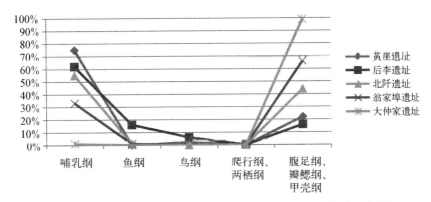

图2.5 鲁北和胶东半岛地区北辛文化诸遗址出土动物构成示意图

〔1〕 王新庄遗址所获动物遗存全部属于哺乳动物,未在此图中表现出来。

1. 野生动物群代表的古环境

各遗址发现的动物中,除猪和狗为家养动物外,其余均应为野生动物,可以通过对这些动物生态习性的认识来尝试复原北辛文化时期的古环境。

软体动物中(表 2.3、2.4),沿海遗址(胶东半岛)出土遗存均以海洋种属为主,也包括一定的淡水种属(珠蚌和蚬);除后李遗址外,其余内陆遗址(鲁北和鲁中南苏北)发现的均为淡水或陆生种属(包括珠蚌、丽蚌、矛蚌、扭蚌、尖嵴蚌、楔蚌和圆田螺等)。这些软体动物的存在,说明各遗址附近均有一定面积的水域(包括海洋、湖泊或河流)存在[1]。胶东半岛遗址出土的等边浅蛤、冠螺等种属目前只生存于中国南方海区,说明当时该区域的海水温度要比现在更高一些。后李遗址发现的牡蛎、蛤蜊和文蛤,应该并非本地所产,可能来自附近的沿海聚落。各遗址发现的淡水软体动物,要比后李文化时期更加丰富,从各种属的生态环境[2]来看,却与后李文化时期相差不大,说明本时期的水温及水资源分布特征等与后李文化时期相比并未发生太大变化,都要比现在更加温暖湿润,气候温度接近现在的长江流域。

鱼纲动物中(表 2.3、2.4),除万北遗址发现鲈鱼外,其余内陆遗址(鲁北和鲁中南苏北)发现的也都为淡水种属(包括青鱼、草鱼、鲤鱼、鲫鱼、乌鳢、鲇鱼等);沿海遗址(胶东半岛)发现的则全部为浅海种属,且均为现在本地区常见种属。这些种类繁杂的鱼类的发现,说明各遗址周围都有着较大面积的水域(海洋、湖泊或河流)[3]。与后李文化时期相比,本时期淡水鱼类的丰富程度有所降低,说明先民对鱼类资源的利用相比后李文化时期有所下降;但这些淡水鱼类代表的生态环境[4]却与后李文化时期相差不大,说明本时期遗址周边的水资源分布特征与后李文化时期相差不大,也是要比现在更加温暖湿润,气候温度更加接近现在的长江流域。

爬行动物中(表 2.3、2.4),种类分布呈现出区域性差异。鳖在鲁北、鲁中南苏北和胶东半岛地区均有发现,鳄鱼(扬子鳄)只在鲁中南苏北地区有发现,龟也主要发现于鲁中南苏北皖北地区。现生的扬子鳄生活在长江流域,这种动物的发现,说明北辛文化时期鲁中南苏北地区的气候条件接近现在的长江流域。

---

〔1〕 刘月英、张文珍等:《中国经济动物志(淡水软体动物)》,科学出版社,1979 年;徐凤山、张素萍:《中国海产双壳类图志》,科学出版社,2008 年。

〔2〕 刘月英、张文珍等:《中国经济动物志(淡水软体动物)》,科学出版社,1979 年。

〔3〕 李明德:《鱼类学(上册)》,南开大学出版社,1992 年;伍献文、杨干荣等:《中国经济动物志(淡水鱼类)》,科学出版社,1979 年;倪勇、伍汉霖编:《江苏鱼类志》,中国农业出版社,2006 年。

〔4〕 李明德:《鱼类学(上册)》,南开大学出版社,1992 年;伍献文、杨干荣等:《中国经济动物志(淡水鱼类)》,科学出版社,1979 年。

表 2.3　北辛文化诸遗址[1]出土动物一览表(鲁中南苏北皖北地区)

遗址／动物	北辛遗址	大汶口遗址	王因遗址	玉皇顶遗址	官桥村南遗址	前顶桥遗址	万北遗址	王新庄遗址	石山孜遗址
瓣鳃纲	丽蚌	无	蚌	圆顶珠蚌、楔蚌、丽蚌、扭蚌	尖嵴蚌、圆顶珠蚌	无	丽蚌、裂嵴蚌	无	无
腹足纲	中国圆田螺	无	螺	中华圆田螺		无	无	无	无
鱼纲	青鱼	鱼	青鱼、草鱼	草鱼	乌鳢、鲇鱼、青鱼、鲤鱼	无	青鱼	无	无
爬行纲	鳖、乌龟	鳖	龟、鳖、鳄鱼	无	龟、鳖	鳄鱼、龟	龟	无	龟科
鸟纲	鸡	禽	鸡	鸡	雉科	鸟纲	雉科	无	鸟纲
哺乳纲	猪、牛、麋鹿、梅花鹿、獐、貉、獾	猪、鹿、獾、狗、牛、羊、獐、野猫	猪、狗、猫、牛、虎、熊、狼、鹿、麋鹿、貂、狍、獐、狐、獾	中华鼢鼠、狗獾、家猪、野猪、狗、羊、兔、牛、獐、麋鹿、梅花鹿	猪、狗、鹿科	猪、狗、鹿科	猪、狗、麋鹿、梅花鹿	麋鹿、梅花鹿、牛和猪	麋鹿、梅花鹿、小型鹿科、牛、猪、狗

[1]　这些遗址指的是经过发掘(试掘)并发表有专门动物研究报告的遗址。

表 2.4 北辛文化诸遗址[1]出土动物一览表（鲁北和胶东半岛地区）

动物＼遗址	黄崖遗址	后李遗址	北阡遗址	白石村遗址	大仲家遗址	翁家埠遗址	蛤堆顶遗址
瓣鳃纲	蚌科	丽蚌、牡蛎、文蛤、扭蚌、蛤蜊、无齿蚌、圆顶珠蚌	牡蛎、缢蛏、珠蚌	毛蚶、牡蛎、文蛤、日本镜蛤、青蛤、蛤仔、边蚬	毛蚶、牡蛎、蚬、日本镜蛤、文蛤、蛤仔、青蛤	泥蚶、牡蛎、蚬、文蛤、青蛤	牡蛎、文蛤、蛤仔、毛蚶
腹足纲	蜗牛	中华圆田螺、耳螺科	脉红螺	福氏玉螺、滩栖螺、冠螺、脉红螺	多形滩栖螺、脉红螺	多形滩栖螺、脉红螺	多形滩栖螺、脉红螺
甲壳纲	蟹	无	蟹	梭子蟹	梭蟹	无	无
鱼纲	鱼纲	草鱼、鲫鱼、鲤鱼、乌鳢	鱼纲	真鲷、黑鲷、鲈鱼、红鳍东方鲀	红鳍东方鲀、黑鲷	鱼纲	鳕鱼、红鳍东方鲀、黑鲷
爬行纲	鳖科	龟科、鳖科	无	无	鳖科	鳖科	无
鸟纲	鸟纲	雉科	鸟纲	鸟纲	雉	雉、野鸽	无
哺乳纲	梅花鹿、小型鹿科、猪、狗獾	狗、猪、鼠科、猫科、梅花鹿、小型鹿科、牛	鹿、牛、猪、狗	梅花鹿、獐、猪、狐、猪獾	狗、猪獾、梅花鹿、小型鹿科	貉、狗獾、猪獾、梅花鹿、小型鹿科、鼠、兔	猪獾、猪、梅花鹿、小型鹿科

[1] 这些遗址指的是经过发掘（试掘）并发表有专门动物研究报告的遗址。

鸟纲动物中(表 2.3、2.4),能够鉴定的种类并不多,多数遗址都鉴定出雉科[1]这种分布比较广泛的陆生鸟类的存在,这与后李文化时期的特征也是一致的。

哺乳动物中(表 2.3、2.4),除明确为家养动物的狗和猪外,其余均为野生动物。各遗址中均发现有不同体型的鹿科动物(麋鹿、梅花鹿、獐鹿等小型鹿)、野生的牛科动物、多种野生的食肉动物(虎、熊、貂、獾、貉、狐、猫、狼、鼬等)以及小型哺乳动物(鼠、鼢鼠、兔等)。这些野生哺乳动物种属构成与后李文化时期相差不大,表明各遗址附近均存在有一定面积的森林(树林)和灌木等[2]。

2. 植物考古反映的古环境

北辛遗址孢粉鉴定[3]结果包括苋科、藜科、禾本科、夹竹桃科、水龙骨科、豆科菊科、槲属、紫草科、粉骨蕨泡子、栎属、松属、蒿属、榆属、桦科、柳属等。第4 文化层下部时期,木本科植物的花粉含量较高,喜暖的栎属等花粉含量相对地高,气温要比现在高些,可能高 2~3 摄氏度。

北阡遗址木炭鉴定[4]结果显示,该遗址发现麻栎、榉属、榆属、槭属,其中榉属主要分布范围为热带和亚热带地区,说明当时遗址周边的气温较高。

大仲家遗址[5]孢粉鉴定结果包括冷杉属、松属、桦属、胡桃属、紫菀属、栎属、椴属、榆属、木犀科、榛属、桦属、蒿属、菊科、藜科、狐尾藻属、卷柏属、水龙骨科、水龙骨属和环纹藻;发现芦苇、硅藻等生存于低洼地环境里的植硅体及禾本科的植硅体。孢粉和植硅体分析证明遗址处于近水的环境中,与软体动物复原的环境是相符合的;同时孢粉分析也证明,遗址周围有较大范围的以针叶树为主的针阔叶混交林,适合野生哺乳动物(鹿科动物等)的生存。

翁家埠遗址[6]孢粉鉴定结果包括冷杉属、云杉属、松属、胡桃属、栎属、椴

[1] 郑作新等:《中国动物志·鸟纲·第四卷(鸡形目)》,科学出版社,1978年,第3~8页。

[2] 盛和林等:《中国鹿类动物》,华东师范大学出版社,1992年,第 97~98、129、151~152、166、204~205、226~227页;高耀亭等:《中国动物志·兽纲·第八卷(食肉目)》,科学出版社,1987年,第66~68页;夏武平等:《中国动物图谱(兽类)》,科学出版社,1988年,第85~86页。

[3] 中国社会科学院考古研究所山东工作队、山东省滕县博物馆:《山东滕县北辛遗址发掘报告》,《考古学报》1984年第2期,第186页。

[4] 王育茜、王树芝、靳桂云:《山东即墨北阡遗址木炭遗存的初步分析》,《东方考古(第10集)》,科学出版社,2013年,第216~238页。

[5] 中国社会科学院考古研究所:《胶东半岛贝丘遗址环境考古》,社会科学文献出版社,2007年,第190~193页。所列孢粉和植硅体均属邱家庄一期(北辛文化晚期)。

[6] 中国社会科学院考古研究所:《胶东半岛贝丘遗址环境考古》,社会科学文献出版社,2007年,第157~159页。所列孢粉和植硅体均属邱家庄一期(北辛文化晚期)。

属、榆属、栎属、榛属、桦属、蒿属、菊科、藜科、伞形科、狐尾藻属、禾本科、莎草科、石松属、卷柏属、水龙骨科、星星藻和环纹藻;发现硅藻、芦苇等在低洼地环境里生存的植硅体以及属于禾本科和莎草科的植硅体。孢粉和植硅体分析证明遗址处于近水的环境;孢粉分析证明遗址周围有较大范围的以针叶树为主的针阔叶混交林,适合野生哺乳动物(鹿科动物等)生存;植硅体分析也证明禾本科植物的比重较大。

蛤堆顶遗址[1]孢粉鉴定结果包括冷杉属、桤木属、松属、胡桃属、栎属、椴属、榆属、枫杨属、榛属、桦属、蒿属、菊科、藜科、伞形科、杜鹃科、禾本科、石松属、卷柏属、水龙骨科;发现芦苇、海绵骨针、硅藻等在低洼地环境里生长的植硅体。孢粉和植硅体的分析证明当时遗址附近为低洼地环境;孢粉分析证明遗址周围有较大范围的以针叶树为主的针阔叶混交林,适合野生哺乳动物(鹿科动物等)生存。

3. 小结

综合动物考古和植物考古研究成果,北辛文化时期鲁北地区的自然地理环境及气候条件与后李文化时期相比变化不大,都要比现在更加温暖湿润,都分布有较大面积的河湖等淡水资源和山地丘陵。

胶东半岛地区遗址距海较近,海平面要比现在更高,海水温度也要更高一些;各遗址均离海较近,方便获取海洋贝类和鱼类,同时附近也都分布有一定的山地丘陵,存在以针叶树为主的针阔叶混交林,适合鹿类等野生哺乳动物生存。

鲁中南苏北地区,从纬度来说要比鲁北和胶东半岛更南一些,因此当时这一地区的气候温度要比上述两个区域更好一些;存在着较为广阔的水域环境,先民主要居住于河流阶地,当时的气温要比现在更高,适合扬子鳄等动物的生存。环境考古证据表明:山东鲁南的薛河流域,构造运动比较稳定,长期的夷平作用使这里成为波状起伏、基岩裸露的准平原,河流下切不深,阶地不甚发育,仅见两级阶地。其中二级阶地上分布有北辛——大汶口——龙山等新石器文化遗址,表明二级阶地形成于北辛文化之前。二级阶地堆积物形成于10 000~7 400 aBP(河漫滩发育时期),阶地形成在7 400 aBP前后,阶地出现之后,从北辛文化以来一直是人类的主要居所[2]。说明鲁中南地区自北辛

---

〔1〕 中国社会科学院考古研究所:《胶东半岛贝丘遗址环境考古》,社会科学文献出版社,2007年,第206~208页。所列孢粉和植硅体均属邱家庄一期(北辛文化晚期)。

〔2〕 夏正楷:《环境考古学——理论与实践》,北京大学出版社,2012年,第60~61页。

文化以来自然地貌基本保持稳定,气候温暖湿润,先民能够获取的动植物资源一直比较丰富。

第三节 大汶口文化时期的
动物群及自然环境

海岱地区目前经过发掘的大汶口文化时期的遗址有:泰安大汶口,肥城北坦,曲阜西夏侯、南兴埠、董人城、坡里,兖州王因、八里井,邹县野店,济宁玉皇顶,泗水尹家城、天齐庙,微山尹洼,滕州岗上、西康留、西公桥,枣庄建新,茌平尚庄,章丘乐盘、刑亭山、董东、焦家,寿光后胡营,诸城呈子、前寨,潍县鲁家口,安丘景芝镇、潍坊前埠下,昌乐邹家庄,胶县三里河、赵家庄,胶南河头,广饶五村、傅家,邹平厂宫村,莒县陵阳河、大朱家村、杭头,日照东海峪、五莲丹土、董家营,临沂王家三岗,苍山庄坞、后杨官庄,费县左家王庄、城阳、翟家村,烟台白石村,莱阳于家店,栖霞杨家圈、古镇都,蓬莱紫荆山,长岛北庄,福山邱家庄,龙口东羔,即墨北阡,荣成东初,江苏邳州刘林、大墩子、梁王城,新沂花厅,沭阳万北,泗洪赵庄,安徽萧县花家寺、金寨,亳州付庄,蒙城尉迟寺,宿县芦城子、小山口、古台寺、幺庄,固镇苇塘,阜南高庄古城,河南郸城段寨,鹿邑栾台和淮阳平粮台等[1]。

一、诸遗址动物群构成

根据文化面貌的异同程度和自然地理环境的特点,可以将大汶口文化时期的海岱文化区细分为八个小区[2]。结合动物群的特征,又可以将这八个小区合并为以下几个区域进行论述:鲁中南苏北、鲁北、鲁东南、胶东半岛和鲁豫皖地区。

1. 鲁中南苏北地区

包括了大汶口文化的鲁中南区和苏北区。本地区经过发掘的遗址中,王因、大汶口、西夏侯、尹家城、六里井、玉皇顶、西公桥、建新、万北、大墩子、梁王城和

---

〔1〕 栾丰实:《大汶口文化的分期和类型》,《海岱地区考古研究》,山东大学出版社,1997年,第69~113页;山东省文物考古研究所:《山东20世纪考古发现和研究》,科学出版社,2005年,第126~208页;中国社会科学院考古研究所:《中国考古学——新石器时代卷》,中国社会科学出版社,2010年,第278~312页。

〔2〕 栾丰实:《大汶口文化的分期和类型》,《海岱地区考古研究》,山东大学出版社,1997年,第69~113页。

赵庄等都有专门的动物遗存鉴定报告。

（1）王因遗址[1]

该遗址时代属大汶口文化早期。可鉴定动物包括猪、獐、鹿、狍、麋鹿、貉、獾、狐、虎、牛、狗、猫、鸡、青鱼、草鱼、龟、鳖、鳄、蚌、螺等。猪、牛、狗、鸡为驯养动物。

出土蚌类鉴定结果如下：杜氏珠蚌、雕氏珠蚌、细纹丽蚌、蔚县丽蚌、多瘤丽蚌、细瘤丽蚌、白河丽蚌、拟丽蚌、天津丽蚌、失衡丽蚌、洞穴丽蚌、角月丽蚌、背瘤丽蚌、薄壳丽蚌、林氏丽蚌、猪耳丽蚌、相关丽蚌、巨首楔蚌、圆头楔蚌、江西楔蚌、鱼形楔蚌、微红楔蚌、中国尖嵴蚌、剑状矛蚌、三角帆蚌、射线裂嵴蚌、高裂嵴蚌、厚美带蚌、中国圆田螺、角环棱螺、硬环棱螺、双线环棱螺。

（2）建新遗址[2]

该遗址时代属大汶口文化中晚期。1992年的发掘材料，经鉴定有：三角帆蚌、丽蚌、鲤、家猪、北京斑鹿、野兔等；2006年的发掘材料，经鉴定包括猪、梅花鹿和鸟等。

综合两次发掘的鉴定结果来看，建新遗址动物群包括猪、梅花鹿、野兔、鸟、鲤鱼、三角帆蚌和丽蚌等。其中猪为家养动物。

2006年出土动物数量最多的为哺乳纲，占99%，鸟纲仅占1%。

（3）西公桥遗址[3]

该遗址时代属大汶口文化中晚期。可鉴定动物包括：圆顶珠蚌、珠蚌、丽蚌、扭蚌、青鱼、鲤鱼、鳖、龟、鸡、中华鼢鼠、狗、狗獾、家猪、麝、獐、梅花鹿、马鹿、麋鹿、鹿、羊和牛。其中猪、狗、牛、羊、鸡为家养动物。

（4）六里井遗址[4]

该遗址时代属大汶口文化晚期。可鉴定动物包括猪、獐、鹿、麂、犬、豹猫、丽蚌、蚬及铜锈环棱螺等。其中猪和狗为家养动物。

[1] 周本雄：《山东兖州王因新石器时代遗址出土的动物遗骸》；周本雄：《山东兖州王因新石器时代遗址中的扬子鳄遗骸》；叶祥奎：《山东兖州王因遗址中的龟类甲壳分析报告》；郭书元、李云通、邵望平：《山东兖州王因新石器时代遗址的软体动物群》，《山东王因——新石器时代遗址发掘报告》，科学出版社，2000年，第145、414~451页。
[2] 石荣琳：《建新遗址的动物遗骸》；孔昭宸等：《建新遗址生物遗存鉴定和孢粉分析》，《枣庄建新——新石器时代遗址发掘报告》，科学出版社，1996年，第224、231~234页。宋艳波、何德亮：《枣庄建新遗址2006年动物骨骼鉴定报告》，《海岱考古（第三辑）》，科学出版社，2010年，第224~226页。
[3] 钟蓓：《滕州西公桥遗址中出土的动物骨骼》，《海岱考古（第二辑）》，科学出版社，2007年，第238~240页。
[4] 范雪春：《六里井遗址动物遗骸鉴定》，《兖州六里井》，科学出版社，1999年，第65页。

（5）玉皇顶遗址[1]

该遗址时代为北辛文化晚期到大汶口文化早期。可鉴定动物包括中华圆田螺、圆顶珠蚌、珠蚌、楔蚌、丽蚌、扭蚌、草鱼、鸡、中华鼢鼠、狗獾、家猪、野猪、狗、羊、牛、兔、鹿、獐、麋鹿、梅花鹿。其中除狗和家猪两种家畜以外，牛不能肯定是家畜，鸡是家禽，其余皆为野生动物。

（6）大汶口遗址[2]

该遗址时代包含了大汶口文化的各个阶段。墓葬中主要是猪、獐、鹿和龟。遗址中发现的，除猪外，还包括四不像麋鹿、獐、斑鹿、鸟类（可能为鹰类一种）、鳄、狸、鸡和地平龟等。

近十年来，山东省文物考古研究院又对该遗址进行过多次发掘。出土动物遗存由笔者指导学生鉴定分析，结果尚未发表。该批遗存属于大汶口文化早期，可鉴定动物包括蚌科、鲤鱼、青鱼、鳖科、龟科、雉科、狗、虎、猪、梅花鹿和獐，其中猪和狗为家养动物。

全部动物中，哺乳纲数量最多，占约99%；鱼纲占约1%；鸟纲、爬行纲和瓣鳃纲数量都非常少。

（7）梁王城遗址[3]

该遗址时代属大汶口文化中晚期。可鉴定动物包括丽蚌、帆蚌、两栖动物、鳖、龟、斑鹿、獐、猪、牛、狗等。

全部动物构成以哺乳纲数量最多，占84%，瓣鳃纲占11%，爬行纲占4%，两栖纲占1%。

（8）大墩子遗址[4]

该遗址包含了大汶口文化的各个阶段。可鉴定动物包括猪、牛、鹿、獐、狗、貉（狸）、鱼、龟和蚌等。其中猪和狗为家养动物。

---

[1]　钟蓓：《济宁玉皇顶遗址中的动物遗骸》，《海岱考古（第三辑）》，科学出版社，2010年，第98~99页。

[2]　李有恒：《大汶口墓群的兽骨及其他动物骨骼》；叶祥奎：《我国首次发现的地平龟甲壳》，《大汶口——新石器时代墓葬发掘报告》，文物出版社，1974年，第156~163页。山东省文物考古研究所：《大汶口续集——大汶口遗址第二、三次发掘报告》，科学出版社，1997年。山东省文物考古研究所：《山东泰安市大汶口遗址2012~2013年发掘简报》，《考古》2015年第10期，第7~24页。

[3]　南京博物院、徐州博物馆、邳州博物馆：《梁王城遗址发掘报告·史前卷》，文物出版社，2013年，第547~559页。

[4]　南京博物院：《江苏邳县四户镇大墩子遗址探掘报告》，《考古学报》1964年第2期，第9~56页。

（9）赵庄遗址[1]

该遗址时代属大汶口文化晚期。可鉴定动物包括草鱼、鲤鱼、鲢鱼、黄颡鱼、乌鳢、龟科、鳖科、鸟、狗、貉、麋鹿、梅花鹿、獐、牛和猪等。其中猪和狗为家养动物。

全部动物中[2]，哺乳纲数量最多，占77%；爬行纲和鱼纲次之，分别占12%和10%；鸟纲最少，占1%。

（10）万北遗址[3]

2015年发掘出土的遗存，应属大汶口文化早期。可鉴定动物包括丽蚌属、裂嵴蚌属、矛蚌属、珠蚌属、青鱼、鲤鱼、鲈鱼、鳖科、鼋、龟科、鳄科、雉科、麋鹿、梅花鹿、獐、鹿、牛科、猪、狗、貉、鼬科和兔科等。其中猪和狗为家养动物。

全部动物中，哺乳纲数量最多，约占95%；鱼纲和爬行纲次之，各占2%；鸟纲和瓣鳃纲数量都很少。

（11）其他遗址

北坦[4]、天齐庙[5]、董大城[6]、坡里[7]和尹洼[8]遗址未见任何与动物种属有关的信息。西夏侯有专门的猪骨鉴定报告，发掘报告中还提及有鹿、獐等动物存在；岗上、北辛、野店、南兴埠、西康留、尹家城、刘林、大伊山和花厅等均未见专门的动物遗存鉴定报告，仅在发表资料中提及有部分种属存在（表2.5）。

2. 鲁北地区

包括了大汶口文化分区中的潍河流域区、鲁中北区和鲁西北区。本地区经

---

〔1〕 乙海琳：《淮河流域大汶口文化晚期的动物资源利用》，山东大学硕士学位论文，2019年。

〔2〕 赵庄遗址出土兽坑内的猪和狗的骨骼并未统计在内，实际哺乳纲的比重应该更大。

〔3〕 林夏、甘恢元：《江苏沭阳万北遗址》，《大众考古》2016年第9期。出土动物由笔者鉴定，目前尚未发表。

〔4〕 苑胜龙、程兆奎、徐基：《山东肥城市北坦遗址的大汶口文化遗存》，《考古》2006年第4期，第3~11页。

〔5〕 国家文物局田野考古领队培训班：《泗水天齐庙遗址发掘的主要收获》，《文物》1994年12期，第34~41+72页。

〔6〕 山东省文物考古研究所、曲阜市文物管理委员会：《曲阜董大城遗址的发掘》，《海岱考古（第二辑）》，科学出版社，2007年，第338~352页。

〔7〕 党浩：《曲阜市坡里新石器时代和汉代遗址》，《中国考古学年鉴（2000）》，文物出版社，2002年，第182~183页。

〔8〕 吴文祺：《微山县尹洼村大汶口文化晚期墓葬》，《中国考古学年鉴（1985）》，文物出版社，1986年，第155~156页。

过发掘的遗址中鲁家口、前埠下、三里河、五村和焦家有专门的动物遗存鉴定
报告。

（1）鲁家口遗址〔1〕

该遗址时代属大汶口文化晚期。可鉴定动物包括猪、牛、鸡、猫、貉、狐、獐、
鹿、四不像、东北鼢鼠、鱼、蚌、文蛤、龟、鳖等。其中猪、牛、鸡为家养动物。

（2）前埠下遗址〔2〕

该遗址时代属大汶口文化中晚期。可鉴定动物包括中华圆田螺、圆顶珠蚌、
珠蚌、背瘤丽蚌、失衡丽蚌、丽蚌、扭蚌、篮蚬、文蛤、青蛤、青鱼、草鱼、鲤鱼、鲶鱼、
黄颡鱼、鳖、龟、鸡、中华鼢鼠、狼、狗、狐、貉、狗獾、虎、猫、野猪、家猪、麂、獐、梅花
鹿、鹿、羊、牛和水牛等。其中猪、狗、鸡、牛等为家养动物。

（3）三里河遗址〔3〕

该遗址时代属大汶口文化中晚期。可鉴定动物包括疣荔枝螺、锈凹螺、脉红
螺、朝鲜花冠小月螺、蛛带拟蟹守螺、纵带滩栖螺、中国耳螺、毛蚶、青蛤、文蛤、蛤
仔、近江牡蛎、四角蛤蜊、亚克棱蛤、乌贼、圆顶珠蚌、剑状矛蚌、黑鲷、海胆、日本
蟳、猪和麋鹿等。

（4）五村遗址〔4〕

该遗址时代为大汶口文化中期。可鉴定动物包括：毛蚶、牡蛎、文蛤、圆顶
珠蚌、失衡丽蚌、无齿蚌、青鱼、家猪、牛、羊、野猪、豺、狗獾、鹿和麋鹿等。其中猪
和牛为家养动物。

（5）焦家遗址〔5〕

该遗址时代为大汶口文化中晚期。该遗址经历2016和2017两个年度的发
掘,2017年度的出土遗存已经完成鉴定。可鉴定动物包括圆田螺属、环棱螺属、
圆顶珠蚌、尖嵴蚌属、楔蚌属、矛蚌属、剑状矛蚌、丽蚌属、背瘤丽蚌、无齿蚌属、
蚬、蟹、鲤鱼、鲫鱼、草鱼、鲢鱼、鳡鱼、鲶鱼、黄颡鱼、乌鳢、鲈鱼、鲷属、两栖纲、龟

〔1〕　周本雄:《山东潍县鲁家口遗址动物遗骸》,《考古学报》1985年第3期,第349~350页。
〔2〕　孔庆生:《前埠下新石器时代遗址中的动物遗骸》,《山东省高速公路考古报告集(1997)》,科学出版社,2000年,第103~105页。
〔3〕　中国社会科学院考古研究所:《胶县三里河》,文物出版社,1988年,第186~191页。
〔4〕　孔庆生:《广饶县五村大汶口文化遗址中的动物遗骸》,《海岱考古(第一辑)》,山东大学出版社,1989年,第122~123页。
〔5〕　路国权、王芬、唐仲明、宋艳波、田继宝:《济南市章丘区焦家新石器时代遗址》,《考古》2018年第7期,第28~43+2页;王芬、宋艳波:《济南市章丘区焦家遗址2016~2017年大型墓葬发掘简报》,《考古》2019年第12期,第20~48+2页;王杰:《章丘焦家遗址2017年出土大汶口文化中晚期动物遗存研究》,山东大学硕士学位论文,2019年。

科、鳄科、蛇科、鳖、鼋、雉科、鹰属、仓鼠科、兔科、狗、貉、鼬科、狗獾、猪獾、猫科、猪、麋鹿、梅花鹿、獐和牛科等。其中猪和狗为家养动物。

全部数量中,哺乳纲最多,约占 69%;鱼纲次之,占 18%;瓣鳃纲占 10%;鸟纲、爬行纲、两栖纲、腹足纲和甲壳纲都比较少。

(6) 其他遗址

景芝镇[1]、赵家庄[2]、河头[3]、乐盘[4]、刑亭山[5]、邹家庄[6]、厂宫村[7]和董东[8]等未见任何有关动物种属的信息;周河、呈子、傅家、后胡营和尚庄等报告中提及有部分动物种属存在(表 2.5)。

3. 鲁东南地区

主要为大汶口文化的鲁东南区。本地区经过发掘的遗址除了后杨官庄外大都没有专门的动物遗存鉴定报告,只是在发表资料中提及部分种属(表 2.5)。

(1) **后杨官庄遗址[9]**

遗址年代为大汶口文化中期。发掘过程中使用浮选法获取动植物遗存。目前全部遗存(包括浮选所获)已经完成鉴定。可鉴定动物包括小型鹿科、猪、狗、鱼纲、鳖科、鸟纲、楔蚌属和丽蚌属等。其中猪和狗为家养动物。

全部动物构成中以哺乳纲为主,占 94%,其次为鸟纲和瓣鳃纲,分别占 3%和 2%,鱼纲和爬行纲数量都比较少。

---

〔1〕 王思礼:《山东安丘景芝镇新石器时代墓葬发掘》,《考古学报》1959 年第 4 期,第 17～29+104～109 页。

〔2〕 燕生东等:《胶州市赵家庄大汶口文化至东周时期遗址》,《中国考古学年鉴(2006)》,文物出版社,2007 年,第 241～242 页。

〔3〕 兰玉富等:《胶南市河头新石器时代至宋元遗址》,《中国考古学年鉴(2003)》,文物出版社,2004 年,第 202 页。

〔4〕 严文明:《章丘县乐盘大汶口文化至商代遗址》,《中国考古学年鉴(1986)》,文物出版社,1988 年,第 136 页。

〔5〕 严文明:《章丘县刑亭山大汶口文化至商代遗址》,《中国考古学年鉴(1986)》,文物出版社,1988 年,第 135 页。

〔6〕 严文明:《昌乐县邹家庄大汶口文化至商周遗址》,《中国考古学年鉴(1986)》,文物出版社,1988 年,第 136～137 页;北京大学考古实习队、昌乐县图书馆:《山东昌乐县邹家庄遗址发掘简报》,《考古》1987 年第 5 期,第 395～402 页。

〔7〕 刘凤君等:《邹平县厂宫村大汶口文化至汉代遗址》,《中国考古学年鉴(1986)》,文物出版社,1988 年,第 137 页。

〔8〕 曹元启:《章丘县董东新石器时代至商周遗址》,《中国考古学年鉴(1991)》,文物出版社,1992 年,第 204 页。

〔9〕 山东省文物考古研究所、临沂市文物局、苍山县文物管理所:《苍山县后杨官庄遗址发掘报告》,《海岱考古(第六辑)》,科学出版社,2013 年,第 15～107 页;宋艳波、李倩、何德亮:《苍山后杨官庄遗址动物遗存分析报告》,《海岱考古(第六辑)》,科学出版社,2013 年,第 108～132 页。

（2）其他遗址

丹土[1]、翟家村[2]、东海峪[3]和王家三岗[4]等遗址未见任何有关动物种属的信息。

4.胶东半岛地区

主要为大汶口文化的胶东半岛区。本地区经过发掘（试掘）的遗址中大仲家、北阡、蛤堆顶和东初等遗址有专门的动物遗存鉴定报告。

（1）大仲家遗址[5]

遗址时代为大汶口文化早期。可鉴定动物包括多形滩栖螺、脉红螺、牡蛎、蚬、日本镜蛤、文蛤、蛤仔、中华青蛤、红鳍东方鲀、黑鲷、真鲷、鲷科、雉、狗、猪獾、猪、梅花鹿和麂等。猪和狗为家养动物。

全部动物中，腹足纲数量最多，占76%；其次为瓣鳃纲，占18%；哺乳纲和鱼纲分别占4%和2%；鸟纲动物很少。

（2）北阡遗址[6]

遗址时代为大汶口文化早期。山东大学考古系师生分别于2007、2009、2011和2013年对该遗址进行了四次发掘，发掘过程中使用了筛选和浮选的方法，获得了大量的动物遗存。目前该遗址2007、2009和2011年度出土的动物（包括浮选所获）已经完成鉴定，可鉴定动物包括：蚌科、缢蛏、蛤仔、丽蚌属、脉红螺、毛蚶、矛蚌、乌贼、青蛤、滩栖螺、托氏蜎螺、文蛤、蚬、楔蚌属、蟹守螺、疣荔枝螺、芋螺、珠蚌属、牡蛎科、单齿螺、蟹、草鱼、鲤鱼、乌鳢、海鲈鱼、红鳍东方鲀、棘鲷属、两栖纲、龟科、鳖科、鸭科、雉科、鹰科、鸦科、麋鹿、梅花鹿、獐、猪、牛科、狗、狗獾、猪獾、猫科、貉、兔科和啮齿目等。其中猪和狗为家养动物。

全部动物构成中，以瓣鳃纲比例最高，约占92%；哺乳纲约占8%；甲壳纲、

[1] 刘延常：《五莲县丹土新石器时代遗址》，《中国考古学年鉴（1997）》，文物出版社，1999年，第154～155页；刘延常等：《五莲县丹土大汶口文化、龙山文化时期城址和东周时期墓葬》，《中国考古学年鉴（2001）》，文物出版社，2002年，第182～184页。

[2] 李玉亭：《费县翟家村新石器时代及汉唐遗址》，《中国考古学年鉴（1992）》，文物出版社，1994年，第227页。

[3] 山东省博物馆、日照县文化馆东海峪发掘小组：《一九七五年东海峪遗址的发掘》，《考古》1976年第6期，第378～382+377+405～406页。

[4] 冯沂、杨殿旭：《山东临沂王家三岗新石器时代遗址》，《考古》1988年第8期，第682～687+769页。

[5] 中国社会科学院考古研究所：《胶东半岛贝丘遗址环境考古》，社会科学文献出版社，2007年，第182～190页。所列动物均属紫荆山一期。

[6] 宋艳波：《即墨北阡遗址2007年出土动物遗存分析》，《考古》2011年第11期，第14～18页；宋艳波、饶小艳：《北阡遗址鱼骨研究》，《东方考古（第10集）》，科学出版社，2013年，第180～188页；宋艳波《北阡遗址2009、2011年度出土动物遗存分析》，《东方考古（第10集）》，科学出版社，2013年，第194～215页。

鱼纲、两栖纲、爬行纲和鸟纲数量都非常少。

（3）蛤堆顶遗址[1]

遗址时代为大汶口文化早期。发掘过程中使用筛选法和浮选法获取动植物遗存。目前全部遗存（包括浮选所获）已经完成鉴定。可鉴定动物包括单齿螺、托氏鲳螺、疣荔枝螺、短滨螺、扁玉螺、拟蟹守螺、滩栖螺、镰玉螺、马蹄螺、脉红螺、银口凹螺、锈凹螺、毛蚶、文蛤、牡蛎、等边浅蛤、蛤仔、青蛤、蚬、珠蚌属、蟹、鲈鱼、红鳍东方鲀、真鲷、牙鲆科、两栖纲、雉科、鸭科、雀形目、鹈形目、麋鹿、梅花鹿、獐、猪、狗、貉、猪獾、兔科、啮齿目和海生哺乳动物（疑似）等。其中猪和狗为家养动物。

全部动物中，瓣鳃纲比例最高，约为45%；哺乳纲次之，约为33%；腹足纲约为16%；鱼纲约为5%；甲壳纲、两栖纲和鸟纲数量都非常少。

（4）东初遗址[2]

遗址时代为大汶口文化早期。可鉴定动物包括文蛤、牡蛎、蛤仔、毛蚶、疣荔枝螺、拟蟹守螺、鱼纲、龟科、鸟纲、中型鹿科、獐、猪和犬科等。

全部动物中，瓣鳃纲比例最高，约占91%；哺乳纲约占9%；腹足纲、鱼纲、爬行纲和鸟纲数量都非常少。

（5）其他遗址

毓璜顶[3]遗址未见任何有关动物种属的信息；东羔、紫荆山、白石村、古镇都、北庄、杨家圈、于家店、小管村、范家等仅在报告中提及有部分动物种属存在（表2.5）。

5. 鲁豫皖地区

主要为大汶口文化的鲁豫皖区。本地区经过发掘的遗址中石山孜、金寨、高庄古城、后铁营和尉迟寺有专门的动物遗存鉴定报告。

（1）尉迟寺遗址[4]

遗址时代为大汶口文化晚期。综合1989～1995、2001～2003年度的出土动

〔1〕　宋艳波、王泽冰，《山东牟平蛤堆顶遗址2013年出土软体动物分析》，《东方考古（第13集）》，科学出版社，2016年，第208～219页；宋艳波、王泽冰、赵文丫、王杰：《牟平蛤堆顶遗址出土动物遗存研究报告》，《东方考古（第14集）》，科学出版社，2018年，第245～268页。

〔2〕　宋艳波、饶小艳：《东初遗址出土动物遗存分析》，《东方考古（第10集）》，科学出版社，2013年，第189～193页。

〔3〕　烟台市文管会、烟台市博物馆：《山东烟台毓璜顶新石器时代遗址发掘简报》，《史前研究》1987年第2期，第62～73页。

〔4〕　袁靖、陈亮：《尉迟寺遗址动物骨骼研究报告》，《蒙城尉迟寺——皖北新石器时代聚落遗存的发掘与研究》，科学出版社，2001年，第424～441页；罗运兵、吕鹏、杨梦菲、袁靖：《动物骨骼鉴定报告》，《蒙城尉迟寺（第二部）》，科学出版社，2007年，第306～327页。

物遗存,该遗址可鉴定动物包括:蚌科、丽蚌属、剑状矛蚌、三角帆蚌、圆顶珠蚌、射线裂嵴蚌、楔蚌、田螺、鱼纲、鳖、龟、扬子鳄、鸟纲、兔科、狗、熊、貉、虎、獾、家猪、野猪、麋鹿、梅花鹿、麂、獐、圣水牛和黄牛等。其中猪、狗、黄牛为家养动物。

全部动物构成以哺乳纲为主,占59%;瓣鳃纲和腹足纲占40%;鸟纲、鱼纲和爬行纲数量都比较少。

(2) 石山孜遗址[1]

遗址时代为大汶口文化早期[2]。可鉴定动物包括猪獾、狗獾、家猪、梅花鹿、水鹿、四不像鹿、麝、獐、麂、短角牛、鸡、胡子鲇、中国圆田螺、背瘤丽蚌、环带丽蚌、白河丽蚌、丽蚌、扭蚌、剑状矛蚌、楔蚌和背角无齿蚌等。其中猪为家养动物。

全部动物构成以哺乳纲为主,约占68%;瓣鳃纲约占30%;鱼纲和鸟纲数量都非常少。

(3) 金寨遗址[3]

遗址年代为大汶口文化中期到晚期。遗址发掘过程中使用浮选法获取动植物遗存。目前全部动物遗存[4]已经由笔者指导学生完成鉴定。出土动物大多属于晚期,可鉴定动物全部为哺乳纲,包括猪、狗、牛亚科、小型鹿科、大型鹿科、梅花鹿和兔等。其中猪和狗为家养动物。

(4) 高庄古城遗址[5]

遗址年代相当于大汶口文化晚期到末期。可鉴定动物包括青鱼、龟科、大型鹿科、梅花鹿、小型鹿科和猪等。

全部动物中,哺乳纲数量最多,占87%;鱼纲占12%;鸟纲最少,占1%。

(5) 后铁营遗址[6]

遗址年代为大汶口文化早期。可鉴定动物包括多瘤丽蚌、背瘤丽蚌、刻纹丽

[1] 安徽省文物考古研究所:《安徽省濉溪县石山子遗址动物骨骼鉴定与研究》,《考古》1992年第3期,第253~262+293~294页。

[2] 张敬国:《濉溪县石山子新石器时代遗址》,《中国考古学年鉴(1989)》,文物出版社,1990年,第161页;安徽省文物考古研究所:《安徽濉溪石山子新石器时代遗址》,《考古》1992年第3期,第193~203页;安徽省文物考古研究所:《濉溪石山孜——石山孜遗址第二、三次发掘报告》,文物出版社,2017。

[3] 宋艳波、乙海琳、张小雷:《安徽萧县金寨遗址(2016、2017)动物考古研究报告》,《东南文化》2020年第3期,第104~111页。

[4] 遗址出土动物遗存和人骨普遍保存较差,重浮标本中也少见动物遗存。

[5] 材料为安徽省文物考古研究所发掘所获,由笔者指导学生鉴定分析,目前尚未发表。

[6] 戴玲玲、张东:《安徽省亳州后铁营遗址出土动物骨骼研究》,《南方文物》2018年第1期,142~150页。

蚌、圆顶珠蚌、扭蚌、鱼尾楔蚌、巨首楔蚌、短褶矛蚌、三角帆蚌、射线裂嵴蚌、无齿
蚌属、腹足纲、黄颡鱼、鲶鱼、草鱼、青鱼、中华鳖、龟科、雉科、猪、大型鹿、中型鹿、
黄牛、水牛、獾、貉、狗、大型猫科、野兔和鼠科等。

全部动物中,哺乳纲数量最多,约占72%;瓣鳃纲次之,约占18%;爬行纲、
鸟纲和鱼纲数量都相对较少。

(6) 其他遗址

小山口[1],幺庄[2],芦城子[3],傅庄[4],平粮台[5],陈小湾、老楼、禅阳
寺、灰角寺、安郎寺[6]、周口烟草公司[7]、商水章华台[8]等均未见任何有关
动物种属的信息;古台寺、花家寺、苇塘、垓下、段寨和栾台等在报告中提及有部
分动物种属存在(表2.5)。

表 2.5　大汶口文化时期提及有动物遗存的遗址出土动物种属一览表

遗址名称	哺 乳 动 物		其 他 动 物			
	家 养	野 生	软体动物	鱼	爬行动物	鸟
野店[9]	猪	鹿、獐	蚌	鱼	龟	
岗上[10]	猪					
北辛[11]			蚌			

[1] 中国社会科学院考古研究所安徽队:《安徽宿县小山口和古台寺遗址试掘简报》,《考古》1993
　　年第12期,第1062~1075页。
[2] 吴加安等:《宿县幺庄新石器时代遗址》,《中国考古学年鉴(1992)》,文物出版社,1994年,第
　　221页。
[3] 张敬国:《宿县芦城子新石器时代遗址》,《中国考古学年鉴(1991)》,文物出版社,1992年,第
　　188页。
[4] 杨立新:《安徽淮河流域的原始文化》,《纪念城子崖遗址发掘60周年国际学术讨论会文集》,
　　齐鲁书社,1993年,第166~174页。
[5] 曹桂岑、马全:《河南淮阳平粮台龙山文化城址试掘简报》,《文物》1983年第3期,第21~
　　36+99页。
[6] 以上五处遗址全部引自中国社会科学院考古研究所安徽工作队:《安徽淮北地区新石器时代
　　遗址调查》,《考古》1993年第11期,第961~980+984页。
[7] 周口地区文化局文物科:《周口市大汶口文化墓葬清理简报》,《中原文物》1986年第1期,第
　　1~3页。
[8] 商水县文化馆:《河南商水发现一处大汶口文化墓地》,《考古》1981年第1期,第87、88页。
[9] 山东省博物馆、山东省文物考古研究所:《邹县野店》,文物出版社,1985年。
[10] 山东省博物馆:《山东滕县岗上村新石器时代墓葬试掘报告》,《考古》1963年第7期,第351~
　　360+6~10页。353页随葬品登记表,有的墓葬随葬兽牙,具体种属不明,可能为猪。
[11] 中国社会科学院考古研究所山东工作队、山东省滕县博物馆:《山东滕县北辛遗址发掘报
　　告》,《考古学报》1984年第2期,第159~191+264~273页。

续　表

遗址名称	哺乳动物		其他动物			
	家养	野生	软体动物	鱼	爬行动物	鸟
西夏侯[1]	猪	獐	蚌			
南兴埠[2]	猪					
西康留[3]		獐				
尹家城[4]	猪	獐				
刘林[5]	猪、狗	鹿、牛、羊、獐、貛		鱼	龟	禽
花厅[6]	猪、狗	鹿、牛、獐				
大伊山[7]	猪					
大朱村[8]	猪					
陵阳河[9]	猪					

〔1〕 李有恒、许春华:《山东曲阜西夏侯新石器时代遗址猪骨的鉴定》,《考古学报》1964年第2期,第104~105页;《西夏侯遗址第二次发掘报告》,《考古学报》1986年第3期,第307~338+391~396页。

〔2〕 山东省文物考古研究所:《山东曲阜南兴埠遗址的发掘》,《考古》1984年第12期,第1057~1068+1153~1154页。

〔3〕 山东省文物考古研究、滕州市博物馆:《山东滕州市西康留遗址调查、钻探、试掘简报》,《海岱考古(第三辑)》,科学出版社,2010年,第114~161页。

〔4〕 卢浩泉、周才武:《山东泗水县尹家城遗址出土动、植物标本鉴定报告》,《泗水尹家城》,文物出版社,1990年,第13~16页。

〔5〕 江苏省文物工作队:《江苏邳县刘林新石器时代遗址第一次发掘》,《考古学报》1962年第1期,第81~102+121~129页;南京博物院:《江苏邳县刘林新石器时代遗址第二次发掘》,《考古学报》1965年第2期,第9~47+152~165+180~183页。

〔6〕 南京博物院:《花厅——新石器时代墓地发掘报告》,文物出版社,2003年。

〔7〕 连云港市博物馆:《江苏灌云大伊山新石器时代遗址第一次发掘报告》,《东南文化》1988年第2期,第37~46页;南京博物院、连云港市博物馆、灌云县博物馆:《江苏灌云大伊山遗址1986年的发掘》,《文物》1991年第7期,第10~27+100页。

〔8〕 山东文物考古研究所等:《莒县大朱家村大汶口文化墓葬》,《考古学报》1991年第2期,第167~206+265~272页;苏兆庆、常兴照、张安礼:《山东莒县大朱村大汶口文化墓地复查清理简报》,《史前研究》1989年,第94~113页。

〔9〕 山东省考古所、山东省博物馆、莒县文管所:《山东莒县陵阳河大汶口文化墓葬发掘简报》,《史前研究》1987年第3期,第62~82+99页。

遗址名称	哺 乳 动 物		其 他 动 物			
	家 养	野 生	软体动物	鱼	爬行动物	鸟
杭头[1]	猪				鳄鱼	
城阳[2]					龟	
左家王庄[3]	猪?					
董家营[4]	猪					
庄坞[5]		獐				
呈子[6]	猪	獐	蚌			
傅家[7]			蚌			
后胡营[8]	猪					
尚庄[9]	猪	獐、鹿	蚌		龟	
周河[10]	猪	獐				

〔1〕　山东省文物考古研究所：《山东莒县杭头遗址》，《考古》1988 年第 12 期，第 1057～1071＋
　　　1153～1154 页。

〔2〕　张子晓等：《费县城阳大汶口文化遗址》，《中国考古学年鉴(2002)》，文物出版社，2003 年，第
　　　230 页。

〔3〕　山东省文物考古研究所、费县文物管理所：《费县左家王庄遗址发掘报告》，《海岱考古(第
　　　二辑)》，科学出版社，2007 年，第 289～337 页。299 页图一一，H45 内埋藏完整动物骨架，可
　　　能为猪。

〔4〕　燕生东：《五莲县董家营新石器时代和战国、西汉遗址》，《中国考古学年鉴(2002)》，文物出版
　　　社，2003 年，第 230～231 页。

〔5〕　苍山县图书馆文物组：《山东苍山县新石器时代墓葬清理简报》，《考古》1988 年第 1 期，第
　　　12～14 页。

〔6〕　昌潍地区文物管理组等：《山东诸城呈子遗址发掘报告》，《考古学报》1980 年第 3 期，第 329～
　　　385＋413～422 页。

〔7〕　山东省文物考古研究所、东营市博物馆：《山东广饶县傅家遗址的发掘》，《考古》2002 年第 9
　　　期，第 36～44＋103＋2 页。

〔8〕　寿光县博物馆：《寿光县古遗址调查报告》，《海岱考古(第一辑)》，山东大学出版社，1989 年，
　　　第 29～60 页。

〔9〕　山东省文物考古研究所：《茌平尚庄新石器时代遗址》，《考古学报》1985 年第 4 期，第 465～
　　　505＋547～554 页。

〔10〕　平阴周河遗址考古队：《山东平阴周河遗址大汶口文化墓葬(M8)发掘简报》，《文物》2019 年
　　　第 11 期，第 4～14 页。

续　表

遗址名称	哺 乳 动 物		其 他 动 物			
	家 养	野 生	软体动物	鱼	爬行动物	鸟
杨家圈[1]		鹿	蚌			
紫荆山[2]	猪	羊、鹿	蚌、蛤蜊	鱼		
北庄[3]	猪	鹿、獐				
古镇都[4]	猪	鹿				
于家店[5]	猪、狗	鹿	螺蛳			
小管村[6]		鹿				
白石村[7]			文蛤	鱼		
范家[8]	猪	狍				
东羔[9]		鹿、獐				
花家寺[10]	猪	鹿	螺、蚌			
古台寺[11]		鹿				

〔1〕北京大学考古实习队、山东省文物考古研究所:《栖霞杨家圈遗址发掘报告》,《胶东考古》,文物出版社,2000年,第151~206页。

〔2〕山东省博物馆:《山东蓬莱紫荆山遗址试掘简报》,《考古》1973年第1期,第11~15页。

〔3〕北京大学考古实习队、烟台地区文管会、长岛县博物馆:《山东长岛北庄遗址发掘简报》,《考古》1987年第5期,第385~394+428+481页。

〔4〕烟台市博物馆、栖霞牟氏庄园管理处:《山东栖霞市古镇都新石器时代遗址发掘简报》,《考古》2008年第2期,第7~22+97+2页。

〔5〕北京大学考古实习队、山东省文物考古研究所·《莱阳于家店的小发掘》,《胶东考古》,文物出版社,2000年,第207~219页。

〔6〕北京大学考古实习队、山东省文物考古研究所:《乳山小管村的发掘》,《胶东考古》,文物出版社,2000年,第220~243页。

〔7〕成庆泰:《烟台白石村新石器时代遗址出土鱼类的研究》;齐钟秀:《烟台白石村新石器时代遗址出土软体动物的鉴定》;周本雄:《烟台白石村新石器时代遗址出土动物鉴定》,《胶东考古》,文物出版社,2000年,第91~95页。

〔8〕烟台市博物馆:《山东蓬莱范家遗址调查、勘探、发掘简报》,《海岱考古(第十辑)》,科学出版社,2017年,第13~37页。

〔9〕烟台市博物馆、龙口市博物馆:《山东龙口市东羔遗址考古发掘报告》,《海岱考古(第十一辑)》,科学出版社,2018年,第71~125页。

〔10〕安徽省博物馆:《安徽萧县花家寺新石器时代遗址》,《考古》1966年第2期,第55~62+3页。

〔11〕中国社会科学院考古研究所安徽队:《安徽宿县小山口和古台寺遗址试掘简报》,《考古》1993年第12期,第1062~1075页。

续 表

遗址名称	哺 乳 动 物		其 他 动 物			
	家 养	野 生	软体动物	鱼	爬行动物	鸟
苇塘[1]			蚌			
垓下[2]			蚌			
段寨[3]	猪					
栾台[4]			蚌			

二、大汶口文化时期动物群及其所代表的自然环境

综合来看,大汶口文化早期诸遗址(主要为鲁南苏北皖北小区和胶东半岛小区)的动物群构成比较一致(表2.6),除大汶口遗址外,都包含有种属繁多的软体动物(瓣鳃纲、腹足纲和头足纲),与同区域北辛文化时期相比差异较大;软体动物的种属特征呈现出明显的区域差异(海生和淡水种属)。除此之外,各遗址都发现有不同数量的鱼纲、爬行纲、鸟纲和哺乳纲,这些动物的构成状况与北辛文化时期比较一致,明显存在着区域性的差异,如鳄鱼这类动物只出现在鲁中南地区,而海产鱼类则只出现在胶东半岛地区。

这一时期有明确动物数量的遗址主要分布于鲁南、苏北、皖北和胶东半岛地区,各遗址不同纲动物的比例构成情况见图2.6,存在着明显的区域性差异,即胶东半岛地区以软体动物为主,鲁南苏北皖北地区则以哺乳动物为主,两个地区其他动物发现都比较少。

大汶口文化中期到晚期,各聚落间开始出现等级差异,诸遗址动物构成也开始表现出一定的差异(表2.7、2.8)。从软体动物的种类来看,除沿海的三里河遗址外,其余遗址的种类相对较少,尤其是地处鲁南苏北、皖北的部分遗址(如金寨、梁王城等),发掘及浮选中均未发现任何软体动物遗存,表现出与大汶口文化早期不同的特征。

〔1〕 贾叶等:《固镇县苇塘新石器时代遗址》,《中国考古学年鉴(1993)》,文物出版社,1995年,第152页。

〔2〕 贾庆元等:《固镇县垓下新石器时代晚期和秦汉遗址》,《中国考古学年鉴(2008)》,文物出版社,2009年,第226页;安徽省文物考古研究所、固镇县文物管理所:《安徽省固镇县垓下遗址2007~2008年度发掘主要收获》,《文物研究(第16辑)》,第150~155页;安徽省文物考古研究所、固镇县文物管理所:《安徽固镇县垓下遗址发掘的新进展》,《东方考古(第7集)》,科学出版社,2010年,第412~423页。

〔3〕 曹桂岑:《郸城段寨遗址试掘》,《中原文物》1981年第3期,第4~8页。

〔4〕 河南省文物研究所:《河南鹿邑栾台遗址发掘简报》,《华夏考古》1989年第1期,第1~14页。

表 2.6 大汶口文化早期猪址出土动物一览表

动物\遗址	王因遗址	玉皇顶遗址	大汶口遗址	万北遗址	大仲家遗址	北阡遗址	蛤堆顶遗址	东初遗址	后铁营遗址	石山孜遗址
瓣鳃纲	珠蚌属2种、丽蚌属15种、中国尖嵴蚌属5种、剑状矛蚌、三角帆蚌、裂嵴蚌属2种、厚美带蚌	圆顶珠蚌、楔蚌、丽蚌、扭蚌	蚌科	丽蚌、矛蚌、裂嵴蚌、珠蚌	牡蛎、蚬、日本镜蛤、蛤仔、青蛤	缢蛏、蛤仔、毛蚶、丽蚌、矛蚌、青蛤、文蛤、蚬、牡蛎珠蚌	毛蚶、文蛤、牡蛎、浅蛤、青蛤、蚬、珠蚌、等边蛤仔	文蛤、牡蛎、蛤仔、毛蚶	多瘤丽蚌、青瘤丽蚌、刻纹丽蚌、圆顶珠蚌、扭蚌、楔蚌、鱼尾楔蚌、巨首楔蚌、短嵴矛蚌、三角帆蚌、射线蚌、裂嵴蚌、无齿蚌	青瘤丽蚌、环带丽蚌、白河丽蚌、扭蚌、剑状矛蚌、三角楔蚌、背角无齿蚌
腹足纲	中国圆田螺、环棱螺属3种	中华圆田螺	无	无	多形滩栖螺、脉红螺	脉红螺、滩栖螺、托氏蜎螺、蟹守螺、疣荔枝螺、单齿螺、芋螺	单齿螺、托氏蜎螺、疣荔枝螺、短滨螺、扁玉螺、拟蟹守螺、滩栖螺、镰玉螺、马蹄螺、脉红螺、银口凹螺、绣凹螺	疣荔枝螺、拟蟹守螺	腹足纲	中国圆田螺
头足纲	无	无	无	无	无	乌贼	无	无	无	无

续表

遗址 / 动物	王因遗址	玉皇顶遗址	大汶口遗址	万北遗址	大仲家遗址	北阡遗址	蛤堆顶遗址	东初遗址	后铁营遗址	石山孜遗址
甲壳纲	无	无	无	无	无	蟹	蟹	无	无	无
鱼纲	青鱼、草鱼	草鱼	鲤鱼、青鱼	青鱼、鲤鱼、鲈鱼	红鳍东方鲀、黑鲷、真鲷	草鱼、鲤鱼、鲈鱼、乌鳢、红鳍东方鲀、棘鲷鲷属	鲈鱼、红鳍东方鲀、真鲷、牙鲆科	鱼纲	黄颡鱼、草鱼、青鱼、鲶	胡子鲇
两栖纲	无	无	无	无	无	两栖纲	两栖纲	无	无	无
爬行纲	龟、鳖、鳄	无	鳖科、龟科、鳄	龟、鳖、鼋	无	龟科、鳖科	无	龟科	中华鳖、龟科	无
鸟纲	鸡	鸡	雉科、鹰科	雉科	雉	鸭科、雉科、鹰科	雉科、鸭科、雀形目、鹤形目	鸟纲	雉科	鸡
哺乳纲	獐、鹿、狍、鹿、虎、麋鹿、獾、狐、牛、狗、猫	中华鼢鼠、猪、獾、牛、狗、羊、鹿、獐、兔、梅花鹿、麋鹿	狗、虎、猪、梅花鹿、獐、鹿、狸	麋鹿、梅花鹿、獐、鹿、牛、猪、狗、兔	狗、猪、梅花鹿	麋鹿、梅花鹿、獐、鹿、猪、狗、猪獾、猫科、狍、兔科	麋鹿、梅花鹿、獐、猪、鹿、狗、狍、猪獾、兔科	中型鹿、獐、猪、犬科	猪、大型鹿、中型鹿、黄牛、水牛、獐、狗、大型兔和鼠科、野兔和鼠科	猪獾、狗獾、家猪、梅花鹿、鹿、水鹿、獐、麋、麂、短角牛

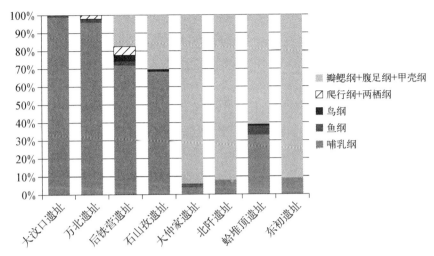

图 2.6 大汶口文化早期诸遗址动物构成示意图

从动物群组合来看,等级较高的焦家和尉迟寺遗址,出土动物种类非常复杂;而同样等级较高的金寨遗址,出土的动物种类却又非常简单,呈现出两种完全不同的动物群面貌。尤其值得注意的是,在早期鲁南地区遗址中普遍存在的鳄鱼骨骼,在本时期仅出现在焦家和尉迟寺两个等级较高的遗址中,表明这一时期可能存在着特殊资源的集中配置和供应。

从本时期的动物构成来看(图 2.7),具有明确数据的遗址(主要为鲁北和鲁南苏北皖北小区)中均是以哺乳纲为主的,部分遗址哺乳纲的比例高达 90% 以上(金寨遗址更是高达 100%),与早期相比明显加大了对哺乳纲的利用,尉迟寺遗址除哺乳纲外软体动物的利用程度也比较高。

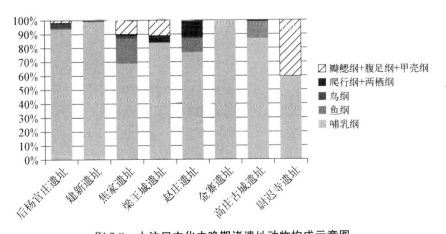

图 2.7 大汶口文化中晚期诸遗址动物构成示意图

表 2.7　大汶口文化中期到晚期诸遗址出土动物一览表

动物\遗址	三里河遗址	前埠下遗址	西公桥遗址	建新遗址	五村遗址	焦家遗址	后杨官庄遗址
海胆纲	海胆	无	无	无	无	无	无
瓣鳃纲	圆顶珠蚌、剑状矛蚌、毛蚌、文蛤、蛤仔、近江牡蛎、亚克克棱蛤、四角蛤蜊	圆顶珠蚌、背瘤丽蚌、失衡丽蚌、扭蚌、篮蛤、文蛤、青蛤	圆顶珠蚌、丽蚌、扭蚌	丽蚌、三角帆蚌	毛蚶、牡蛎、文蛤、圆顶珠蚌、失衡丽蚌、无齿蚌	圆顶珠蚌、尖嵴蚌、楔蚌、剑状矛蚌、背瘤丽蚌、无齿蚌、蚬	丽蚌、楔蚌
腹足纲	疣荔枝螺、锈凹螺、脉红螺、朝鲜花冠小月螺、珠带拟蟹守螺、纵带滩栖螺	中华圆田螺	无	无	无	圆田螺、环棱螺	无
头足纲	乌贼	无	无	无	无	无	无
甲壳纲	日本鲟	无	无	无	无	蟹	无
鱼纲	鱼	青鱼、草鱼、鲶鱼、黄颡鱼、鲤鱼	青鱼、鲤鱼	鲤鱼	青鱼	鲤鱼、鲫鱼、草鱼、鲶鱼、鲢鱼、鳡鱼、黄颡鱼、鲈鱼、鲷属、乌鳢	鱼纲
两栖纲	无	无	无	无	无	两栖纲	无
爬行纲	无	无	鳖、龟	无	鳖、龟	龟科、鳄科、蛇科、鳖、鼋	鳖科

续　表

动物＼遗址	三里河遗址	前埠下遗址	西公桥遗址	建新遗址	五村遗址	焦家遗址	后杨官庄遗址
鸟纲	无	鸡	鸡	鸟纲	鸡	雉科、鹰属	鸟纲
哺乳纲	麋鹿、猪	无	中华鼢鼠、狗、獾、猪、獐、梅花鹿、马鹿、麋鹿、鹿、羊和牛	猪、梅花鹿、野兔	猪、牛、羊、犭、狗獾、麋鹿	仓鼠、兔科、狗、貉、鼬科、狗獾、猫科、猪、獐、梅花鹿、麋鹿、牛科	梅花鹿、小型鹿科、猪、狗

表 2.8　大汶口文化晚期诸遗址出土动物一览表

动物＼遗址	梁王城遗址	赵庄遗址	尉迟寺遗址	金寨遗址	高庄古城遗址	鲁家口遗址	六里井遗址
瓣鳃纲	丽蚌、帆蚌属	无	丽蚌、剑状矛蚌、三角帆蚌、圆顶珠蚌、射线裂脊蚌、楔蚌	无	无	无	丽蚌、蚬
腹足纲	无	无	田螺	无	无	蚌、文蛤	铜锈环棱螺
鱼纲	无	草鱼、鲤鱼、黄颡鱼、乌鳢	鱼纲	无	青鱼	鱼	无
两栖纲	两栖纲	无	无	无	无	无	无
爬行纲	鳖、龟	龟科、鳖科	鳖、龟、扬子鳄	无	龟科	龟、鳖	无
鸟纲	无	鸟	鸟纲	无	无	鸡	无
哺乳纲	梅花鹿、獐、猪、牛、狗	狗、貉、麋鹿、梅花鹿、獐、猪	兔科、狗、熊、貉、虎、獾、野猪、麋鹿、梅花鹿、獐、圣水牛、黄牛	猪、狗、牛、梅花鹿、兔、小型鹿科、大型鹿科	大型鹿科、梅花鹿、小型鹿科、猪	猪、牛、猫、貉、狐、獐、麋鹿、东北鼢鼠	猪、獐、鹿、麋、豹猫

1. 野生动物反映的古环境

软体动物中(表2.6、2.7、2.8),沿海遗址出土遗存均以海洋种属为主,也包括一定的淡水种属;离海较近的遗址中(如五村和前埠下遗址)出土遗存以淡水种属为主,但也有一定数量的海洋种属发现;内陆遗址中发现的遗存均为淡水种属(包括珠蚌、丽蚌、矛蚌、扭蚌、尖嵴蚌、楔蚌和圆田螺等)。这些软体动物的存在,说明各遗址附近均有一定面积的水域(包括海洋、湖泊或河流)存在[1]。从发现的软体动物生存习性来看,存在着多种喜暖种类,说明这一时期的气温仍然较高,接近现在的长江流域。大汶口文化早期各遗址发现的软体动物种属较为繁杂,其丰富程度要超过之前的北辛文化和其后的大汶口文化中晚期各遗址,说明在这一时期,先民加大了对软体动物的开发和利用,有可能本时期遗址周边的水体资源更为丰富。

鱼纲动物中(表2.6、2.7、2.8),沿海遗址发现的多为海产种属,也存在少量淡水种属;除晚期的焦家遗址外,其余内陆及近海遗址中发现的均为淡水种属。焦家遗址为鲁北地区大汶口文化中晚期的大型聚落,发现的鱼类种属繁杂,且有多个鱼骨集中出土的灰坑,显示出对鱼类资源强化利用的特征。总的来说,各遗址发现的鱼的种类与北辛文化时期相比差别不大,说明各遗址周围都有着较大面积的水域(海洋、湖泊或河流)[2]。

本时期对爬行动物的利用不多(表2.6、2.7、2.8),在上文统计的23处遗址中,有近10处未发现爬行动物,可见与北辛文化时期相比,先民对爬行动物的利用有所减少。大汶口文化早期,基本延续了北辛文化时期的特征,鳄鱼仅发现于鲁南地区;大汶口文化中晚期,这一特征开始发生变化,鲁南地区未见鳄鱼,仅在焦家和尉迟寺两处高等级聚落中发现鳄鱼。

鸟纲动物中(表2.6、2.7、2.8),能够鉴定的种类并不多,多数遗址都鉴定出雉科[3]这类生存空间广泛的陆生鸟类的存在,这与北辛文化时期的特征是一致的。值得注意的是,在大汶口文化早期的大汶口遗址和北阡遗址都发现有鹰的遗存,从其出土位置来看并无特殊之处,应为先民偶然狩猎所获;而在晚期的焦家遗址,却出现了用鹰来祭祀的现象,说明到这一时期这种动物可能具有了新的象征意义。

哺乳动物中(表2.6、2.7、2.8),狗和猪为明确的家养动物,多个遗址内均发现

〔1〕 刘月英、张文珍等:《中国经济动物志(淡水软体动物)》,科学出版社,1979年;徐凤山、张素萍:《中国海产双壳类图志》,科学出版社,2008年。
〔2〕 李明德:《鱼类学(上册)》,南开大学出版社,1992年;伍献文、杨干荣等:《中国经济动物志(淡水鱼类)》,科学出版社,1979年;倪勇、伍汉霖:《江苏鱼类志》,中国农业出版社,2006年。
〔3〕 郑作新等:《中国动物志·鸟纲·第四卷(鸡形目)》,科学出版社,1978年,第3~8页。

了牛,且多被鉴定为家养动物。综合现有研究成果,笔者认为在大汶口文化晚期,鲁中南苏北地区和鲁豫皖地区有可能出现家养黄牛,其他地区发现的牛应该还都是野生种属。各遗址发现的野生哺乳动物组合与北辛文化时期相比差别不大。这些种类繁杂的陆生哺乳动物的存在表明遗址附近有着一定面积的森林(树林)和灌木等[1],说明各区域遗址附近都存在一定的山地丘陵,适合这些野生哺乳动物生存。

与北辛文化时期相比,本时期的鲁北地区、胶东沿海地区和鲁中南苏北皖北地区,主要动物群变化不大,说明遗址周围的气候环境并未发生太大变化,先民依然可从周围自然环境中获取到丰富的野生动物资源;大汶口文化早期,先民加强了对软体动物的开发与利用,软体动物比例较高;到大汶口文化中晚期,不同区域中心聚落之间存在着不同风格的动物群面貌。

2. 植物考古反映的古环境

王因遗址孢粉鉴定[2]结果包括栎属、凤尾蕨、海金沙、唐松草、蒿属和禾本科(可能为稻),其中凤尾蕨和海金沙属于热带亚热带地区生长的草本状蕨类;此外,在 M201:158 探方中找到许多保存甚好的半炭化坚果,应为栎属果实。综合来看,该遗址在大汶口文化早期时气候较今更为温暖湿润。

建新遗址孢粉鉴定[3]结果包括栎属、胡桃属、榆属、松属、蓼属、藜属、豆科、蒿属、禾本科、麻黄、中华卷柏、紫萁和中华里白,其中紫萁和中华里白属于现生亚热带,一般要求温度变幅不大,是生长在潮湿环境中的草本状蕨类。与王因大汶口文化早期相比,建新遗址孢粉组合反映出当时偏旱的自然状况,很可能表明气温较前略有下降,湖沼在鲁中南地区收缩。

建新遗址植硅体鉴定[4]结果包括羊茅类禾草植硅石、黍类禾草植硅石、芦苇和竹子等。植硅体组合说明当时的气候比较湿润。

六里井遗址[5]植硅体样品中以反映温暖湿润潮湿环境的扇型、方型和鞍型等禾本科植物硅酸体为主,同时发现有榆属、栎属、木犀科、藜属和禾本科的花粉。

〔1〕 盛和林等:《中国鹿类动物》,华东师范大学出版社,1992 年,第 97~98、129、151~152、166、204~205、226~227 页;高耀亭等:《中国动物志·兽纲·第八卷(食肉目)》,科学出版社,1987 年,第 66~68 页;夏武平等:《中国动物图谱(兽类)》,科学出版社,1988 年,第 85~86 页。

〔2〕 孔昭宸、杜乃秋:《山东兖州王因遗址 77sywT4016 探方孢粉分析报告》,《山东王因——新石器时代遗址发掘报告》,科学出版社,2000 年,452~453 页。

〔3〕 孔昭宸、杜乃秋:《建新遗址生物遗存鉴定和孢粉分析》,《枣庄建新——新石器时代遗址发掘报告》,科学出版社,1996 年,第 231~234 页。

〔4〕 姜钦华:《建新遗址几个样品的植硅石分析》,《枣庄建新——新石器时代遗址发掘报告》,科学出版社,1996 年,第 235~236 页。

〔5〕 孔昭宸、陈怀诚:《六里井遗址植物硅酸体及孢粉分析鉴定报告》,《兖州六里井》,科学出版社,1999 年,第 217~220 页。

表明在遗址未形成前,这里可能分布着湿地,该区域尚有榆属和栎属等树木生长。

西公桥植硅体研究[1]结果以扇型、方型和长方型植硅体较多,全部样品中都有芦苇扇型植硅体。植硅体组合表明当时遗址周围生长的禾本科植物以代表温暖环境的为主,少量的哑铃型和阔叶树植硅体也能说明这个问题,芦苇扇型的存在还反映遗址附近有水域存在。

前埠下植硅体结果:硅酸体组合中以棒型为主,长方型、方型硅酸体较后李文化时期有所减少,表明遗址周围生长的植物,反映干凉气候的种类增多,而代表温暖湿润气候的植物有所减少;中鞍型和芦苇扇型是芦苇植物中特有的硅酸体类型,而芦苇属于禾本科芦竹亚科芦竹族,生长于沼泽、河岸、湖边和草地,说明大汶口文化时期,遗址周围不仅有较大范围的水域,而且有丰富的水生植物可供古人利用[2]。

大仲家遗址孢粉鉴定[3]结果包括冷杉属、云杉属、松属、桦属、胡桃属、栎属、椴属、榆属、榛属、蒿属、菊科、藜科、紫菀属、禾本科、蓼属、卷柏属和水龙骨科;同时,也发现芦苇、硅藻和禾本科植硅体。与北辛文化时期相比,禾本科花粉逐渐增多,反映湿地环境的藻类植物明显减少,但总体环境应与北辛文化时期相差不大。

北阡遗址木炭鉴定[4]结果包括松属、麻栎、栎属、榆属、朴属、槭属、香椿属、柘属、臭椿属、桦木属、榉属、蒙古栎、槐属、苹果属和李属等,其中香椿属、榉属、柘属和臭椿属为亚热带树种。胶东半岛大汶口文化早期至周代植被组合上的变化,反映了大汶口文化早期气候可能较为暖湿,到岳石文化至周代,气候变为冷干。

尉迟寺遗址孢粉鉴定[5]结果包括铁杉属、柳杉属、栎属、栗属、胡桃属、枫杨属、榛属、桦属、金缕梅属、水青冈属、鼠李科、芸香科、冬青属、木樨科、莎草属、伞形科、蒿属、菊科、紫萁属、水龙骨科和泥炭藓属等,其中芸香科、木樨科、冬青属、铁杉属、柳杉属、金缕梅科和水青冈属属于热带、亚热带植物。孢粉组合说明尉迟寺遗址大汶口文化晚期的环境特征是湖泊相连,水生植物茂盛,存在大面积

[1] 靳桂云、何德亮、高明奎、兰玉富:《滕州西公桥遗址植硅体研究》,《海岱考古(第二辑)》,科学出版社,2007年,第241~243页。
[2] 靳桂云:《前埠下遗址植物硅酸体分析报告》,《山东省高速公路考古报告集(1997年)》,科学出版社,2000年,第106~107页。
[3] 中国社会科学院考古研究所:《胶东半岛贝丘遗址环境考古》,社会科学文献出版社,2007年,第190~193页。所列孢粉均属紫荆山一期。
[4] 王育茜、王树芝、靳桂云:《山东即墨北阡遗址木炭遗存的初步分析》,《东方考古(第10集)》,科学出版社,2013年,第216~238页。
[5] 赵慧民:《尉迟寺遗址孢粉数据与古代植被环境研究》,《蒙城尉迟寺》,科学出版社,2001年,第450~455页。

的浅洼地、湖洼地,应该为气候暖湿的生态环境。

3. 小结

综合各遗址出土动物和植物遗存的研究结果,大汶口文化早期与北辛文化时期相比,胶东半岛和鲁南苏北皖北区域气候环境变化不大,仍然较为暖湿,水体环境较好,野生动植物资源丰富。淮河中游地区,在距今约 7 300 年至 6 500 年的双墩文化时期,植被为含有针叶林成分的落叶阔叶林——草原类型,湖沼、湿地分布较广,气候条件温暖湿润且较稳定;距今约 6 500 年至 5 500 年,植被类型相对前一时期变化不大,但气候条件更加温暖湿润[1]。淮河中游的这一气候环境特征可能可以代表这一阶段海岱地区的总体情况。

大汶口文化中晚期,与前一时期相比,发生了一定的变化。鲁中南地区表现为气候由暖湿转向干凉,气温有所下降,且水体面积有所收缩。淮河中游地区,距今 5 500 年至 4 000 年前后,植被类型转变为针阔叶混交林——草原,气候条件也从温暖湿润逐渐向温和偏干方向发展[2]。淮河中游的这一特征或可代表海岱地区这一阶段的总体情况。从遗址出土的动物群来看,即使相比大汶口文化早期气温有所下降,但也还是比现在更加温暖湿润[3],野生动植物资源依然较为丰富。

第四节　龙山文化时期的动物群及自然环境

海岱地区目前经过发掘的龙山文化遗址有[4]:章丘城子崖、乐盘、刑亭山、宁家埠、西河、焦家、董东、大康、马安、黄桑院,平阴张沟,邹平丁公、厂宫村,桐林田旺,茌平尚庄、教场铺,阳谷景阳岗,泰安大汶口,潍坊姚官庄,寿光边线王、双王城,桓台前埠,临朐西朱封,胶县三里河,诸城呈子、前寨,潍县鲁家口,青州凤凰台、郝家庄、杨家营、赵铺、桃园,胶南泃头,高密乔家屯,沂源姑子坪,昌乐邹家庄、谢家埠、后于刘、袁家,胶州赵家庄,青岛南营,淄博房家,禹城邢寨汪,泗水尹家城、天齐

〔1〕 胡飞:《淮河中游地区新石器时代气候与环境》,《南方文物》2019 年第 1 期,第 159~166 页。

〔2〕 胡飞:《淮河中游地区新石器时代气候与环境》,《南方文物》2019年第 1 期,第 159~166 页。

〔3〕 高广仁、胡秉华:《山东新石器时代环境考古信息及其与文化的关系》,《中原文物》2000 年第 2 期,第 4~12 页。

〔4〕 栾丰实:《海岱龙山文化的发现和研究》,《海岱地区考古研究》,山东大学出版社,1997 年,第 213~228 页;山东省文物考古研究所:《山东 20 世纪的考古发现和研究》,科学出版社,2005 年,第 208~279 页;中国社会科学院考古研究所:《中国考古学·新石器时代卷》,中国社会科学出版社,2010 年,第 589~612 页;近年发掘资料全部为山东省文物考古研究院、中国社会科学院考古研究所山东工作队及山东大学的内部资料,目前尚未发表。

庙,兖州西吴寺、龙湾店,薛故城,青堌堆,邹县野店、南关、曲阜南兴埠、董大城、坡里,滕州前掌大、庄里西、西孟庄、枣庄二疏城、建新,邳州梁王城,日照两城镇、尧王城、东海峪、六甲庄、苏家村,临沂大范庄、后明坡、化沂庄、临沭东盘,苍山后杨官庄、大兴屯、西道庄、五莲丹土、董家营,莒县化家村,连云港藤花落、二涧村、朝阳,平度东岳石、逄家庄,栖霞杨家圈、北城子,蓬莱紫荆山,乳山小管村,海阳司马台,长岛砣矶岛大口,烟台庙后,招远老店,莱州路宿,莱阳于家店,河南永城王油坊、造律台,鹿邑栾台,安徽蒙城尉迟寺,亳州傅庄,宿县芦城子、小山口、幺庄,固镇苇塘、垓下,曹县莘冢集、菏泽安丘堌堆、青丘堌堆和定陶十里铺北等。

一、诸遗址动物群构成

海岱龙山文化可以分为城子崖类型、姚官庄类型、尹家城类型、尧王城类型、杨家圈类型和王油坊类型[1],结合动物群的特征,可以汇总为以下五个区域:鲁北、鲁中南苏北、鲁东南、胶东半岛和鲁豫皖地区。

1. 鲁北地区

主要包括龙山文化的城子崖类型和姚官庄类型。本地区桐林、教场铺、城子崖、三里河、前埠、尚庄、鲁家口、边线王、丁公和黄桑院等遗址有专门的动物遗存鉴定报告。

（1）桐林遗址[2]

遗址时代为龙山文化时期(早期到晚期)。可鉴定动物包括猪、牛、羊、斑鹿、麋鹿、兔、熊、狗、貉、猫等。其中猪、狗、牛和羊为家养动物。

另外山东大学考古系李慧冬博士提到该遗址发现有珠蚌、丽蚌、蚬和文蛤等软体动物。

不同纲动物比例情况目前尚不清楚。

（2）教场铺遗址[3]

遗址时代为龙山文化中期到晚期。可鉴定动物包括:白河丽蚌、背瘤丽蚌、薄壳丽蚌、多瘤丽蚌、高裂嵴蚌、厚美带蚌、剑状矛蚌、巨首楔蚌、三角帆蚌、射线

---

〔1〕　栾丰实:《海岱龙山文化的分期和类型》,《海岱地区考古研究》,山东大学出版社,1997 年,第229~282 页。

〔2〕　山东省文物考古研究所、北京大学考古文博学院:《临淄桐林遗址聚落形态研究考古报告》,《海岱考古(第五辑)》,科学出版社,2012 年,第 139~168 页;张颖:《山东桐林遗址动物骨骼分析》,北京大学学士学位论文,2006 年。

〔3〕　中国社会科学院考古研究所山东队、山东省文物考古研究所、聊城市文物局:《山东茌平教场铺遗址龙山文化城墙的发现与发掘》,《考古》2005 年第 1 期,第 3~6 页;动物遗存材料来自中国社会科学院考古研究所山东工作队,由笔者鉴定分析,目前尚未发表。

裂崤蚌、天津丽蚌、细瘤丽蚌、细纹丽蚌、圆顶珠蚌、猪耳丽蚌、文蛤、蜗牛、中国圆田螺、豪猪、竹鼠、麋鹿、梅花鹿、獐、牛、羊、猪、兔、狗、猫、狗獾、龟科、鳖科、鳄鱼、青鱼、草鱼、鲢鱼、鲤鱼和鸟纲等。其中猪、狗、牛、羊为家养动物。

全部动物中，哺乳纲数量最多，占52%；其次是瓣鳃纲，占34%；鱼纲占11%；鸟纲和爬行纲数量都比较少。

（3）城子崖遗址[1]

遗址时代为龙山文化时期（早期到晚期）。20世纪30年代发掘出土动物包括：猪、狗、鹿、羊、马、牛、麋鹿、獐、兔、拟丽蚌、猪耳丽蚌、多瘤丽蚌、背瘤丽蚌、蚬、射线裂崤蚌和鱼形楔蚌等。

近十年来，山东省文物考古研究院对该遗址进行了多个年度的发掘，使用浮选法收集动物遗存，出土动物非常丰富。可鉴定动物（包括浮选所获）包括矛蚌属、圆顶珠蚌、射线裂崤蚌、文蛤、圆田螺属、扁蜷螺属、环棱螺属、蟹、草鱼、鳡鱼、黄颡鱼、鲫鱼、乌鳢、鲶鱼、龟科、蛇科、雉科、麋鹿、梅花鹿、小型鹿科、牛亚科、羊亚科、猪、狗、貊、鼠科和兔科等。其中猪、狗、牛、羊为家养动物。

全部动物中，鱼纲数量最多，占50%；哺乳纲次之，占38%；瓣鳃纲和腹足纲分别占8%和3%；鸟纲和爬行纲数量都比较少。

（4）尚庄遗址[2]

遗址年代为龙山文化中期到晚期。可鉴定动物包括：牛、猪、狗、鹿、獐、獾、麋鹿、多瘤丽蚌、短褶矛蚌、剑状矛蚌和似褶纹冠蚌等。

（5）前埠遗址[3]

遗址年代为龙山文化早期。可鉴定动物包括猪、牛、狗、多瘤丽蚌和细纹丽蚌等。其中猪和狗为家养动物。

（6）三里河遗址[4]

遗址年代为龙山文化早中期。可鉴定动物包括猪、麋鹿、鳓鱼、梭鱼、锈凹

〔1〕 梁思永：《墓葬与人类，兽类，鸟类之遗骨及介壳之遗壳》，国立中央研究院历史语言研究所：【中国考古报告集之一】《城子崖——山东历城县龙山镇之黑陶文化遗址》，中国科学公司，1934年，第90~91页；山东省文物考古研究院、北京大学考古文博学院：《济南市章丘区城子崖遗址2013~2015年发掘简报》，《考古》2019年第4期，第3~24+2页。动物遗存来自山东省文物考古研究院，由笔者指导学生鉴定分析，目前尚未发表。
〔2〕 山东省博物馆等：《山东荏平县尚庄遗址第一次发掘简报》，《文物》1978年第4期，第35~45页；山东省文物考古研究所：《荏平尚庄新石器时代遗址》，《考古学报》1985年第4期，第465~505+547~554页。
〔3〕 宋艳波、燕生东、佟佩华、魏成敏：《桓台唐山、前埠遗址出土的动物遗存》，《东方考古（第5集）》，科学出版社，2008年，第315~345页。
〔4〕 成庆泰：《三里河遗址出土的鱼骨、鱼鳞鉴定报告》，齐钟彦：《三里河遗址出土的贝壳等鉴定报告》，《胶县三里河》，文物出版社，1988年，第186~191页。

螺、朝鲜花冠小月螺、纵带滩栖螺、珠带拟蟹守螺、疣荔枝螺、脉红螺、中国耳螺、毛蚶、近江牡蛎、文蛤、蛤仔、青蛤、四角蛤蜊、亚克棱蛤、圆顶珠蚌、剑状矛蚌、乌贼、细雕刻肋海胆和日本蟳等。其中猪为家养动物。

（7）鲁家口遗址[1]

遗址年代为龙山文化早中期。可鉴定动物包括家猪、牛、鸡、猫、鼠、东北鼢鼠、麋鹿、梅花鹿、獐、狐、貉、獾、青鱼、草鱼、龟、鳖、文蛤、毛蚶、螺类、蟹类和大型禽类。其中猪、牛、猫和鸡为家养动物。

（8）边线王遗址[2]

遗址年代为龙山文化时期（早期到晚期）。可鉴定动物包括圆顶珠蚌、文蛤、圆田螺属、脉红螺、鱼纲、雉科、牛科、麋鹿、獐、梅花鹿、狗和猪等。

全部动物中，哺乳纲数量最多，占60%；瓣鳃纲次之，占39%；腹足纲、鱼纲和鸟纲数量都非常少。

（9）丁公遗址[3]

遗址年代为龙山文化时期（早期到晚期）。可鉴定动物包括蟹、背瘤丽蚌、刻裂丽蚌、猪耳丽蚌、多瘤丽蚌、失衡丽蚌、楔形丽蚌、天津丽蚌、短褶矛蚌、扭蚌属、射线裂嵴蚌、圆头楔蚌、圆顶珠蚌、蚬、梨形环棱螺、纹沼螺、中华圆田螺、脉红螺、文蛤、青蛤、乌贼、鲢鱼、草鱼、青鱼、鲤鱼、鲈鱼、鳡鱼、乌鳢、龟科、鳄科、鳖科、雉科、獐、梅花鹿、麋鹿、豪猪、竹鼠、猪、黄牛、绵羊、兔、狗、猪獾、貉、猫科和啮齿目等。其中猪、狗、黄牛、绵羊为家养动物。

全部动物中，哺乳纲数量最多，占63%；瓣鳃纲次之，占30%；鱼纲和鸟纲分别占4%和2%；腹足纲、甲壳纲、头足纲和爬行纲数量都非常少。

（10）黄桑院遗址[4]

遗址年代为龙山文化时期。可鉴定动物包括丽蚌属、裂嵴蚌属、扭蚌属、楔蚌属、圆顶珠蚌、文蛤、雉科、狗、牛科、猪、梅花鹿、小型鹿科和鼬科等。

―――――――――

〔1〕　中国社会科学院考古所山东工作队、山东省潍坊地区艺术馆：《潍县鲁家口新石器时代遗址》，《考古学报》1985年第3期，第313～351+403～410页；周本雄：《山东潍县鲁家口遗址动物遗骸》，《考古学报》1985年第3期，第349～350页。

〔2〕　山东省文物考古研究所、潍坊市博物馆、寿光市博物馆：《寿光边线王龙山文化城址的考古发掘》，《海岱考古（第八辑）》，科学出版社2015年，第1～55页；宋艳波、王永波：《寿光边线王龙山文化城址出土动物遗存分析》，《龙山文化与早期文明——第22届国际历史科学大会章丘卫星会议文集》，文物出版社，2017年，第204～212页。

〔3〕　饶小艳：《邹平丁公遗址龙山文化时期动物遗存研究》，山东大学硕士学位论文，2014年。

〔4〕　山东大学考古学系：《章丘市黄桑院遗址发掘简报》，《海岱考古（第九辑）》，科学出版社，2016年，第11～48页；王悦：《章丘黄桑院2012年动物遗存研究》，山东大学学士学位论文，2019年。

全部动物中,哺乳纲数量最多,占 61%;其次为瓣鳃纲,占 38%;鸟纲仅占 1%。

(11) 西朱封遗址[1]

遗址年代为龙山文化时期(早期到晚期,以早期为主)。可鉴定动物包括蚌科、鳄目、狗、猪、梅花鹿、黄牛和绵羊。其中猪、狗、黄牛和绵羊为家养动物。

全部动物中,数量最多的为爬行纲,约占 65%;哺乳纲次之,约占 35%;瓣鳃纲数量非常少。该遗址爬行纲多出自墓葬,因此该纲的比例过高。

(12) 其他遗址

前寨[2]、袁家[3]、乔家屯[4]、河头[5]、薛家庄[6]、郝家庄[7]、杨家营[8]、姑子坪[9]、后于刘[10]、谢家埠[11]、张沟[12]、董东[13]、宁家埠[14]、西河[15]、

―――――――――

〔1〕　吕鹏:《西朱封墓地出土动物遗存鉴定报告》,《临朐西朱封:山东龙山文化墓葬的发掘与研究》,文物出版社,2018 年,第 407~412 页。

〔2〕　任日新:《山东诸城县前寨遗址调查》,《文物》1974 年第 1 期,第 75 页。

〔3〕　魏成敏:《昌乐县袁家龙山文化墓地》,《中国考古学年鉴(1999)》,文物出版社,2001 年,第 189~190 页。

〔4〕　何德亮:《高密市乔家屯龙山文化、战国时期遗址》,《中国考古学年鉴(2005)》,文物出版社,2006 年,第 228~229 页。

〔5〕　兰玉富等:《胶南市河头新石器时代至宋元遗址》,《中国考古学年鉴(2003)》,文物出版社,2004 年,第 202 页。

〔6〕　兰玉富:《诸城市薛家庄新石器时代和汉代遗址》,《中国考古学年鉴(2002)》,文物出版社,2003 年,第 233 页。

〔7〕　山东省文物考古研究院:《青州市郝家庄遗址发掘报告》,《海岱考古(第十辑)》,科学出版社,2017 年,第 66~109 页。

〔8〕　张学海:《益都县杨家营龙山文化和周汉时期遗址》,《中国考古学年鉴(1985)》,文物出版社,1985 年,第 158 页。

〔9〕　任相宏:《沂源姑子坪龙山文化至周代遗址》,《中国考古学年鉴(1991)》,文物出版社,1992 年,第 204~205 页。

〔10〕　潍坊市博物馆、昌乐县文物管理所:《昌乐县后于刘遗址发掘报告》,《海岱考古(第五辑)》,科学出版社,2012 年,第 169~242 页。

〔11〕　潍坊市文物管理委员会办公室、昌乐县文物管理所:《山东昌乐县谢家埠遗址的发掘》,《考古》2005 年第 5 期,第 3~17 页。

〔12〕　李振光等:《平阴县张沟新石器时代至唐代遗址和周代墓地》,《中国考古学年鉴(2006)》,文物出版社,2007 年,第 245~246 页。

〔13〕　曹元启:《章丘县董东新石器时代至商周遗址》,《中国考古学年鉴(1991)》,文物出版社,1992 年,第 204 页。

〔14〕　济青公路文物考古队宁家埠分队:《章丘宁家埠遗址发掘报告》,《济青高级公路章丘工段考古发掘报告集》,齐鲁书社,1993 年,第 1~114 页。

〔15〕　山东省文物考古研究所:《山东章丘市西河新石器时代遗址 1997 年的发掘》,《考古》2000 年第 10 期,第 15~28+97~98 页。

焦家[1]、大康[2]、乐盘[3]、刑亭山[4]、桃园[5]、赵家庄[6]、邹家庄[7]、厂宫村[8]、南营[9]等遗址未见任何有关动物种属的信息;双王城、彭家庄、呈子、姚官庄、凤凰台、赵铺、房家、邢寨汪、景阳岗等遗址在发表资料中提及有部分种属存在(表2.9)。

2. 鲁中南苏北地区

主要为龙山文化的尹家城类型。本地区尹家城、西吴寺、庄里西、二疏城和西孟庄等遗址有专门的动物遗存鉴定报告。

（1）尹家城遗址[10]

遗址年代为龙山文化时期(早期到晚期)。可鉴定动物包括：猪、狗、牛、羊、鸡、鹿(包括梅花鹿、麋鹿、小麂)、虎、狐、禽类、豹猫、中国圆田螺、梨形环棱螺、纹沼螺、河蚌、短褶矛蚌(长蚌)、圆顶珠蚌(杜氏蚌)、中国尖脊蚌(蛤蜊)、一种蛤、鳡鱼、龟、鳖和扬子鳄。其中猪、狗、牛、羊和鸡为家养动物。

遗址出土软体动物和鱼、鳄等的数量不详,因此并不清楚遗址动物构成以哪一纲为主。

（2）西吴寺遗址[11]

遗址年代为龙山文化早中期。可鉴定动物包括家犬、豹猫、家猪、獐、梅花

〔1〕 李学训:《章丘县焦家新石器时代至商周遗址》,《中国考古学年鉴(1991)》,文物出版社,1992年,第202页。

〔2〕 章丘市博物馆:《山东章丘市大康遗址发掘简报》,《华夏考古》2005年第1期,第23~26+86页。

〔3〕 严文明:《章丘县乐盘大汶口文化至商代遗址》,《中国考古学年鉴(1986)》,文物出版社,1988年,第136页。

〔4〕 严文明:《章丘县刑亭山大汶口文化至商代遗址》,《中国考古学年鉴(1986)》,文物出版社,1988年,第135页。

〔5〕 青州市博物馆:《青州市新石器遗址调查》,《海岱考古(第一辑)》,山东大学出版社,1989年,第124~140页。

〔6〕 燕生东等:《胶州市赵家庄大汶口文化至东周时期遗址》,《中国考古学年鉴(2006)》,文物出版社,2007年,第241~242页。

〔7〕 严文明:《昌乐县邹家庄大汶口文化至商周遗址》,《中国考古学年鉴(1986)》,文物出版社,1988年,第136~137页;北京大学考古实习队、昌乐县图书馆:《山东昌乐县邹家庄遗址发掘简报》,《考古》1987年第5期,第395~402页。

〔8〕 刘凤君等:《邹平县厂宫村大汶口文化至汉代遗址》,《中国考古学年鉴(1986)》,文物出版社,1988年,第137页。

〔9〕 高明奎等:《青岛市南营新石器时代及商周时期遗址》,《中国考古学年鉴(2006)》,文物出版社,2007年,第244~245页。

〔10〕 卢浩泉、周才武:《山东泗水县尹家城遗址出土动、植物标本鉴定报告》,《泗水尹家城》,文物出版社,1990年,第350~352页。

〔11〕 卢浩泉:《西吴寺遗址兽骨鉴定报告》,《兖州西吴寺》,文物出版社,1990年,第248~249页。

鹿、麋鹿、黄牛、蚌、地平龟及禽(鸡)。其中猪、狗和黄牛为家养动物。

遗址出土的软体动物数量不详,单从其他动物的比例情况来看,以哺乳纲最多占93%,鸟纲和鱼纲分别为4%和3%。该遗址发掘于20世纪80年代,并未采用筛选或浮选的方法来获取动物遗存,有可能会低估鱼、鸟等细小骨骼类动物的比例。

(3)庄里西遗址[1]

遗址年代为龙山文化中晚期。该遗址虽然发掘于20世纪90年代中期,但在发掘时采用了浮选法来获取动植物遗存。可鉴定动物(包括浮选所获)包括狗、水牛、梅花鹿、虎、黄牛、貉、竹鼠、猪、草鱼、鲤鱼、青鱼、鲢鱼、龟、鳖、鸟等。其中狗、猪、黄牛为家养动物。

全部动物中,明显以鱼纲为主,占80%;哺乳纲次之,占13%;鸟纲占5%;爬行纲、腹足纲和瓣鳃纲都比较少。

(4)二疏城遗址[2]

遗址年代为龙山文化时期(早期到晚期)。可鉴定动物包括丽蚌属、圆头楔蚌、剑状矛蚌、圆顶珠蚌、裂嵴蚌属、鱼纲、龟科、鳖科、鸟纲、兔科、狗獾、貉、狗、麋鹿、梅花鹿、獐、牛科和猪等。其中,猪和狗为明确的家养动物,牛可能为家养动物。

全部动物中,哺乳纲数量最多,占约92%;瓣鳃纲和腹足纲次之,各占约4%;鱼纲、爬行纲和鸟纲数量都非常少。

(5)西孟庄遗址[3]

遗址年代为龙山文化早期到中期。可鉴定动物包括丽蚌属、无齿蚌属、圆顶珠蚌、草鱼、青鱼、鲇形目、龟科、雉科、猫科、鼬科、貉、狗、黄牛、猪、麋鹿、梅花鹿和小型鹿科。

全部动物中,哺乳纲数量最多,约占97%;鸟纲约占1%;其他纲发现数量都非常少。

〔1〕　宋艳波、宋嘉莉、何德亮:《山东滕州庄里西龙山文化遗址出土动物遗存分析》,《东方考古(第9集)》,科学出版社,2012年,第609~626页。

〔2〕　郎婧真:《枣庄二疏城遗址龙山文化时期动物遗存分析》,山东大学学士学位论文,2020年。

〔3〕　山东省文物考古研究院、枣庄市文物局、滕州市文物局:《山东滕州市西孟庄龙山文化遗址》,《考古》2020年第7期,第3~19页。动物遗存由笔者指导学生鉴定分析,目前尚未发表。

（6）其他遗址

野店[1]、大汶口[2]、程子崖[3]、董大城[4]、坡里[5]、天齐庙[6]、薛故城[7]等遗址中未见任何有关动物种属的信息；前掌大、南关、龙湾店、青堌堆、梁王城、建新等遗址在发表资料中提及有部分动物种属存在（表2.9）。

3. 鲁东南地区

主要为龙山文化的尧王城类型。本地区东盘、后杨官庄、两城镇和藤花落遗址有专门的动物遗存鉴定报告。

（1）东盘遗址[8]

遗址年代为龙山文化早中期。可鉴定动物包括：梅花鹿、獐、猪、狗、牛、羊、蚌科、鸟纲、猫科、螺、龟科和鳖科等。

全部动物中，哺乳纲数量最多，约占85%；鱼纲约占6%；爬行纲约占4%；鸟纲约占3%；瓣鳃纲和腹足纲约占2%。

（2）后杨官庄遗址[9]

遗址年代为龙山文化中期。发掘过程中使用浮选法获取动植物遗存。可鉴定动物（包括浮选所获）包括蟹、草鱼、青鱼、鲤鱼、龟科、鳖科、鸟纲、獐、鹿、牛、羊、狗、猫科、鼬科、仓鼠、兔科、猪、丽蚌属、裂嵴蚌属、矛蚌属、蚬、珠蚌属、扭蚌属和圆田螺属等。

全部动物中，数量最多的是鱼纲，约占51%；哺乳纲次之，约占24%；瓣鳃纲和腹足纲约占23%；鸟纲、爬行纲和甲壳纲数量都比较少。

---

〔1〕 山东省博物馆等：《邹县野店》，文物出版社，1985年。

〔2〕 山东省文物考古研究所：《大汶口续集——大汶口遗址第二、三次发掘报告》，科学出版社，1997年，第202~204页。

〔3〕 国家文物局考古领队培训班：《山东济宁程子崖遗址发掘简报》，《文物》1991年第7期，第28~47+9页。

〔4〕 山东省文物考古研究所、曲阜市文物管理委员会：《曲阜董大城遗址的发掘》，《海岱考古（第二辑）》，科学出版社，2007年，第338~352页。

〔5〕 党浩：《曲阜市坡里新石器时代和汉代遗址》，《中国考古学年鉴（2000）》，文物出版社，2002年，第182~183页。

〔6〕 国家文物局考古领队培训班：《泗水天齐庙遗址发掘的主要收获》，《文物》1994年第12期，第34~41+72页。

〔7〕 崔圣宽：《薛故城》，《中国考古学年鉴（2003）》，文物出版社，2004年，第213~214页。

〔8〕 宋艳波、刘延常、徐倩倩：《临沭东盘遗址龙山文化时期动物遗存分析》，《海岱考古（第十辑）》，科学出版社，2017年，第139~149页。

〔9〕 山东省文物考古研究所、临沂市文物局、苍山县文物管理所：《苍山县后杨官庄遗址发掘报告》，《海岱考古（第六辑）》，科学出版社，2013年，第15~107页；宋艳波、李倩、何德亮：《苍山后杨官庄遗址动物遗存分析报告》，《海岱考古（第六辑）》，科学出版社，2013年，第108~132页。

（3）两城镇遗址[1]

遗址年代为龙山文化早中期。可鉴定动物包括狗、猪、鹿科、羊亚科、黄牛和鸟纲等。其中猪为家养动物。

全部动物中，以哺乳纲为主，约占99%；鸟纲约占1%。

该遗址所获动物遗存保存状况普遍较差，人骨遗存也是如此，推测可能与当地土壤的酸碱度等因素有关。

（4）藤花落遗址[2]

遗址年代为龙山文化早中期。可鉴定动物包括草鱼、家猪、野猪、梅花鹿、麋鹿、马鹿、豚鹿、黄牛、狗和黑熊等。

全部动物中，哺乳纲数量最多，约占98%；鱼纲约占2%。

（5）其他遗址

大兴屯[3]、西道庄[4]、东海峪[5]、化沂庄[6]、朝阳[7]、丹土[8]、大略疃[9]、董家营[10]、后明坡[11]、杨庄[12]、防故城[13]等遗址中未见任何有关动

[1] 白黛娜（Deborah Bekken）著，彭娟、林明昊译：《动物遗存研究》，《两城镇——1998~2001年发掘报告》，文物出版社，2016年，第1056~1071页。

[2] 南京博物院、连云港市博物馆：《藤花落——连云港市新石器时代遗址考古发掘报告》，科学出版社，2014年；汤卓炜、林留根、周润垦、盛之翰、张萌：《江苏连云港藤花落遗址动物遗存初步研究》，《藤花落——连云港市新石器时代遗址考古发掘报告》，科学出版社，2014年，第654~679页。

[3] 李曰训：《苍山县大兴屯龙山文化及周代遗址》，《中国考古学年鉴（1999）》，文物出版社，2001年，第190~191页。

[4] 李曰训：《苍山县西道庄龙山文化至汉代遗址》，《中国考古学年鉴（1999）》，文物出版社，2001年，第191页。

[5] 东海峪发掘小组：《一九七五年东海峪遗址的发掘》，《考古》1976年第6期，第378~382+377+405~406页。

[6] 孙波等：《临沂化沂庄龙山文化、岳石文化及汉代遗址》，《中国考古学年鉴（1998）》，文物出版社，2000年，第140~141页。

[7] 王奇志：《连云港市朝阳新石器时代及周代遗址》，《中国考古学年鉴（1996）》，文物出版社，1998年，第137页。

[8] 刘延常：《五莲县丹土新石器时代遗址》，《中国考古学年鉴（1997）》，文物出版社，1999年，第154~155页；刘延常等：《五莲县丹土大汶口文化、龙山文化时期城址和东周时期墓葬》，《中国考古学年鉴（2001）》，文物出版社，2002年，第182~184页。

[9] 党浩：《莒县大略疃龙山文化及汉代遗址》，《中国考古学年鉴（2000）》，文物出版社，2002年，第183页。

[10] 燕生东：《五莲县董家营新石器时代和战国、西汉遗址》，《中国考古学年鉴（2002）》，文物出版社，2003年，第230~231页。

[11] 山东大学历史系考古专业、临沂市博物馆：《山东临沂市后明坡遗址试掘简报》，《考古》1989年第6期，第560~562页。

[12] 沂水县博物馆：《山东沂水县杨庄新石器时代遗址》，《考古》1993年第11期，第1041~1046页。

[13] 防城考古工作队：《山东费县防故城遗址的试掘》，《考古》2005年第10期，第25~36+97+2页。

物种属的信息;大范庄、化家村、尧王城、二涧村等遗址在发表资料中提及有部分种属存在(表2.9)。

4. 胶东半岛地区

主要为龙山文化的杨家圈类型。本地区只有午台遗址有专门的动物遗存鉴定报告。

(1) 午台遗址[1]

遗址年代为龙山文化早期。可鉴定动物包括脉红螺、毛蚶、牡蛎、砂海螂、滩栖螺、真鲷、龟科、鸟纲、狗、狗獾、牛科、小型鹿科、梅花鹿、猪和鲸等。

全部动物中,哺乳纲数量最多,约占76%;鱼纲次之,约占14%;瓣鳃纲和腹足纲各约占5%;鸟纲和爬行纲数量非常少。

(2) 其他遗址

小管村[2]、逢家庄[3]、北城子[4]、老店[5]、路宿[6]等遗址未见任何有关动物种属的信息;楼子庄、杨家圈、紫荆山、司马台、东岳石、庙后和砣矶岛大口等遗址在发表资料中提及有部分种属存在(表2.9)。

5. 鲁豫皖地区

主要为龙山文化的王油坊类型。本地区十里铺北、山台寺、尉迟寺、芦城孜和石山孜遗址有专门的动物遗存分析报告发表。

(1) 十里铺北遗址[7]

遗址陶器所表现出来的文化面貌与山东龙山文化有较大差别,而与豫东同期的文化更加接近。时代相当于山东龙山文化的中晚期。

可鉴定动物包括丽蚌、圆田螺属、乌鳢、黄颡鱼、鲤科、雉科、鼠科、兔科、大型鹿科、中型鹿科、小型鹿科、黄牛、猪和狗等。

〔1〕 烟台市博物馆发掘所获,由笔者指导学生鉴定分析,结果尚未发表。
〔2〕 北京大学考古实习队、山东省文物考古研究所:《乳山小管村的发掘》,《胶东考古》,文物出版社,2000年,第220~243页。
〔3〕 高明奎等:《平度市逢家庄龙山文化与汉代遗址》,《中国考古学年鉴(2003)》,文物出版社,2004年,第203~204页。
〔4〕 韩榕:《栖霞北城子龙山文化及岳石文化遗址》,《中国考古学年鉴(1989)》,文物出版社,1990年,第171页。
〔5〕 魏成敏等:《招远市老店龙山文化和商时期遗址》,《中国考古学年鉴(2008)》,文物出版社,2009年,第245~246页。
〔6〕 林光旭等:《莱州市路宿龙山文化至东周时期遗址》,《中国考古学年鉴(2008)》,文物出版社,2009年,第247页。
〔7〕 高明奎、王龙、曹军、王世宾:《山东定陶十里铺北遗址发掘的主要收获及初步认识》,《龙山文化与早期文明——第22届国际历史科学大会章丘卫星会议文集》,文物出版社,2017年,第137~142页。

全部动物中,哺乳纲数量最多,约占 68%;鱼纲次之,约占 15%;瓣鳃纲和腹足纲约占 17%;鸟纲非常少。

(2) 山台寺遗址[1]

综合发掘报告中关于该遗址龙山文化年代的描述及栾丰实[2]的观点,该遗址年代为龙山文化早期到晚期。

可鉴定动物包括中国圆田螺、圆顶珠蚌、鱼尾楔蚌、三角帆蚌、矛蚌属、射线裂嵴蚌、细纹丽蚌、白河丽蚌、薄壳丽蚌、洞穴丽蚌、无齿蚌属、鲤科、龟科、鳖科、丹顶鹤、雉科、狗、貉、熊科、猪獾、虎、猪、獐、麋鹿、梅花鹿、黄牛、水牛、田鼠、和兔。

全部动物中,哺乳纲数量最多[3],约占 81%;瓣鳃纲和腹足纲次之,约占 9%;鱼纲,约占 7%;爬行纲和鸟纲数量都比较少。

(3) 尉迟寺遗址[4]

遗址年代为龙山文化时期。1989~1995 年发掘的动物遗存,共计有田螺、蚌、鱼、鳖、鸟、鸡、兔、狗、猪獾、虎、家猪、麂、梅花鹿、麋鹿、獐、圣水牛、黄牛等动物。

2001~2003 年发掘的动物遗存,包括有丽蚌、三角帆蚌、射线裂嵴蚌、楔蚌、鱼形楔蚌、圆顶珠蚌、鲤鱼、龟、鳖、扬子鳄、鸟、狗、貉、猪、麋鹿、梅花鹿、小型鹿科、黄牛和水牛等。

综合来看,该遗址可鉴定动物包括猪、狗、牛、大中小型鹿类(麋鹿、梅花鹿、獐等)、虎、貉、龟鳖鳄鱼等爬行动物、鱼、鸟和田螺、蚌(丽蚌、珠蚌等淡水蚌类)等软体动物。

全部动物中,以瓣鳃纲和腹足纲软体动物为主,约占 59%;哺乳纲约占 39%;鸟纲、爬行纲和鱼纲数量都比较少。

(4) 芦城孜遗址[5]

遗址年代为龙山文化时期(早期到晚期)。可鉴定动物包括短褶矛蚌、剑状

〔1〕 中国社会科学院考古研究所科技考古中心动物考古实验室:《河南柘城山台寺遗址出土动物遗骸研究报告》,《豫东考古报告》,科学出版社,2017 年,第 367~393 页。

〔2〕 栾丰实:《龙山文化王油坊类型初论》,《栾丰实考古文集(一)》,文物出版社,2017 年,第323~339 页。

〔3〕 该遗址的数据统计并未将特殊埋藏的 9 头牛计入其中。

〔4〕 袁靖、陈亮:《尉迟寺遗址动物骨骼研究报告》,《蒙城尉迟寺——皖北新石器时代聚落遗存的发掘与研究》,科学出版社,2001 年,第 424~441 页;罗运兵、吕鹏、杨梦菲、袁靖:《动物骨骼鉴定报告》,《蒙城尉迟寺(第二部)》,科学出版社,2007 年,第 306~327 页。

〔5〕 安徽省文物考古研究所:《宿州芦城孜》,文物出版社,2016 年,第 369~387 页。

矛蚌、三型矛蚌、刻裂丽蚌、失衡丽蚌、楔形丽蚌、猪耳丽蚌、多瘤丽蚌、天津丽蚌、扭蚌属、射线裂嵴蚌、鱼尾楔蚌、圆头楔蚌、中国圆田螺、鳖科、梅花鹿、麋鹿、獐、黄牛、猪和狗等。其中猪、狗、黄牛为家养动物。

全部动物中,哺乳纲数量最多,约占77%;瓣鳃纲和腹足纲分别约占18%和4%;爬行纲数量非常少。

（5）石山孜遗址[1]

遗址年代为龙山文化早中期。可鉴定动物包括蚌科、龟科、梅花鹿、麋鹿、小型鹿科和猪。

全部动物中,哺乳纲数量最多,约占92%;爬行纲约占6%;瓣鳃纲约占2%。

（6）其他遗址

小山口[2],幺庄[3],傅庄[4],铜台子、清凉寺、将堌堆、禅阳寺、大寺[5]等遗址中未见任何有关动物遗存的信息;安丘堌堆、青堌堆、王油坊、造律台、栾台、莘冢集、苇塘、垓下、清凉山等遗址在发表资料中提及有部分种属存在(表2.9)。

表2.9　龙山文化时期提及有动物遗存的遗址出土动物种属一览表

遗址名称	哺 乳 动 物		其 他 动 物			
	家 养	野 生	软体动物	鱼	爬行动物	鸟
呈子[6]	猪	獐	蚌			
姚官庄[7]	猪	羊、鹿				
凤凰台[8]			蚌			

[1] 安徽省文物考古研究所:《濉溪石山孜——石山孜遗址第二、三次发掘报告》,文物出版社,2017年,第402~424页。

[2] 中国社会科学院考古研究所安徽队:《安徽宿县小山口和古台寺遗址试掘简报》,《考古》1993年第12期,第1062~1075页。

[3] 吴加安等:《宿县幺庄新石器时代遗址》,《中国考古学年鉴(1992)》,文物出版社,1994年,第221页。

[4] 杨立新:《安徽淮河流域的原始文化》,《纪念城子崖遗址发掘60周年国际学术讨论会文集》,齐鲁书社,1993年,第166~174页。

[5] 以上遗址均引自中国社会科学院考古研究所安徽工作队:《安徽淮北地区新石器时代遗址调查》,《考古》1993年第11期,第961~980+984页。

[6] 昌潍地区文物管理组等:《山东诸城呈子遗址发掘报告》,《考古学报》1980年第3期,第329~385+413~422页。

[7] 山东省文物考古研究所:《山东姚官庄遗址发掘报告》,《文物资料丛刊(第5辑)》,文物出版社,1981年,第1~83页。

[8] 山东省文物考古研究所等:《青州市凤凰台遗址发掘》,《海岱考古(第一辑)》,山东大学出版社,1989年,第141~182页。

续 表

遗址名称	哺 乳 动 物		其 他 动 物			
	家 养	野 生	软体动物	鱼	爬行动物	鸟
赵铺[1]	猪					
房家[2]			蚌			
马安[3]		鹿	蚌			
邢寨汪[4]		鹿				鸟
景阳岗[5]	狗	羊、鹿	蚌			
南兴埠[6]	猪					
西康留[7]		獐				
前掌大[8]		鹿				
建新[9]	猪	斑鹿、兔子	丽蚌	鱼		
青堌堆[10]		鹿	蚌			

〔1〕 青州市博物馆、夏名采:《青州市赵铺遗址的清理》,《海岱考古(第一辑)》,山东大学出版社,1989 年,第 183~201 页。

〔2〕 山东省文物考古研究所、淄博市文物局、淄博市博物馆:《淄博市房家遗址发掘报告》,《海岱考古(第四辑)》,科学出版社,2011 年,第 30~65 页。

〔3〕 济南市考古研究所、章丘市博物馆、山东省文物考古研究所:《山东章丘马安遗址的发掘》,《东方考古(第 5 集)》,科学出版社,2008 年,第 372~464 页。

〔4〕 德州地区文物工作队:《山东禹城县邢寨汪遗址的调查与试掘》,《考古》1983 年第 11 期,第 966~972+1057 页。

〔5〕 山东省文物考古研究所等:《山东阳谷县景阳岗龙山文化城址调查与试掘》,《考古》1997 年第 5 期,第 11~24+97~98 页。

〔6〕 山东省文物考古研究所:《山东曲阜南兴埠遗址的发掘》,《考古》1984 年第 12 期,第 1057~1068+1153~1154 页。

〔7〕 山东省文物考古研究、滕州市博物馆:《山东滕州市西康留遗址调查、钻探、试掘简报》,《海岱考古(第三辑)》,科学出版社,2010 年,第 114~161 页。

〔8〕 中国社会科学院考古研究所:《滕州前掌大墓地》,文物出版社,2005 年,第 13~19 页。

〔9〕 石荣琳:《建新遗址的动物遗骸》,山东省文物考古研究所、枣庄市文化局编:《枣庄建新——新石器时代遗址发掘报告》,科学出版社,1996 年,第 224 页。《建新》报告附录中并未将动物遗存进行分期整理,可能鉴定报告中列出的猪、斑鹿、兔子、鲤鱼、三角帆蚌和丽蚌等也存在于本遗址龙山文化阶段。

〔10〕 中科院考古研究所山东发掘队:《山东梁山青堌堆发掘简报》,《考古》1962 年第 1 期,第 28~30 页。

续　表

遗址名称	哺 乳 动 物		其 他 动 物			
	家　养	野　生	软体动物	鱼	爬行动物	鸟
龙湾店[1]			蚌			
南关[2]			蚌			
大范庄[3]		獐				
化家村[4]	牛	鹿				
尧王城[5]			蚌			
二涧村[6]		鹿				
杨家圈[7]	猪					
紫荆山[8]	猪	羊、鹿				
司马台[9]	猪					
砣矶岛大口[10]	猪、狗					
东岳石[11]		鹿	蛤	鱼		

〔1〕 济宁市博物馆:《山东兖州市龙湾店遗址的试掘》,《考古》2005年第8期,第91~95+98+103页。

〔2〕 国家文物局考古领队培训班:《山东邹县南关遗址发掘简报》,《文物》1991年第2期,第61~68+103页。

〔3〕 临沂文物组:《山东临沂大范庄新石器时代墓葬的发掘》,《考古》1975年第1期,第13~22+6+71~74页;冯沂:《山东临沂市大范庄遗址调查》,《华夏考古》2004年第1期,第3~15+36页。

〔4〕 山大历史系考古学专业等:《山东莒南化家村遗址试掘》,《考古》1989年第5期,第407~413页。

〔5〕 临沂地区文管会等:《日照尧王城龙山文化遗址试掘简报》,《史前研究》1985年第4期,第51~64+3~4页。

〔6〕 江苏省文物工作队:《江苏连云港市二涧村遗址第二次发掘》,《考古》1962年第3期,第111~116+3~4页。

〔7〕 北京大学考古实习队、山东省文物考古研究所:《栖霞杨家圈遗址发掘报告》,《胶东考古》,文物出版社,2000年,第151~206页。

〔8〕 山东省博物馆:《山东蓬莱紫荆山遗址试掘简报》,《考古》1973年第1期,第11~15页。

〔9〕 烟台市文管会等:《山东海阳司马台遗址清理简报》,《海岱考古(第一辑)》,山东大学出版社,1989年,第250~253页。

〔10〕 中国社会科学院考古研究所山东队:《山东省长岛县砣矶岛大口遗址》,《考古》1985年第12期,第1068~1083页。

〔11〕 中国科学院考古研究所山东发掘队:《山东平度东岳石村新石器时代遗址与战国墓》,《考古》1962年第10期,第509~518+3~6页。

续 表

遗址名称	哺 乳 动 物		其 他 动 物			
	家 养	野 生	软体动物	鱼	爬行动物	鸟
庙后[1]		鹿				
莘冢集[2]	牛					
小山口[3]		鹿				
苇塘[4]			蚌			
垓下[5]			蚌			
造律台[6]	猪	麋鹿、鹿	蚌、螺			
王油坊[7]		鹿	蚌、螺			
清凉山[8]			蚌			
安丘堌堆[9]			蚌			

〔1〕 王富强:《烟台市庙后龙山文化和岳石文化遗址》,《中国考古学年鉴(2007)》,文物出版社,2008 年,第 267~268 页。

〔2〕 菏泽地区文物工作队:《山东曹县莘冢集遗址试掘简报》,《考古》1980 年第 5 期,第 385~390+481 页。

〔3〕 中国社会科学院考古研究所安徽队:《安徽宿县小山口和古台寺遗址试掘简报》,《考古》1993 年第 12 期,第 1062~1075 页。

〔4〕 贾叶等:《固镇县苇塘新石器时代遗址》,《中国考古学年鉴(1993)》,文物出版社,1995 年,第 152 页。

〔5〕 贾庆元等:《固镇县垓下新石器时代晚期和秦汉遗址》,《中国考古学年鉴(2008)》,文物出版社,2009 年,第 226 页;安徽省文物考古研究所、固镇县文物管理所:《安徽固镇县垓下遗址 2007~2008 年度发掘主要收获》,《文物研究(第 16 辑)》,黄山书社,2010 年,第 150~155 页;安徽省文物考古研究所、固镇县文物管理所:《安徽固镇县垓下遗址发掘的新进展》,《东方考古(第 7 集)》,科学出版社,2010 年,第 412·423 页。

〔6〕 李景聃:《豫东商丘永城调查及造律台黑孤堆曹桥三处小发掘》,《中国考古学报》第 2 册,1947 年,第 88~120 页。据文中图片辨认其中一鹿角为麋鹿角。

〔7〕 商丘地区文物管理委员会、中国社会科学院考古研究所洛阳工作队:《1977 年河南永城王油坊遗址发掘概况》,《考古》1978 年第 1 期,第 35~40 页;中国社会科学院考古研究所河南二队、河南商丘地区文物管理委员会:《河南永城王油坊遗址发掘报告》,《考古学集刊(第 5 集)》,中国社会科学出版社,1987 年,第 79~119 页。

〔8〕 北京大学考古学系、商丘地区文管会:《河南夏邑清凉山遗址发掘报告》,《考古学研究(四)》,科学出版社,2000 年,第 443~519 页。

〔9〕 北京大学考古系商周组、山东省菏泽地区文展馆、山东省菏泽市文化馆:《菏泽安丘堌堆遗址发掘简报》,《文物》1987 年第 11 期,第 38~42 页;北京大学考古系商周组、菏泽地区博物馆、菏泽市文化馆:《山东菏泽安丘堌堆遗址 1984 年发掘报告》,《考古学研究(八)》,科学出版社,2011 年,第 317~405 页。

遗址名称	哺乳动物		其他动物			
	家养	野生	软体动物	鱼	爬行动物	鸟
青堌堆[1]		鹿	蚌			
栾台[2]			蚌			
双王城[3]	猪	麋鹿	毛蚶、牡蛎、泥蚶、拟蟹守螺、蛏			
彭家庄[4]	猪		丽蚌			
梁王城[5]	猪、狗、牛	麋鹿、梅花鹿、小型鹿	扭蚌			
于家店[6]	猪、狗	鹿	螺			
苏家村[7]	猪	鹿	托氏蜎螺、牡蛎、圆顶珠蚌、滩栖螺			
楼子庄[8]		鹿	蛤蜊、牡蛎			

二、龙山文化时期动物群及其所代表的自然环境

这一时期,各聚落间等级差异明显。在有动物考古研究报告的高等级聚落(如丁公、城子崖、桐林、教场铺、边线王、西朱封、尹家城和庄里西)中,两城镇遗址因土壤原因导致动物遗存保存状态极差,目前的发现并不能完全显示出该聚落动

---

〔1〕　中国科学院考古研究所山东发掘队:《山东梁山青堌堆发掘简报》,《考古》1962 年第 1 期,第28~30 页。

〔2〕　河南省文物研究所:《河南鹿邑栾台遗址发掘简报》,《华夏考古》1989 年第 1 期,第1~14 页。

〔3〕　山东省文物考古研究院发掘所获,由笔者鉴定分析,目前尚未发表。

〔4〕　宋艳波、孙波、郝导华:《山东济南彭家庄动物遗存分析》,《京沪高速铁路山东段考古报告集》,文物出版社,2017 年,第 77~83 页。

〔5〕　南京博物院、徐州博物馆、邳州博物馆:《梁王城遗址发掘报告·史前卷》,文物出版社,2013年,第 547~559 页。

〔6〕　北京大学考古实习队等:《莱阳于家店的小发掘》,《胶东考古》,文物出版社,2000 年,第 207~219 页。

〔7〕　山东大学历史文化学院 2019 年发掘所获,由笔者现场鉴定。骨骼保存状况较差,仅能做出基本的种属判断。

〔8〕　烟台市博物馆、龙口市博物馆:《龙口市楼子庄遗址发掘报告》,《海岱考古(第十一辑)》,科学出版社,2018 年,第 126~237 页。

物群的面貌;桐林遗址则因目前已知资料中只包含哺乳动物而无法获知该聚落动物群的全貌;西朱封遗址主要动物遗存出自墓葬中,属于特殊埋藏,不能代表当时聚落动物群的总体面貌;其余各遗址出土动物均种属繁杂(表2.10、2.12),瓣鳃纲、腹足纲、鱼纲、爬行纲、鸟纲和哺乳纲都有不同程度的发现,显示出与大汶口文化晚期高等级聚落(如焦家)相似的特征(如鳄鱼这种动物仅出现在这些遗址中)。

　　本时期,各小区之间的区域性差异仍然存在,最主要表现在沿海遗址对海洋动物资源的广泛利用上,如三里河和午台遗址中都发现较多海洋种属;其他遗址则表现为种属复杂的淡水动物资源(表2.10、2.11、2.12、2.13)。虽然存在着这样的区域性差异,但是我们应该看到胶东沿海遗址出土海生动物群的种类与数量相比大汶口文化时期呈现大幅度下降的趋势,这可能意味着先民生业经济重心的转移。沿海聚落与内陆聚落之间存在着一定程度的交流与联系,表现为内陆多个遗址内都发现有海产的软体动物,丁公遗址还发现有海产鱼类。

表 2.10　鲁北地区龙山文化时期高等级聚落(遗址)出土动物一览表

遗址　动物	桐林遗址	教场铺遗址	城子崖遗址	边线王遗址	丁公遗址	西朱封遗址
瓣鳃纲	珠蚌属、丽蚌属、蚬和文蛤	丽蚌属8种、裂嵴蚌属2种、厚美带蚌、剑状矛蚌巨首楔蚌、三角帆蚌、圆顶珠蚌	丽蚌属3种、矛蚌属、圆顶珠蚌、射线裂嵴蚌、文蛤、蚬	蚌科、圆顶珠蚌、文蛤	丽蚌属7种、短褶矛蚌、扭蚌、射线裂嵴蚌、圆头楔蚌、圆顶珠蚌、蚬、文蛤、青蛤	蚌科
腹足纲	无	蜗牛、中国圆田螺	圆田螺属、扁蜷螺属、环棱螺属	圆田螺、脉红螺	梨形环棱螺、纹沼螺、中华圆田螺、脉红螺	无
头足纲	无	无	无	无	乌贼	无
甲壳纲	无	无	蟹	无	蟹	无
鱼纲	无	草鱼、青鱼、鲢鱼、鲤鱼	𩾃鱼、鳡鱼、黄颡鱼、鲫鱼、鲶鱼、乌鳢	鱼纲	鲢鱼、草鱼、青鱼、鲤鱼、鲈鱼、鳡鱼、乌鳢	无
爬行纲	无	龟、鳖、鳄鱼	龟科、蛇科		龟、鳖、鳄鱼	鳄鱼
鸟纲	无	鸟纲	雉科	雉科	雉科	无

遗址 动物	桐林遗址	教场铺遗址	城子崖遗址	边线王遗址	丁公遗址	西朱封遗址
哺乳纲	猪、牛、羊、梅花鹿、麋鹿、兔、熊、狗、貉、猫	麋鹿、梅花鹿、獐、牛、羊、猪、兔、狗、猫、狗獾、豪猪、竹鼠	麋鹿、梅花鹿、獐、牛、羊、猪、狗、貉、鼠、兔	牛、獐、狗、猪、麋鹿、梅花鹿	獐、梅花鹿、麋鹿、豪猪、竹鼠、猪、黄牛、绵羊、兔、狗、猪獾、貉、猫	猪、狗、梅花鹿、黄牛、绵羊

表 2.11　鲁北及胶东半岛地区龙山文化时期其他遗址出土动物一览表

遗址 动物	黄桑院遗址	三里河遗址	鲁家口遗址	午台遗址	尚庄遗址	前埠遗址
海胆纲	无	细雕刻肋海胆	无	无	无	无
瓣鳃纲	丽蚌属、裂嵴蚌属、扭蚌属、楔蚌属、圆顶珠蚌、文蛤	毛蚶、近江牡蛎、文蛤、蛤仔、青蛤、四角蛤蜊、亚克棱蛤、圆顶珠蚌、剑状矛蚌	文蛤、毛蚶	毛蚶、牡蛎、砂海螂	多瘤丽蚌、短褶矛蚌、剑状矛蚌、似褶纹冠蚌	多瘤丽蚌、细纹丽蚌
腹足纲	无	锈凹螺、朝鲜花冠小月螺、纵带滩栖螺、珠带拟蟹守螺、疣荔枝螺、脉红螺、中国耳螺	螺	脉红螺、滩栖螺	无	无
头足纲	无	乌贼	无	无	无	无
甲壳纲	无	日本蟳	蟹	无	无	无
鱼纲	无	鲻鱼、梭鱼	青鱼、草鱼	真鲷	无	无
爬行纲	无	无	龟、鳖	龟科	无	无
鸟纲	雉科	无	鸡、大型禽类	鸟纲	无	无
哺乳纲	狗、牛、猪、梅花鹿、鼬科	猪	猪、牛、猫、鼠、东北鼢鼠、麋鹿、梅花鹿、獐、狐、貉、獾	狗、狗獾、牛、梅花鹿、小型鹿、猪、鲸鱼	牛、猪、狗、鹿、獐、獾、麋鹿	猪、牛、狗

表 2.12 鲁南、鲁东南地区龙山文化时期遗址出土动物一览表

动物＼遗址	尹家城遗址	西吴寺遗址	庄里西遗址	二疏城遗址	西孟庄遗址	东盘遗址	两城镇遗址	后杨官庄遗址
瓣鳃纲	短褶矛蚌、圆顶珠蚌、中国尖嵴蚌、蛤	蚌	无	丽蚌属、圆头楔蚌、剑状矛蚌、圆顶珠蚌、裂嵴蚌属	丽蚌属、无齿蚌属、圆顶珠蚌	丽蚌属、裂嵴蚌属、矛蚌属、蚬属、珠蚌属、扫嵴蚌属	无	丽蚌属、裂嵴蚌属、矛蚌属、珠蚌属、扭蚌属
腹足纲	中国圆田螺、梨形环棱螺、纹沼螺	无	无	无	螺	脉红螺	无	圆田螺属
甲壳纲	无	无	无	无	无	蟹	无	蟹
鱼纲	鳡鱼	无	草鱼、青鱼、鲤鱼、鲢鱼	鱼纲	草鱼、青鱼、鲇形目	草鱼、青鱼、鲤鱼	无	草鱼、青鱼、鲤鱼
爬行纲	龟、鳖、扬子鳄	地平龟	龟科、鳖科	龟科、鳖科	龟科	龟科、鳖科	无	龟科、鳖科
鸟纲	鸡、禽类	鸡	鸟纲	鸟纲	雉科	鸟纲	鸟纲	鸟纲
哺乳纲	猪、狗、牛、羊、梅花鹿、麋鹿、虎、狐、豹猫	狗、豹猫、猪、獐、梅花鹿、麋鹿、黄牛	狗、水牛、花鹿、虎、鹿、貉、竹鼠、猪	兔、狗獾、貉、狗、麋鹿、梅花鹿、獐、牛、猪	猫、獾、狗、猪、貉、黄牛、麋鹿、梅花鹿、小型鹿	獐、鹿、羊、狗、猫、貉、鼩、仓鼠、兔、猪	猪、狗、黄牛、羊、鹿	獐、鹿科、牛、羊、狗、猫科、貉科、仓鼠、兔、猪

表2.13 鲁豫皖、苏北地区龙山文化时期遗址出土动物一览表

动物 \ 遗址	尉迟寺遗址	芦城孜遗址	石山孜遗址	十里铺北遗址	山台寺遗址	藤花落遗址
瓣鳃纲	丽蚌、三角帆蚌、射线裂嵴蚌、鱼形楔蚌、圆顶珠蚌	丽蚌属6种、矛蚌属3种、楔蚌属2种、扭蚌	蚌科	丽蚌	丽蚌属4种、剑状矛蚌、鱼尾楔蚌、圆顶珠蚌、射线裂嵴蚌、无齿蚌	无
腹足纲	田螺	中国圆田螺	无	圆田螺属	中国圆田螺	无
鱼纲	鲤鱼	无	无	乌鳢、黄颡鱼、鲤科	鲤鱼	草鱼
爬行纲	龟、鳖、扬子鳄	鳖科	龟科	无	龟科、鳖科	无
鸟纲	鸡	无	无	雉科	丹顶鹤、雉科	无
哺乳纲	兔、狗、猪獾、虎、猪、鹿、梅花鹿、麋鹿、獐、圣水牛、黄牛	梅花鹿、麋鹿、獐、黄牛、猪、狗	梅花鹿、麋鹿、小型鹿科、猪	大型鹿科、中型鹿科、小型鹿科、鼠科、兔科、黄牛、狗、猪	麋鹿、梅花鹿、獐、黄牛、水牛、猪、狗、貉、熊、虎、猪獾、兔、田鼠	家猪、野猪、梅花鹿、麋鹿、马鹿、豚鹿、黄牛、狗、黑熊

从具有明确数据的各遗址的动物构成来看(图2.8),具有如下特征:

城子崖、庄里西和后杨官庄遗址出土鱼纲遗存比例都非常高,这应该与遗址动物遗存获取方式有关,这三处遗址均以浮选法获取动植物遗存,且浮选所获动物遗存已全部鉴定完毕,鱼类本身骨骼比较细碎且较多,因此单从数量上来说,难免会夸大其在动物群中的比重。

西朱封遗址出土的爬行纲遗存比例最高,这应该与该遗址多数遗存出自等级较高的墓葬(主要是扬子鳄的骨板)有关,并不能代表该遗址的动物群全貌。

大多数遗址都是以哺乳纲为主的,延续了大汶口文化晚期的特征。尉迟寺遗址自大汶口文化晚期时就表现出以软体动物为主的特征,本时期仍然延续这种特征。

鲁北地区各遗址中,瓣鳃纲软体动物的比例都比较高,结合遗存特征,笔者认为这可能与当时这一地区先民较多地利用瓣鳃纲动物制作器物的行为有关。

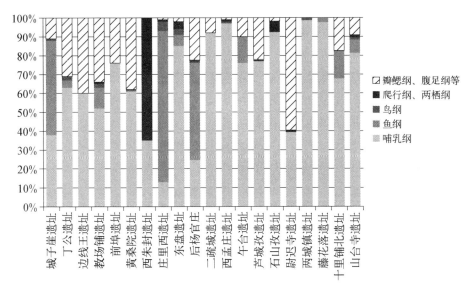

图2.8　龙山文化时期诸遗址全部动物构成示意图

1. 野生动物群所反映的古环境

软体动物中(表2.10、2.11、2.12和2.13),沿海遗址出土遗存均以海洋种属为主,有的遗址也包括一定的淡水种属;内陆遗址中发现的遗存大多为淡水种属,很多遗址中都发现有少量的海产种属。各遗址发现的这些软体动物,基本上在大汶口文化时期都有发现,说明各遗址附近的水域环境与大汶口文化时期相比差别不大[1]。

鱼纲动物中(表2.10、2.11、2.12和2.13),沿海遗址发现的均为海产种属;除丁公遗址外,其余内陆遗址中发现的均为淡水种属;丁公遗址为鲁北地区龙山文化时期的大型聚落,遗址出土多种海洋动物,该遗址于20世纪八九十年代进行过多次发掘,获得丰富的动物遗存,如果该遗址在发掘的时候能够使用浮选法,相信可以获取更多的鱼类遗存,有可能包括不止一种海产鱼类。这些种类繁杂鱼类的发现,说明各遗址周围仍然存在着较大面积的水域(海洋、湖泊或河流)[2]。

从发现的爬行纲动物来看(表2.10、2.11、2.12和2.13),鲁南皖北地区比较

---

〔1〕刘月英、张文珍等:《中国经济动物志(淡水软体动物)》,科学出版社,1979年;徐凤山、张素萍:《中国海产双壳类图志》,科学出版社,2008年。

〔2〕李明德:《鱼类学(上册)》,南开大学出版社,1992年;伍献文、杨干荣等:《中国经济动物志(淡水鱼类)》,科学出版社,1979年;倪勇、伍汉霖:《江苏鱼类志》,中国农业出版社,2006年,第487页。

常见,且多为龟、鳖类;鲁北地区多见于等级较高的聚落中,且除了龟、鳖外还见有其他种类(如蛇和扬子鳄等)。除西朱封墓地外,其余遗址对爬行纲动物的利用程度普遍较低(图 2.8)。

鸟纲动物中(表 2.10、2.11、2.12 和 2.13),除雉科[1]这类生存空间广泛的陆生鸟类外,并未鉴定出其他种类,结合各遗址动物构成比例(图 2.18)来看,本时期先民对鸟类资源利用程度是比较低的。

哺乳纲动物中(表 2.10、2.11、2.12 和 2.13),狗和猪为明确的家养动物,黄牛也为家养动物,本时期部分遗址中新出现的羊应该也为家养动物。其余均为野生动物。野生动物群与大汶口文化时期相比,变化不大,都发现有不同体型的鹿科动物(麋鹿、梅花鹿、獐麂等小型鹿),多种野生的食肉动物(虎、熊、貂、獾、貉、狐、猫、狼、鼬等)以及小型哺乳动物(鼠、鼢鼠、兔等)。这些种类繁杂的陆生哺乳动物的存在表明遗址附近有着一定面积的森林(树林)和灌木等[2],说明各区域遗址附近都存在一定的山地丘陵,适合这些野生哺乳动物生存。

与大汶口文化时期相比,本时期的鲁北地区、胶东沿海地区和鲁中南苏北皖北地区,主要动物群变化不大,说明遗址周围的气候环境并未发生太大变化,先民依然可从周围自然环境中获取到丰富的野生动物资源。

2. 植物考古反映的古环境

西吴寺遗址孢粉鉴定[3]结果包括松属、栎属、榆属、桑科、漆树属、禾本科、藜科、蓼科、蒿科、环纹藻和石松属,其中环纹藻为在静水或流速小的湖沼与溪流中生长的喜暖湿环境的植物,说明龙山文化早期气候还比较暖湿。

藤花落遗址孢粉鉴定[4]结果包括柏科、银杏、铁杉属、云杉属、松属、桦属、鹅耳枥属、桤木属、榛属、榆属、朴属、椴属、柿属、核桃树、枫杨属、山核桃属、青檀属、化香属、黄杞属、锥属、栗属、落叶栎、常绿栎、水青冈属、五加科、楝科、漆树科、槭树、大风子科、桑属、杨柳、杨梅科、无患子科、合欢、小檗科、冬青属、金缕梅科、木犀科、蔷薇科、忍冬科、木兰科、胡颓子科、夹竹桃科、杜鹃花科、藜科、菊科、蒿属、十字花科、伞形科、茜草科、大戟科、龙胆科、豆科、茄科、石竹科、锦葵科、桔

---

[1] 郑作新等:《中国动物志·鸟纲·第四卷(鸡形目)》,科学出版社,1978 年,第 3~8 页。

[2] 盛和林等:《中国鹿类动物》,华东师范大学出版社,1992 年;高耀亭等:《中国动物志·兽纲·第八卷(食肉目)》,科学出版社,1987 年;夏武平等:《中国动物图谱(兽类)》,科学出版社,1988 年。

[3] 周昆叔、赵芸芸:《西吴寺遗址孢粉分析报告》,《兖州西吴寺》,文物出版社,1990 年,第 250~251 页。

[4] 马春梅、朱诚、林留根、李中轩、朱青、李兰:《连云港藤花落遗址地层的孢粉分析报告》,《藤花落——连云港市新石器时代遗址考古发掘报告(下)》,科学出版社,2014 年,第 680~687 页。

梗科、苋科、毛茛科、蓼属、禾本科、莎草科、香蒲属、泽泻科、睡莲科、玄参科、水龙骨科、凤尾蕨、紫萁、厚壁单缝孢属和三缝孢等。孢粉组合显示，在龙山文化产生之前，该区域为银杏等喜热植物占主导地位，揭示了温暖湿润的气候特点；龙山文化早期可能有一阶段出现显著的降温，表现为木本花粉含量为低谷；龙山文化中晚期，该区域榆属等含量较高，含少量的银杏等，反映了典型的亚热带含常绿成分的落叶阔叶林景观，指示为较温暖湿润的气候特点，但没有较龙山文化产生之前温暖显著。

　　禹会村孢粉鉴定[1]结果包括松属、柏科、落叶松、落叶栎属、桦属、胡桃属、槭树属、柳属、朴属、榆属、枫杨属、五加科、大戟科、小檗科、胡颓子科、锦葵科、蔷薇科、禾本科、菊科、蒿属、伞形科、蓼属、藜科、石竹科、桔梗科、莎草属、毛茛科、豆科、香蒲属、莎草科、百合科、石松属、水龙骨属和海金沙属等。结果表明：在龙山文化产生之前，禹会村附近以禾本科为主的草本占优势，总体体现出干凉的气候特点，但在剖面底部出现环纹藻，体现了阶段性湿生环境；龙山文化时期植被覆盖以禾本科等草本为主，乔木花粉以松属——落叶栎属——榆属等为主，体现出温凉较干燥的气候条件；整个龙山文化时期有三次较明显的冷暖波动。

　　禹会村木材鉴定[2]结果包括麻栎、栎属、硬木松类和 1 个阔叶树种，这些树种的孢粉在遗址中均有发现，体现的是温凉干燥的气候条件。

　　3. 小结

　　动植物研究成果表明，龙山文化时期气温比大汶口文化时期有所下降，但总体仍然呈现温暖湿润的特征，遗址周边的自然环境中仍然存在丰富的野生动植物资源。

第五节　动物群及古环境的历时演变

　　海岱地区新石器时代经历了后李文化、北辛文化、大汶口文化和龙山文化四个阶段。其中大汶口文化延续时间较长，又可以分为早期和中晚期两个阶段。

　　下面按照动物群分区（鲁北、鲁中南苏北、鲁东南、胶东半岛和鲁豫皖地区）情况进行纵向的演变分析。

〔1〕　马春梅、张广胜、朱诚、王吉怀、朱光耀：《禹会村遗址地层孢粉记录的环境和人类活动信息》，《蚌埠禹会村》，科学出版社，2013 年，第 394~406 页。
〔2〕　王树芝、王吉怀：《禹会村遗址出土木炭的鉴定与初步分析》，《蚌埠禹会村》，科学出版社，2013 年，第 268~274 页。

一、鲁北地区

本区是目前为止唯一一个从新石器时代早期(扁扁洞遗存)到晚期(龙山文化)遗址均有发现的区域。有专门动物遗存鉴定报告的遗址中,扁扁洞属新石器时代早期;小荆山、西河、前埠下、月庄、张马屯和后李等遗址属于后李文化时期;黄崖和后李遗址属于北辛文化时期;鲁家口、三里河、前埠下、五村和焦家等遗址属于大汶口文化中晚期;鲁家口、三里河、城子崖、桐林、教场铺、丁公、边线王和黄桑院等遗址属于龙山文化时期。

动物群构成显示,扁扁洞的动物组合明显以陆生哺乳纲为主,与其山区洞穴的地貌特征是相符合的。

后李文化时期,小荆山与前埠下遗址中均发现数量较多种属庞杂的淡水蚌类软体动物,其余遗址除月庄外也都有一定数量的该类遗存发现;各个遗址中均发现数量不等的鱼骨,经过系统浮选的西河、月庄、张马屯和后李遗址出土的鱼骨数量都比较多,且在多数遗址中都发现有鱼骨集中出土的现象(如月庄的H61、西河的H358、张马屯的F1、前埠下的H259等),显示出这些遗迹及其代表的先民对鱼这类食物的消费情况;出土的鱼类经过鉴定,包括有青鱼、草鱼、鲤鱼、鳡鱼和乌鳢等常见的淡水鱼类,其中青鱼为典型的喜暖鱼类;各个遗址均出土一定数量的爬行动物,主要为龟和鳖;各个遗址中都出土一定数量的雉科鸟类,有的遗址还鉴定出鸭科等水禽;发现的哺乳动物中,狗和猪应该为家养动物,但哺乳动物组合是以野生种属为主的;野生哺乳动物构成非常丰富,包括牛、麋鹿、梅花鹿和獐等偶蹄目食草动物,也包含有狼、狐、貉、獾和猫等中小型食肉目动物,还包括一些小型的兔形目和啮齿目等动物。

北辛文化时期,本地区发现的遗址较少。黄崖遗址地处山区,其动物群特征与扁扁洞比较接近,以哺乳纲为主,与其周围山区地貌的特征相符;该遗址鉴定出甲壳纲动物(蟹)的存在,可能表明此时先民对自然界的认识进一步加强,开始尝试食用此类动物。后李遗址本时期发现的动物种属与前一时期相比,并未发生太大变化,腹足纲、瓣鳃纲、鱼纲的主要种属均为淡水种类,少量的海产瓣鳃纲应该来自沿海聚落;动物群组合仍是以哺乳纲为主,鱼纲次之,鸟纲的比重大大降低,瓣鳃纲和腹足纲软体动物的比例则有所上升;哺乳纲的猪和狗为家养动物,其余均为野生动物(包括多种鹿科动物和中小型食肉目动物)。

大汶口文化中晚期,本地区发现的遗址数量较多。与北辛文化时期相比,沿海的三里河遗址出土了数量较多的海产软体动物和鱼类,显示出先民对海洋资源的开发和利用;其余遗址发现的软体动物均以淡水种属为主,五村和前埠下出土的少量海产软体动物,可能来自沿海聚落;多数遗址发现的鱼以淡水种类为主(包括喜暖的青鱼),焦家遗址出土了一定数量的海产鱼类,同时也发现有鱼骨集中出土于灰坑的现象,显示出该遗址(遗迹)的特殊性;爬行动物仍以龟、鳖为主,焦家遗址出上扬子鳄和蛇,显示出该遗址的特殊性;鸟纲动物中除雉科外,在焦家遗址还发现有一定数量的鹰属遗存,从其出土背景来看,具有明显的特殊性;哺乳动物中,除猪和狗外,五村、前埠下和鲁家口还鉴定出家养牛的存在,从现有证据来看,这一时期的鲁北地区可能并未出现家养黄牛;野生哺乳动物组合仍然包含多种鹿科动物和中小型食肉动物,这表明本地区的自然地貌、气候环境等并未发生太大变化,呈现出长期稳定的状态,先民可以从周边环境中获取丰富的野生动物资源。

龙山文化时期,本地区发现的遗址数量进一步增加,且多见等级较高的聚落(城址)。与大汶口文化中晚期相比,三里河遗址仍然发现了数量较多种属繁杂的海产软体动物和鱼类,说明其遗址周边地貌环境等特征未发生太大变化,先民仍然可以从中获取大量的水生动物资源;城子崖遗址动物群构成以鱼纲为主,这与其进行过系统浮选且浮选所获动物遗存全部经过鉴定有关;西朱封遗址动物群构成以爬行纲为主,这与其几座大墓中发现较多的鳄鱼骨板有关,属于先民对动物的特殊利用;鱼纲的主要种属与前一时期相比变化不大,除丁公遗址发现有鲈鱼外,其余内陆遗址发现的均为淡水种属;爬行动物中,仍然以龟和鳖为主,在教场铺、丁公和西朱封遗址中出土了扬子鳄的骨板,可能与遗址的性质或等级有关,对丁公出土扬子鳄骨板的锶同位素[1]检测显示出明显的本地值,意味着该类动物至少在丁公遗址或具有类似地质背景的环境中生活过一段时间;哺乳纲动物仍然延续前一时期的特征,猪和狗为明确的家养动物;黄牛有可能为家养动物;桐林、教场铺等遗址出现少量羊的遗存,可能为家养动物。

综合来看,本地区新石器时代早期发现的犬科遗存有可能为家养的狗;后李文化时期,开始驯化并饲养家猪;猪和狗这两种家养动物在北辛文化到龙山文化的多数遗址中均有发现;龙山文化时期,开始出现家养黄牛,可能开始出现家养的羊,但其数量都比较少;从后李文化到龙山文化时期,野生哺乳动物群的组成变化不大,这种长期稳定的动物群组合表明这一地区的主要气候环境条件在几千年的时间内并未发生大的变化;龙山文化时期部分高等级的聚落动物群中出现了羊和鳄鱼,可能与聚落的等级或性质有关。

---

〔1〕 吴晓桐、张兴香、宋艳波、金正耀、栾丰实、黄方:《丁公遗址水生动物资源的锶同位素研究》,《考古》2018年第1期,第111~118页。

本地区野生动物群从后李文化到龙山文化时期,基本保持稳定,说明遗址周围大的地貌及水域环境在几千年的时间内并未发生太大的变化,各种水生、陆生动植物资源都比较丰富,可供先民利用。

二、鲁中南苏北地区

本区内发现最早的遗址属于北辛文化时期,此后一直延续到龙山文化时期。有专门动物遗存鉴定报告的遗址中,北辛、官桥村南和前坝桥遗址属于北辛文化时期;万北、大汶口、王因和玉皇顶等遗址包含北辛文化与大汶口文化两个时期;建新、西公桥、六里井、西夏侯和赵庄等遗址属于大汶口文化中晚期;后杨官庄和梁王城遗址包含了大汶口文化与龙山文化两个时期;尹家城、西吴寺、庄里西、二疏城和西孟庄等遗址属于龙山文化时期。

动物群构成显示,北辛文化时期,各个遗址都出土有一定数量的淡水软体动物,尤其以王因遗址出土量最为庞大,种属极为丰富,这些软体动物明显以喜暖的丽蚌属为主;各个遗址中均发现数量不等的鱼骨,经过鉴定,包括青鱼、草鱼、鲤鱼、鲶鱼、鳡鱼等常见的淡水鱼类;各个遗址均出有一定数量的爬行动物,包括龟、鳖和喜暖的鳄鱼等;各个遗址中也都出土了一定数量的鸟类,种属包括了鸡形目(雉科)和雁形目等;发现的哺乳动物中猪和狗为家养动物;野生哺乳动物构成非常丰富,包括了牛、麋鹿、斑鹿、獐等偶蹄目食草动物,也包含有虎、熊、狼、狐、貉、水獭、獾和猫等大中小型食肉目动物,还包括有一些小型的兔形目和啮齿目动物等;王因遗址中出土的海生楔螺,应该来自沿海聚落。

大汶口文化早期,从王因和玉皇顶遗址的动物遗存鉴定报告可知,与北辛文化时期相比,动物群组合与构成比例均未发生明显的变化,显示出该区域环境气候条件的稳定性。

大汶口文化中晚期,动物群构成发生了一定的变化:与北辛文化及大汶口文化早期相比,先民对软体动物的利用程度降低,表现为遗址中发现的软体动物数量和种类大幅度减少(甚至有的遗址没有任何发现);早期遗址中常见的扬子鳄,在本时期遗址中均未发现;本时期出现了聚落等级的分化,本地区等级较高的赵庄遗址出土的动物复杂程度要比其他遗址高一些;一些遗址中可能开始出现家养黄牛。

龙山文化时期,庄里西遗址出土的鱼纲比例最高,这应该与该遗址经过系统浮选、且浮选所获动物遗存全部经过鉴定统计有关;各遗址哺乳纲比例都比较高(尤其西孟庄遗址,比例非常高),哺乳动物组合特征与大汶口文化晚期一致;软体动物、鱼类、爬行类和鸟类的特征与大汶口文化中晚期相比,变化不大。

综合来看,本地区从北辛文化到龙山文化阶段,主要哺乳动物群并未发生过太大改变,家养动物为猪和狗,家养黄牛可能在大汶口文化晚期至龙山文化时期已经开始出现;野生哺乳动物的稳定性说明其周边的自然地理和气候环境条件并未发生大的变化。

薛河流域的环境考古证据也说明,从北辛文化到龙山文化时期,该地区先民的居住环境比较稳定,气候温暖湿润,各种动植物资源非常丰富。

三、胶东半岛地区

除午台遗址属龙山文化早期外,本区内有专门动物遗存鉴定报告的遗址大都属于北辛文化到大汶口文化早期阶段。白石村遗址属于北辛文化时期;大仲家、翁家埠、蛤堆顶、北阡等遗址属于北辛文化晚期到大汶口文化早期;东初遗址属于大汶口文化早期。

从北辛文化到大汶口文化早期,本区动物群并未发生太大变化。本地区特有的贝丘遗址内发现有大量的软体动物遗存,这类遗存种属繁杂数量众多,成为当时先民非常重要的肉食来源,说明当时遗址均离海较近,先民对周围海洋资源的利用程度比较高;鱼纲动物,全部为海洋种类,包括红鳍东方鲀、黑鲷和真鲷等,显示出先民对海洋资源的开发和利用;龟鳖等爬行动物、雉科等鸟类也都有少量发现;中小型鹿类、小型的食肉目动物、小型的啮齿目和兔形目等,发现数量较多,显示出先民对周边丘陵山地动物资源的开发和利用;等边浅蛤等喜暖软体动物的存在,说明当时的海水温度要比现在更高;哺乳动物组合中,猪和狗属于家养动物,其余均为野生动物;从北阡遗址的情况来看,家猪饲养已经达到一定的规模。

龙山文化时期,目前只有一处遗址的材料。其动物群组合与本地区大汶口文化早期相比发生了一定的变化。最大的变化就是软体动物资源利用程度的大大降低,本时期遗址中虽然也发现有多种海产软体动物存在,但无论是其数量还是种属复杂程度都比前一时期大大减少(降低),这应该与先民经济活动重心的转移有关;除猪和狗外,黄牛可能已经成为家养动物,野生哺乳动物组合变化不大。

该地区遗址主要集中于北辛文化晚期大汶口文化早期阶段,大量海产软体动物的存在说明遗址离海较近,存在不同的海岸地貌(礁石或泥沙质),生长有不同的海生软体动物可供先民采集食用。到龙山文化时期,随着气温的变化、海平面的下降,先民对海洋软体动物资源的利用程度大大降低。

四、鲁东南地区

本区内发现最早的遗址属于大汶口文化时期,一直延续到龙山文化时期。有专门动物遗存鉴定报告的遗址中,后杨官庄包含大汶口文化与龙山文化两个阶段,以龙山文化时期为主;东盘、两城镇和藤花落遗址属于龙山文化时期。

从后杨官庄遗址的情况来看,龙山文化时期的动物种属要更为丰富一些,包含了大汶口文化时期发现的所有动物种属;东盘和两城镇的动物群与后杨官庄基本相似,不同的是前面两个遗址中都发现有海生贝类遗存。两城镇离海较近,先民捕捞海生贝类也属正常,东盘遗址离海较远,这类海生软体动物的发现表明其与沿海聚落之间存在着一定的交流和联系;后杨官庄遗址龙山文化时期动物组合以鱼纲为主,这与该遗址经过系统浮选且浮选所获遗存全部经过鉴定统计有关;其余遗址龙山文化时期动物组合均以哺乳纲为主,其中猪和狗为明确的家养动物,黄牛可能成为家养动物。

该地区动物群表现出的自然环境自大汶口文化到龙山文化时期并未发生大的变化,都要比现在温暖湿润,生长有种类丰富的野生动植物资源,可供先民开发和利用。

五、鲁豫皖地区

本区内发现最早的遗址属于北辛文化时期,一直延续到龙山文化时期。有专门动物遗存鉴定报告的遗址中,王新庄遗址为北辛文化时期,后铁营遗址属于大汶口文化早期;石山孜遗址包括北辛、大汶口和龙山文化三个时期;金寨和高庄古城遗址属于大汶口文化晚期;尉迟寺遗址包含大汶口文化和龙山文化两个时期;芦城孜、十里铺北和山台寺遗址属于龙山文化时期。

北辛文化时期,本地区发现的动物数量较少,种属构成也较简单,以哺乳纲为主,基本未见鱼纲和软体动物等水生动物。

大汶口文化早期,后铁营和石山孜遗址均显示出比前一时期复杂的动物群构成,即除哺乳纲外,也包括多种软体动物、鱼纲、爬行纲和鸟纲动物,以哺乳纲为主;哺乳纲中,猪和狗为明确的家养动物,后铁营遗址出现黄牛,其余应为野生动物;野生哺乳动物种属都比较繁杂。

大汶口文化晚期,尉迟寺遗址动物群构成与本地区大汶口文化早期遗址相比变化不大,都包括多种软体动物、鱼纲、爬行纲、鸟纲和哺乳纲,且以哺乳纲为主;与前一时期相比,该遗址瓣鳃纲软体动物的比例要更高一些。本时期的金寨和高庄古城遗址,动物构成以哺乳纲为主,且很少发现其余纲的动物,显示出与尉迟寺遗址相差较大的特征。家养动物方面,猪和狗为本地区普遍存在的家养动物,尉迟寺遗址的黄牛为家养动物,其余均为野生动物。

龙山文化时期,尉迟寺遗址、十里铺北遗址和山台寺遗址,都包含种属繁杂的各类野生水生和陆生动物,家养动物包括猪、狗和黄牛。芦城孜和藤花落等遗址则显示出较为简单的动物群构成,即以哺乳纲为主,其他纲动物都发现很少或未发现。

综合来看,本地区从北辛文化到龙山文化时期,主要动物群变化不大,哺乳纲为先民利用最多的动物。北辛文化到大汶口文化早期,猪和狗为主要的家养动物,黄牛可能开始成为家养动物;大汶口文化晚期,更多的遗址出现黄牛。大汶口文化早期动物群的复杂程度应该超过前一阶段的北辛文化时期和后一阶段的大汶口文化晚期,显示出该阶段先民对周边自然资源的开发和利用程度较高。大汶口文化晚期到龙山文化时期,本地区呈现出至少两类不同的动物群面貌,即以尉迟寺为代表的复杂动物群和以金寨、芦城孜等为代表的简单动物群。

该地区在北辛和大汶口文化早期,气候条件温暖湿润,河湖众多,能够为先民提供丰富的野生动植物资源,先民对这些野生动植物资源的利用程度也比较高;到大汶口文化晚期和龙山文化时期,多个遗址的孢粉分析均表明该地区气候趋向干凉,但总体仍要比现在温暖湿润,野生动植物资源与大汶口文化早期相比复杂程度有所降低,但仍然较为丰富。

六、小结

从上文的分析可知,各区域动物群的分布情况与其所处的地貌环境关系较大,如离海较近的胶东半岛和鲁东南地区,海产资源比较丰富,先民对海产资源的利用程度就会比内陆遗址高一些,尤其是大汶口文化早期的胶东半岛地区,先民对海产软体动物资源的利用程度非常高,形成该地区该时期特有的贝丘遗址。

在各区域内部,从后李文化到龙山文化,几千年的时间内,其主要动物群变化都不太大,显示出区域内部地貌环境和大的气候环境的稳定性;区域内部不同遗址间动物群构成的小差异应该主要与先民生业经济方式的选择和先民行为有关。部分内陆遗址中发现的海生软体动物遗存,除反映该聚落与沿海聚落之间存在一定的交流与联系外,还可能与先民特殊的信仰有关[1]。

---

〔1〕　承蒙王青教授告知,在威海地区渔民认为海产贝壳有着特殊的魔力,笔者认为内陆遗址中此
　　　 类贝壳的发现也可能与这种特殊的信仰有关。

第三章　传统六畜的出现与利用

家养动物,又名家畜,主要包括马、牛、羊、鸡、狗和猪等[1]。

本章讨论的重点就是上述这几种主要的家养动物在海岱地区新石器时代出现的时间(或出现与否)、动物饲养水平的发展变化以及先民对这些动物的利用方式等。

首先,在空间概念上,本文涉及的区域仅限海岱地区,上述这些家养动物在这一区域内出现的时间是本文研究的一个重要方面。就这一点来说,这些不同的家养动物在海岱地区出现的时间与这些家养动物的起源不完全一致。出现的时间意味着这些家养动物既有可能是本地驯化的,也有可能是由外地传来的;而"起源"则意味着一种事物或者是一种现象由无到有的过程,重点在于其发生的问题。所以在此必须明确指出,本文所讨论的是指上述这些家养动物在海岱地区出现的时间,不管这些动物是本地驯化还是由外面引进的品种。

其次,是有关上述这些家养动物饲养的直接证据和间接证据的研究。直接证据指的是考古发掘中发现的与家养动物生活和生产相关的遗迹与遗物,可能包括有圈养动物的遗迹(圈、粪便、栅栏等)、饲养动物的遗物、利用动物资源的遗迹等,这类证据在考古遗址中一般很难保存下来,从已经发表的资料来看,这方面的证据还是比较薄弱的。间接证据指的是现有的考古发现所能显示出来的一些特殊信息。这类证据一般需要在特殊的考古学文化现象中去寻找,或者从大量的数据统计和分析中去探求。

一、家养动物出现的原因分析

本地驯化的家养动物,可能与遗址周围的环境有关,首先需要遗址周围的野生环境中存在有这类家养动物的野生祖先或同类;其次只有野生环境中拥有丰

---

〔1〕　杨伯峻:《春秋左传注(修订本)》,中华书局,2012 年,第 382 页:"古者六畜不相为用"。

富的资源才有可能为先民提供更多的驯化机会。也可能与先民的心理活动有
关[1]，先民决定驯化某种动物，可能正是与动物之间关系亲密的表现。

外地引进的家养动物，则可能与先民的宗教信仰有关，即引进这种家养动物
完全出自宗教的考虑；或者出于其他原因，可能也与肉食等用途有关。

总之，关于家养动物的出现，可能有着不同的原因[2]，需要具体问题具体分析。

二、判断家养动物的标准

关于考古遗址中动物遗存是野生还是家养的判断标准，不少学者在具体研
究中或多或少都有所涉及。

祁国琴认为，确定考古遗址中的家畜动物一般从两个方面入手：一方面是
寻找骨骼学的证据，另一方面要看遗址动物群中是否有一定年龄类群的存在。
除此之外，还要注意文化和环境以及艺术品形象的证据[3]。

戴维斯（Davis）对之前的标准进行了全面总结[4]：（1）出现外来品种，
（2）形态变化，（3）尺寸不同，（4）系列考古遗址动物群中动物种属出现频率的
变化（又简称为种属的频谱变化）；（5）文化现象（内涵很广泛，包括病理证据）；
（6）性别与年龄结构。

伦福儒（Renfrew）对已有的部分标准进行了简要评述，并着重讨论了两个新
标准：骨骼微结构分析和皮毛纤维分析[5]。

袁靖在其2001年发表的一篇文章[6]中，以上述标准为基础，结合中国考
古发现的现状，对中国新石器时代家养动物的起源问题进行了详细的探讨。他
认为：认定各种动物骨骼是否属于家畜的方法主要有三种。一种方法是从骨骼
形态学的角度进行判断。即通过测量和观察，比较牛、羊、猪、狗等骨骼、牙齿等
的尺寸大小、形态特征等等，由此判定其是属于家养动物还是野生动物。另一种

---

[1] 埃里奇·伊萨克：《驯化地理学》，商务印书馆，1987年；袁靖：《论中国新石器时代居民获取
肉食资源的方式》，《考古学报》1999年第1期，第1~22页。

[2] 埃里奇·伊萨克在他的《驯化地理学》中探讨了动植物为什么会被驯化的问题。他认为有些
动物的驯化可能是自然发生的（也就是说有些动物可能本身比较倾向于被驯养），有的可能是
跟人类的心理活动有关（人类的一种疼爱自己幼儿的本能被诱发）。还有一种可能是跟人类
的宗教观念有关（在驯化之初是为了用作牺牲的）。

[3] 祁国琴：《动物考古学所要研究和解决的问题》，《人类学学报》1983年第3期，第293~300页。

[4] Simon J. M. Davis, *The Archaeology of Animals*, Yale University Press New Haven and London.
1987, P133~154.

[5] Colin Renfrew and Paul Bahn, *Archaeology: Theories, Methods and Practice*, London：Thames and
Hudson. 1996, P276~279.

[6] 袁靖：《中国新石器时代家畜起源的问题》，《文物》2001年第5期，第51~58页。

方法是根据考古学的文化现象进行推测。比如,依据某些种类的动物骨骼相当完整地出土于墓葬、灰坑或特殊的遗迹中,认定这往往是当时人的一种有意识的处理动物的行为。第三种方法是把纯粹的骨骼形态学的测量和观察与考古学的判断和分析结合在一起。比如,首先按照形态学的标准判断遗址中出土的猪骨的年龄,然后根据猪的年龄结构中1岁左右的占据大多数甚至绝大多数,推测这是由于当时人有意识地按照年龄标准宰杀所致。因而这些猪在当时是被人饲养的家猪。牛的掌骨关节部比较肥大,关节顶端与趾骨的相连处因摩擦出现沟槽,关节附近出现骨质增生等,推测这是由于长期拉犁或拉车,劳役负担过重引起的病变。故为家牛。显微镜下,考古遗址中出土的马下颌左右侧的第二臼齿的前端都呈一定角度的磨损,推测当时人们为了驾驭马,在马的臼齿前端放置木棍,由于多次拉紧系于木棍两端的缰绳,木棍与牙齿不断摩擦,形成臼齿前端的磨损,可认为是家养的。

目前为止,这些标准在考古遗址中出土的家养动物研究中已经得到了广泛运用。

第一节　家猪的出现、饲养与利用

本节的研究重点在于探讨海岱地区家猪最早出现的时间及其表现特征,在新石器时代延续数千年的时间里其饲养方式、饲养技术、饲养水平等的发展演变过程,先民对家猪的利用方式及其演变等。之所以将家猪放在所有家养动物的第一位进行讨论,一是因为该动物从出现到现在都与人们的日常生活密切相关,是人类肉食的重要来源;二是因为关于家猪的研究目前学界所做的工作已经较多,具备了汇总分析的良好基础;三是根据本地区各时期遗址中出土动物的情况来看,猪的材料发现最多,占据了非常重要的地位。

到目前为止,已经有不少学者发表了一系列关于家猪判断标准的文章[1],在此基础上,罗运兵将其总结概括为以下几个方面[2]:

形态学特征,包括泪骨形态、头骨比例、第三臼齿尺寸、齿列扭曲、犬齿发育

---

〔1〕　袁靖:《中国新石器时代家畜起源的问题》,《文物》2001年第5期,第51~58页;袁靖:《考古遗址出土家猪的判断标准》,《中国文物报》2003年8月1日第7版,胡耀武、王昌燧:《家猪起源的研究现状与思考》,《中国文物报》2004年3月12日第7版;袁靖:《动物考古学研究的新发现与新进展》,《考古》2004年第7期,第54~59+2页;凯斯·道伯涅,安波托·奥巴莱拉、皮特·罗莱—康威、袁靖、杨梦菲、罗运兵、安东·欧富恩克:《家猪起源研究的新视角》,《考古》2006年第11期,第74~80页。

〔2〕　罗运兵:《中国古代猪类驯化、饲养与仪式性使用》,科学出版社,2012年。

与否、下颌联合部的长宽比例和角度等;年龄结构分析;相对比例分析;文化现象观察;食性分析;病理学观察;古 DNA 分析等。

前四个方面是传统动物考古学研究的主要内容,后三个方面是近些年新兴起的判断标准,主要借助的是科技检测的手段。

下文将分时期探讨家猪的驯化与饲养情况。

一、后李文化时期

1. 典型遗址内的发现

(1) 小荆山遗址[1]

研究者认为该遗址同时存在家猪和野猪,而且认为家猪属于较原始类型或半驯化状态,说明从形态学上家猪与野猪差别不大;另外,我们从发掘报告中可知有陶猪(F13:2)存在,这一陶塑整体椭圆,体型丰满,四足较短,形象接近家猪。因此,该遗址主要通过形态学特征和特殊考古学文化现象(陶塑猪)这两项标准推断出家猪的存在。

(2) 西河遗址[2]

该遗址历年发掘的材料均由笔者鉴定,笔者认为该遗址中已经存在家猪,判断依据主要包括以下几个方面:

① 形态学特征。笔者测量了 3 枚保存完整的 M_3,其长度分别为 35.68 毫米、48.44 毫米和 35.73 毫米,平均为 39.95 毫米。从测量数据来看,其平均值大于姜寨遗址的平均值(36.2 毫米),但是所有数据都在姜寨遗址测量范围之内(30~41.7 毫米)[3];平均值小于磁山遗址的平均值(41.4 毫米),部分数据在磁山遗址的测量范围之内(39.2~45 毫米)[4]。姜寨和磁山遗址的猪

〔1〕 山东省文物考古研究所:《山东章丘市小荆山遗址调查发掘报告》,《华夏考古》1996 年 2 期,第 1~23 页;孔庆生:《小荆山遗址中的动物遗骸》,《华夏考古》1996 年第 2 期,第 23~28 页。

〔2〕 山东省文物考古研究所:《山东章丘市西河新石器时代遗址 1997 年的发掘》,《考古》2000 年第 10 期,第 15~28+97~98 页;山东省文物考古研究所、章丘市城子崖博物馆:《章丘市西河遗址 2008 年考古发掘报告》,《海岱考古(第五辑)》,科学出版社,2012 年,第 67~138 页;宋艳波:《济南地区后李文化时期动物遗存综合分析》,《华夏考古》2016 年第 3 期,第 53~59 页;宋艳波、王杰、刘延常、王泽冰:《西河遗址 2008 年出土动物遗存分析——兼论后李文化时期的鱼类消费》,《江汉考古》2021 年第 1 期,第 112~119 页。

〔3〕 祁国琴:《姜寨新石器时代遗址动物群的分析》,《姜寨——新石器时代遗址发掘报告》,文物出版社,1988 年,第 504~538 页。

〔4〕 周本雄:《河北武安磁山遗址的动物骨骸》,《考古学报》1981 年第 3 期,第 339~347+415~416 页。

均为家猪,从测量数据来看,西河遗址应该存在家猪,同时也存在野猪(数据偏大者)。

② 数量比例。猪科占哺乳动物可鉴定标本总数的39%(图3.1),占哺乳动物总个体数的40%(图3.2)。从数量比例来说,仅次于鹿科动物,是当时先民主要利用的动物之一。

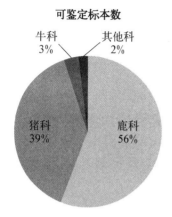

图 3.1　西河遗址后李文化时期哺乳动物可鉴定标本数比例示意图

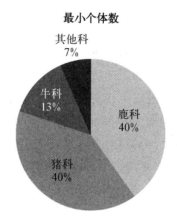

图 3.2　西河遗址后李文化时期哺乳动物最小个体数比例示意图

③ 死亡年龄结构。以2岁作为成年与未成年分界线的话,该遗址的猪群中,成年和未成年比例基本相当,有可能已经出现家猪。

④ 特殊考古学文化现象。遗址中出土1件陶猪(F65:23)[1],从形态特征来看,已经接近家猪;同时,在F60房基内出土1件成年猪的左侧上颌骨,从其特殊的出土位置推测可能属于一种有意识放入的奠基物。因此,从特殊考古学文化现象观察角度来看,该遗址的猪为家猪。

综合以上信息,笔者认为该遗址有家猪存在,同时也可能存在野猪。

(3) 月庄遗址[2]

该遗址出土材料由笔者鉴定,笔者认为该遗址中可能存在家猪,判断依据主

〔1〕　山东省文物考古研究所:《山东章丘市西河新石器时代遗址1997年的发掘》,《考古》2000年第10期,第15~28+97~98页。

〔2〕　山东大学东方考古研究中心、山东省文物考古研究所、济南市考古研究所:《山东济南长清区月庄遗址2003年发掘报告》,《东方考古(第2集)》,科学出版社,2005年,第365~456页;宋艳波:《济南长清月庄2003年出土动物遗存分析》,《考古学研究(七)》,科学出版社,2008年,第519~531页;宋艳波:《济南地区后李文化时期动物遗存综合分析》,《华夏考古》2016年第3期,第53~59页。

要包括以下几个方面：

① 形态学特征。遗址中仅 1 件 M_3 保存完整，可测量其长度，为 43.55 毫米，这一数据值较大，这件标本有可能代表一头野猪。

② 数量比例。出土的猪占哺乳动物总可鉴定标本数的 29%（图 3.3），占哺乳动物总个体数的 38%（图 3.4）。从数量比例来看，猪在哺乳动物群中地位还是比较重要的，为当时先民主要利用的动物之一。

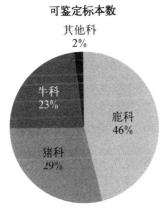

图 3.3　月庄遗址后李文化时期哺乳动物可鉴定标本数比例示意图

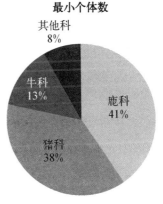

图 3.4　月庄遗址后李文化时期哺乳动物最小个体数比例示意图

③ 死亡年龄结构。以 2 岁作为成年与未成年分界线的话，该遗址的猪群中，成年个体比未成年比例稍高，有可能已经出现家猪。

④ 食性分析[1]。依据碳十三和氮十五值的不同，猪可分为 3 组，经分析推断 A 组属于野猪，B 组和 C 组属于家猪。可见，从食性分析的角度来看，遗址中既存在家猪也存在野猪。

综合以上信息，笔者认为该遗址可能有家猪存在，同时仍然存在野猪。

（4）张马屯遗址[2]

该遗址出土材料由笔者鉴定，笔者认为该遗址尚不能判断是否出现家猪。

① 形态学特征。该遗址仅 1 件下颌 M_3 保存完整，可以进行测量，测量结果为 40.45 毫米。这一数据值偏大，这件标本有可能代表一头野猪。

---

〔1〕 胡耀武、栾丰实、王守功、王昌燧、Michael P. Richards：《利用 C、N 稳定同位素分析法鉴别家猪与野猪的初步尝试》，《中国科学（D 辑：地球科学）》2008 年第 38 卷第 6 期，第 693～700 页。

〔2〕 宋艳波：《济南地区后李文化时期动物遗存综合分析》，《华夏考古》2016 年第 3 期，第 53～59 页。

② 数量比例。出土的猪的占哺乳动物总可鉴定标本数的 16%（图 3.5），占哺乳动物总最小个体数的 21%（图 3.6）。从数量比例来看，猪在哺乳动物群中的地位并不突出，先民对其利用程度也不算太高。

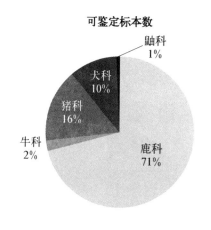

图 3.5　张马屯遗址后李文化时期哺乳动物可鉴定标本数比例示意图

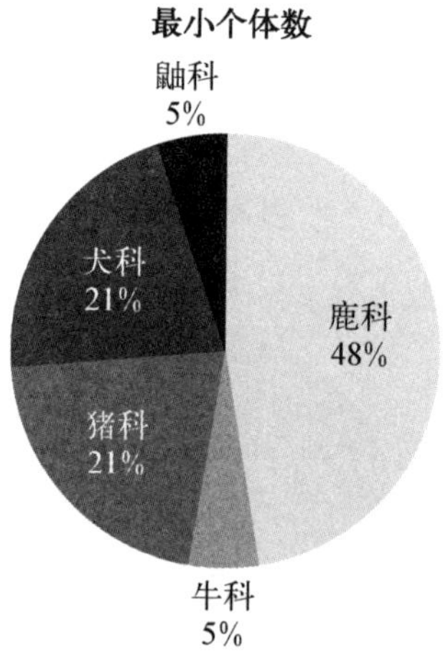

图 3.6　张马屯遗址后李文化时期哺乳动物最小个体数比例示意图

③ 死亡年龄结构。以 2 岁为界，该遗址成年个体比例远高于未成年个体，很难判断是否存在家猪。

综合以上信息，笔者认为目前尚难以判断该遗址是否存在家猪。

（5）后李遗址

该遗址出土材料由笔者指导学生鉴定，结果尚未发表。从目前时代确定的遗迹出土动物情况来看，笔者认为该遗址存在家猪，判断依据主要包括以下几个方面：

① 数量比例。目前时代明确属于后李文化时期的猪占哺乳动物总可鉴定标本数的 42%（图 3.7），占哺乳动物总最小个体数的 25%（图 3.8）。从数量比例来看，猪科都是仅次于鹿科的，是当时先民主要利用的动物之一。

② 死亡年龄结构。以 2 岁为界，该遗址成年个体比例稍高，有可能已经开始出现家猪。

该遗址并未发现保存完整可供测量的下颌 M_3，因此我们只能通过数量比例和死亡年龄结构等标准推断遗址中可能存在家猪。

2. 讨论与分析

本时期做过动物考古研究的遗址中都发现有猪的遗存，其中小荆山、西河和月庄遗址的研究者综合多种判断标准后推断遗址中存在家猪；张马屯和后李遗

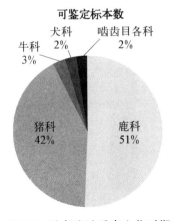

图 3.7　后李遗址后李文化时期
哺乳动物可鉴定标本数
比例示意图

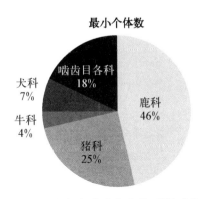

图 3.8　后李遗址后李文化时期哺乳
动物最小个体数比例示意图

址的研究者也倾向于认为遗址中有可能存在家猪。

从形态学特征米看，这一时期，家猪和野猪形态差异并不明显，可能处于驯化的初期。

从图 3.9 可见，自时代稍早的张马屯遗址到时代较晚的月庄遗址，猪的数量比例（包括可鉴定标本数和最小个体数）整体呈现上升的趋势，显示出先民对该动物的利用程度随着时间的推移是在逐步增加的。

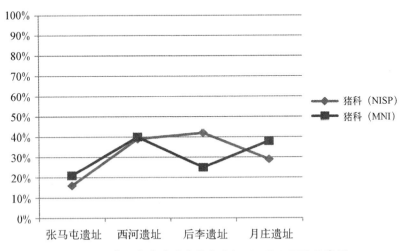

图 3.9　后李文化诸遗址猪科占比（NISP 和 MNI）示意图

从猪的死亡年龄结构来看（图 3.10），整体呈现成年个体占比较高、未成年个体比例较低的现象；而从时代较早的张马屯遗址到时代较晚的月庄遗址，未成

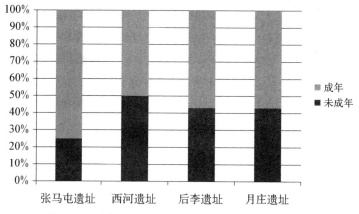

图 3.10　后李文化诸遗址猪的死亡年龄结构示意图

年猪的比例存在逐渐增高的现象。

　　从对特殊考古学文化现象的观察来看,小荆山和西河出土的陶塑猪形象更接近于家猪的特征,西河出土的可能为奠基物的猪上颌骨也说明先民与猪的关系比较密切。

　　小荆山人骨和月庄猪骨的 C、N 稳定同位素检测结果显示,猪群中同时存在家猪和野猪。

　　综合以上各项分析,笔者认为,后李文化时期,先民已经开始驯化并饲养家猪;鲁北地区特殊的自然地理条件和丰富的野生动物资源能够为先民驯化家猪提供良好的条件,这里的家猪有可能是本地起源的,最早可能出现于张马屯遗址;本时期先民对猪的利用方式主要为获取肉食资源,同时也可能用作房屋的奠基物。

二、北辛文化时期

1. 典型遗址内的发现

（1）大汶口遗址[1]

该遗址在北辛文化的地层和遗迹单位中,出土大量猪骨。研究者认为在第一期文化中已经形成以猪为对象的家畜饲养习俗。

　　根据年龄鉴定,大多属于未成年的幼猪。另外,在墓葬中(M1032)也发现了随葬猪下颌骨的现象。

　　因此,从数量比例、死亡年龄结构及特殊考古学文化现象几个方面综合来

〔1〕　山东省文物考古研究所:《大汶口续集——大汶口遗址第二、三次发掘报告》,科学出版社,1997 年,第 63~64 页。

说,该遗址的猪为家猪。

(2) 王因遗址[1]

研究者认为,该遗址可以鉴别为家畜的有:猪、黄牛、水牛、狗和鸡五种。家畜骨骼标本的数量占可鉴定标本的 74.57%,家畜中又以家猪的骨骼最多,占可鉴定标本总数的 65.38%。

该遗址判断家猪的主要标准包括形态学特征和数量比例。

(3) 官桥村南遗址[2]

该遗址出土材料由笔者鉴定,笔者认为该遗址存在家猪,所依据的判断标准如下:

① 数量比例。出土的猪占哺乳动物总可鉴定标本数的 77.71%(图 3.11),占哺乳动物总最小个体数的 57%(图 3.12)。从数量比例来看,是先民利用最多的动物。

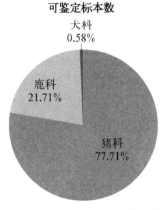

图 3.11　官桥村南遗址北辛文化时期哺乳动物可鉴定标本数比例分布示意图

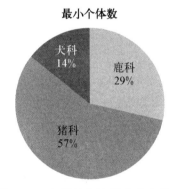

图 3.12　官桥村南遗址北辛文化时期哺乳动物最小个体数比例分布示意图

② 死亡年龄结构。以 2 岁为界,该遗址成年与未成年个体比例基本相当,遗址猪群中应该是存在家猪的。

该遗址出土猪骨破碎程度较高,缺乏保存完整能够测量数据的标本,因此只能通过数量比例和死亡年龄结构等标准来判断遗址中存在家猪。

〔1〕　周本雄:《山东兖州王因新石器时代遗址出土的动物遗骸》,《山东王因——新石器时代遗址发掘报告》,科学出版社,2000 年,第 414~451 页。

〔2〕　宋艳波、李慧、范宪军、武昊、陈松涛、靳桂云:《山东滕州官桥村南遗址出土动物研究报告》,《东方考古(第 16 集)》,科学出版社,2019 年,第 252~261 页。

（4）王新庄遗址

该遗址为安徽省文物考古研究所近年来发掘所获，由笔者指导学生鉴定，目前尚未发表。笔者认为该遗址已经存在家猪，主要判断依据包括以下几个方面：

① 形态学特征。我们对该遗址出土的 3 件保存完整的下颌 M_3 的长度进行了测量，数据分别为 40.21、43.44 和 31.54 毫米，平均值为 38.4 毫米。从 M_3 长度平均值数据来看，猪群中是存在家猪的，测量数据偏大的标本可能属于野猪。

② 数量比例。遗址出土的猪占哺乳动物总可鉴定标本数的 57%（图 3.13），占哺乳动物总最小个体数的 60%（图 3.14）。从数量比例来看，猪是先民利用最多的动物。

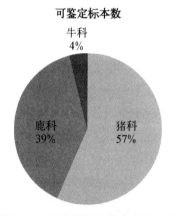

图 3.13 王新庄遗址北辛文化时期哺乳动物可鉴定标本数比例分布示意图

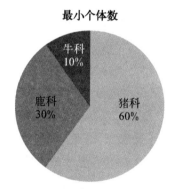

图 3.14 王新庄遗址北辛文化时期哺乳动物最小个体数比例分布示意图

③ 死亡年龄结构。以 2 岁为界，该遗址成年和未成年个体各占一半（50%），从这一比例来看，遗址猪群中应该存在家猪。

综合以上信息，笔者认为该遗址猪群中存在家猪，同时也存在野猪。该遗址的猪可能处于驯化初期，形态学特征与野猪差别不大。

（5）石山孜遗址[1]

该遗址出土资料由笔者指导学生鉴定，笔者认为该遗址出土的猪群中有可能存在家猪，主要判断依据包括以下几个方面：

---

[1] 宋艳波、饶小艳、贾庆元：《安徽濉溪石山孜遗址出土动物遗存分析》，《濉溪石山孜——石山孜遗址第二、三次发掘报告》，文物出版社，2017 年，第 402~424 页。

① 形态学特征。我们对保存完整的 4 件下颌 M₃ 的长度进行了测量,数据分别为 44.01、42.63、41.91 和 38.86 毫米,平均值 41.85 毫米。下颌 M₃ 测量数据普遍偏大,说明遗址猪群中可能存在数量较多的野猪。

② 数量比例。猪科占哺乳动物总可鉴定标本数的 17%(图 3.15),占哺乳动物总最小个体数的 28%(图 3.16)[1]。猪科在哺乳动物群中比例仅次于鹿科,是先民利用较多的动物。

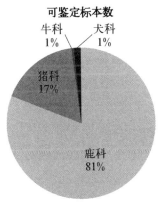

图 3.15　石山孜遗址北辛文化时期哺乳动物可鉴定标本数比例分布示意图

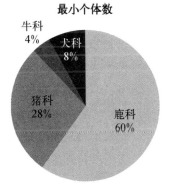

图 3.16　石山孜遗址北辛文化时期哺乳动物最小个体数比例分布示意图

③ 死亡年龄结构。以 2 岁为界,成年个体占 57%,未成年个体占 43%,以成年个体为主。从死亡年龄分布特征来看,遗址猪群中有可能存在家猪。

综合以上信息,笔者认为该遗址猪群中存在家猪,同时也存在野猪。该遗址的猪可能处于驯化初期,形态学特征与野猪差别不大。

(6) 后李遗址

该遗址出土材料由笔者指导学生鉴定,结果尚未发表。从目前时代确定的遗迹出土动物情况来看,笔者认为该遗址存在家猪,判断依据主要包括以下几个方面:

① 数量比例。猪科占哺乳动物总可鉴定标本数的 31%(图 3.17),占哺乳动物总最小个体数的 26%(图 3.18)。从数量比例来看,猪科是仅次于鹿科的,应为先民主要利用的动物之一。

② 死亡年龄结构。以 2 岁为界,未成年个体仅占总个体数的 12.5%,可见该遗址的猪以成年为主。从死亡年龄结构特征来看,并不符合家猪的特征。

---

[1]　这一数据与原发表数据存在差异,主要原因为本次统计过程中未将小型食肉目动物视为可鉴定标本,本次统计中仅统计可鉴定到科一级的动物。

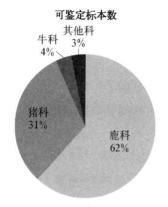

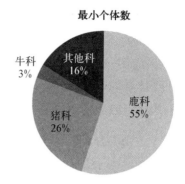

图 3.17　后李遗址北辛文化时期哺乳动物可鉴定标本数比例分布示意图

图 3.18　后李遗址北辛文化时期哺乳动物最小个体数比例分布示意图

综合数量比例和死亡年龄结构这两个标准,我们尚不能判断遗址中是否存在家猪,但是从该遗址后李文化时期已经存在家猪的情况来看,这一时期应该仍然同时存在家猪和野猪。

(7) 翁家埠遗址[1]

研究者认为该遗址的猪可能为家猪,主要判断依据包括以下两个方面:

① 数量比例。猪科占总哺乳动物总可鉴定标本数的 19%(图 3.19),占哺乳动物总最小个体数的 39%(图 3.20)。从这一比例构成来看,猪科仅次于鹿科,

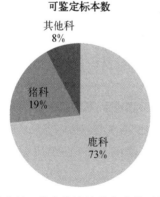

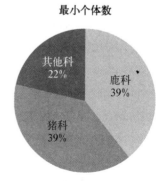

图 3.19　翁家埠遗址北辛文化时期哺乳动物可鉴定标本数比例分布示意图

图 3.20　翁家埠遗址北辛文化时期哺乳动物最小个体数比例分布示意图

---

〔1〕　中国社会科学院考古研究所:《胶东半岛贝丘遗址环境考古》,社会科学文献出版社,2007 年,第 150~157 页。

且其个体数与鹿科基本相当,显然是先民利用最多的动物之一。

② 死亡年龄结构。2 岁以下的猪占绝大多数,说明以未成年个体为主,这一死亡年龄结构特征说明遗址中存在家猪。

综合以上信息,该遗址在北辛文化时期已经饲养家猪。

(8)蛤堆顶遗址[1]

研究者认为该遗址的猪可能为家猪,主要判断依据包括以下两个方面:

① 数量比例。猪科占总哺乳动物总可鉴定标本数的 77%(图 3.21),占哺乳动物总最小个体数的 60%(图 3.22)。从这一比例构成来看,猪科显然是先民利用最多的动物。

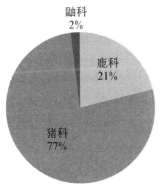

图 3.21 蛤堆顶遗址北辛文化时期哺乳动物可鉴定标本数比例分布示意图

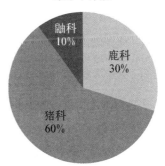

图 3.22 蛤堆顶遗址北辛文化时期哺乳动物最小个体数比例分布示意图

② 死亡年龄结构。发现个体全部为 2 岁左右或 2 岁以下,明显以未成年个体为主,这一死亡年龄结构特征说明遗址中存在家猪。

综合以上信息,该遗址在北辛文化时期已经饲养家猪。

(9)北阡遗址[2]

该遗址历经四个年度的发掘,均由笔者鉴定。其中 2009 和 2011 年度发掘中有明确为北辛文化晚期的遗存,笔者认为该时期遗址中尚不能明确是否已经出现家猪,主要判断依据包括以下两个方面:

〔1〕 中国社会科学院考古研究所:《胶东半岛贝丘遗址环境考古》,社会科学文献出版社,2007 年,第 200~206 页。
〔2〕 宋艳波:《北阡遗址 2009、2011 年度出土动物遗存初步分析》,《东方考古(第 10 集)》,科学出版社,2013 年,第 194~215 页。

① 数量比例。猪科占哺乳动物总可鉴定标本数的 72%（图 3.23）；至少代表 2 个个体,占哺乳动物总最小个体数的 25%（图 3.24）。从这一比例构成来看,猪科应为先民利用最多的动物之一。

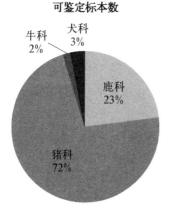

可鉴定标本数

牛科 2%
犬科 3%
鹿科 23%
猪科 72%

图 3.23 北阡遗址北辛文化晚期哺乳动物可鉴定标本数比例分布示意图

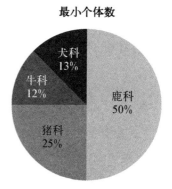

最小个体数

犬科 13%
牛科 12%
鹿科 50%
猪科 25%

图 3.24 北阡遗址北辛文化晚期哺乳动物最小个体数比例分布示意图

② 死亡年龄结构。发现的 2 个个体全部为成年个体,从死亡年龄结构来说并不符合家猪的特征。

综合以上信息,笔者认为该遗址在北辛文化时期有可能已经开始饲养家猪。

2. 讨论与分析

北辛文化时期做过动物考古研究工作的遗址内都发现有猪的骨骼,大多数遗址研究者都认为该遗址存在家猪,各遗址家猪的判断依据也有所不同,主要依据包括形态学特征、数量比例和死亡年龄结构。

从形态学特征来看,本时期各遗址出土的猪,下颌 M_3 的长度测量数据偏大（大于 40 毫米）的标本数量约占总可测量标本数的 46%,说明仍然存在数量较多吻部较长的个体,这些个体有可能为野猪,也有可能为驯化初期的家猪。

从数量比例来看,王新庄、官桥村南和蛤堆顶遗址猪的比例普遍较高;石山孜、后李和翁家埠遗址猪的比例普遍较低;北阡遗址从可鉴定标本数来看,猪的比例比较高,但从最小个体数来看,其比例又比较低（图 3.25）。这样的比例特征表明各遗址先民对猪的利用程度存在一定的差异,从家猪饲养的角度来说,意味着各遗址家猪饲养水平和规模都并不一致。

从死亡年龄结构来看,官桥村南和蛤堆顶遗址未成年个体比例较高,呈现出家猪猪群的特征;王新庄和石山孜遗址未成年与成年个体比例相差不大;北阡和

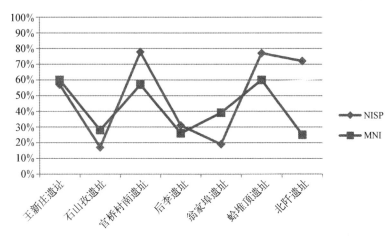

图 3.25 北辛文化诸遗址猪科比例(NISP 和 MNI)示意图

后李遗址则明显以成年个体为主(图 3.26)。笔者认为各遗址间猪的死亡年龄结构差异也能显示出各遗址家猪饲养水平和饲养规模存在差异。

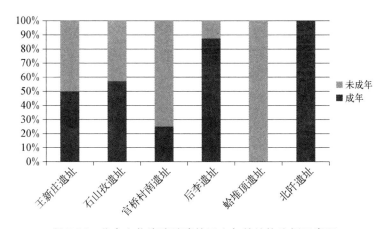

图 3.26 北辛文化诸遗址猪的死亡年龄结构比例示意图

本时期的一些遗址中发现了一些与猪有关的特殊考古学文化现象,如北辛遗址[1]的 H14 底部放置的六个个体的猪下腭骨、H51 底部发现的两个完整猪头骨、东贾柏遗址[2] F12 发现的三副猪骨架以及大墩子遗址[3] H13 发现的

〔1〕 中国社会科学院考古研究所山东队、山东滕县博物馆:《山东滕县北辛遗址发掘报告》,《考古学报》1984 年第 2 期,第 159~191+264~273 页。

〔2〕 中国社会科学院考古研究所山东工作队:《山东汶上县东贾柏村新石器时代遗址发掘简报》,《考古》1993 年第 6 期,第 461~467+557~558 页。

〔3〕 南京博物院:《江苏邳县四户镇大墩子遗址探掘报告》,《考古学报》1964 年第 2 期,第 9~56+205~222 页。

23 个猪下颌骨等。这些与猪有关的特殊埋藏,显示出先民对猪的特殊利用;而从出土数量来看,又能够显示出先民与猪的关系比较密切。

综合以上分析,笔者认为,在北辛文化时期,遗址中已经普遍存在家猪,同时也存在一定数量的野猪。不同遗址间家猪的饲养水平和饲养规模存在着一定的差异,部分遗址家猪与野猪的形态学差异并不明显。先民对猪的利用方式,主要为获取肉食资源;从鲁中南地区来看,先民有可能利用家猪进行一些特殊的活动(如祭祀)。

三、大汶口文化时期

1. 典型遗址内发现的猪

(1) 王因遗址[1]

该遗址北辛文化时期已经存在家猪,延续到大汶口文化早期,灰坑中开始有成堆的猪骨出现;而且墓地中也发现了猪骨随葬的现象,有 39 座墓葬中都随葬有猪骨遗存,包括下颌骨、臼齿、犬齿、门齿、肢骨、肋骨和蹄骨等。这些现象说明当时猪与先民之间关系比较密切。遗址中还出土 2 件猪形泥塑,形态接近家猪。

(2) 建新遗址[2]

1992~1993 年发掘的动物遗骸,研究者认为其中有家猪存在。

2006 年发掘材料为笔者鉴定,笔者认为该遗址的猪为家猪,主要判断依据包括以下四个方面:

① 形态学特征。笔者对遗址出土的 2 件下颌 M_3 的长度进行了测量,结果为 36.16 和 36.65 毫米,这一数据符合家猪的特征。

② 数量比例。2006 年出土的猪,占哺乳动物总可鉴定标本数的 99%(图 3.27),占哺乳动物总最小个体数的 80%(图 3.28)。从数量比例来看,该遗址的猪明显为先民利用最多的动物。

③ 死亡年龄结构。以 2 岁为界,该遗址出土的猪 2 个为未成年个体,2 个为成年个体(其中 1 个为雌性)。从死亡年龄结构来看,该遗址猪群中存在家猪。

④ 特殊考古学文化现象。F27 房基东部发现一猪坑(H265),大部分压在房基之下,坑内埋有完整猪骨架 1 具,H265 是 F27 的奠基坑;2006 年的鉴定材料中包含一具完整的雌性成年猪骨架,可能与 H265 的猪具有同样的用途。此外,

〔1〕 周本雄:《山东兖州王因新石器时代遗址出土的动物遗骸》,《山东王因——新石器时代遗址发掘报告》,科学出版社,2000 年,第 414~451 页。

〔2〕 石荣琳:《建新遗址的动物遗骸》,《枣庄建新——新石器时代遗址发掘报告》,科学出版社,1996 年,第 224 页;宋艳波、何德亮:《枣庄建新遗址 2006 年动物骨骼鉴定报告》,《海岱考古(第三辑)》,科学出版社,2010 年,第 224~226 页。

可鉴定标本数

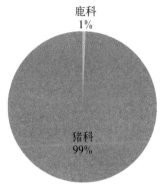

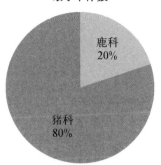

图 3.27　建新遗址大汶口文化时期哺乳动物可鉴定标本数比例示意图

图 3.28　建新遗址大汶口文化时期哺乳动物最小个体数比例示意图

在墓葬中也发现有随葬猪头的现象。

综合以上信息,笔者认为该遗址猪群中以家猪为主。

（3）大汶口遗址[1]

该遗址近年发掘出土的动物遗存由笔者指导学生鉴定,目前尚未发表。从现有资料来看,笔者认为该遗址的猪为家猪,主要判断依据包括以下几个方面:

① 形态学特征。我们对保存完整的 20 个下颌 M_3 的长度进行了测量,其数据分布于 34.4~46.51 毫米之间,平均值为 38 毫米。从测量数据来看,遗址猪群中应多数为家猪,只存在少量的野猪。

② 数量比例。猪科约占哺乳动物总可鉴定标本数的 79%（图 3.29）,占哺乳动物总最小个体数的 71%（图 3.30）。从数量比例来看,该遗址猪群中应主要为家猪。

③ 死亡年龄结构。小于 2 岁的未成年个体约占总个体数的 36%,明显以成年个体为主。

④ 特殊考古学文化现象。该遗址大汶口文化早期有 10 余座墓葬随葬有猪下颌骨、上颌骨及其他部位骨骼;大汶口文化中晚期有 50 余座墓葬随葬有猪头、猪下颌骨和其他部位骨骼。在 2012~2013 年发掘还发现两个灰坑（H19 和 H20）有葬猪的现象。此外,该遗址还曾经发现过 1 件陶猪形鬶（T74⑤：22）。

〔1〕　山东省文物管理处、济南市博物馆:《大汶口——新石器时代墓葬发掘报告》,文物出版社,1974 年;山东省文物考古研究所:《大汶口续集——大汶口遗址第二、三次发掘报告》,科学出版社,1997 年;山东省文物考古研究所:《山东泰安市大汶口遗址 2012~2013 年发掘简报》,《考古》2015 年第 10 期,第 7~24+2 页;高明奎、梅圆圆:《山东泰安大汶口遗址》,《黄淮七省考古新发现（2011~2017）》,大象出版社,2019 年,第 102~105 页。

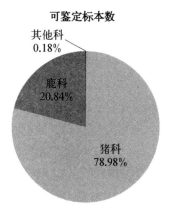

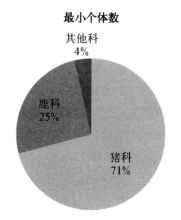

图 3.29　大汶口遗址大汶口文化时
期哺乳动物可鉴定标本数
比例分布示意图

图 3.30　大汶口遗址大汶口文化时
期哺乳动物最小个体数比
例分布示意图

综合以上信息,笔者认为该遗址从大汶口文化早期开始就存在家猪,到大汶口文化晚期,猪群中应以家猪为主,家猪饲养年龄有偏大的现象。

(4) 梁王城遗址[1]

该遗址出土动物由笔者鉴定,笔者认为该遗址出土的猪均为家猪,主要依据包括以下几个方面:

① 形态学特征。M_3 萌出且保存完整的标本只有 1 件,其长度为 37.26 毫米,应属家猪。

② 数量比例。该遗址动物主要集中出土于墓葬中,笔者将居住类遗迹与墓葬中出土的动物分别进行统计。居住类遗迹中,猪科占哺乳动物总可鉴定标本数的 25%(图 3.31),占哺乳动物总最小个体数的 33%(图 3.32)。墓葬中,猪科占哺乳动物总可鉴定标本数的 68%(图 3.33),占哺乳动物总最小个体数的 57%(图 3.34)。综合来看,猪是先民利用最多的动物。

③ 死亡年龄结构。小于 2 岁的未成年个体约占总个体数的 60%。明显以未成年个体为主,符合家猪猪群的特征。

④ 特殊考古学文化现象。该遗址大量猪骨出自墓葬中,且多数出自随葬器物内,明显是作为肉食随葬的。

综合以上信息,笔者认为该遗址中有家猪存在,且该遗址猪群中应以家猪为主,家猪饲养水平较高。

---

[1]　宋艳波、林留根:《史前动物遗存分析》,《梁王城遗址发掘报告(史前卷)》,文物出版社,2013年,第 547~559 页。

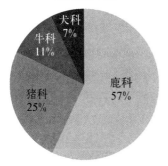

可鉴定标本数

图 3.31　梁王城遗址大汶口文化时期
居住类遗迹哺乳动物可鉴定
标本数比例分布示意图

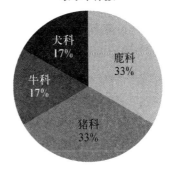

最小个体数

图 3.32　梁王城遗址大汶口文化时
期居住类遗迹哺乳动物最
小个体数比例分布示意图

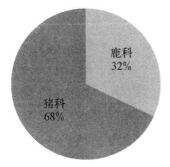

可鉴定标本数

图 3.33　梁王城遗址大汶口文化时
期墓葬中哺乳动物可鉴定
标本数比例分布示意图

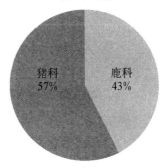

最小个体数

图 3.34　梁王城遗址大汶口文化时
期墓葬中哺乳动物最小个
体数比例分布示意图

（5）赵庄遗址[1]

笔者认为该遗址的猪为家猪，主要判断依据在于以下几个方面：

①形态学特征。我们对遗址中保存较为完整的 13 件下颌 M_3 进行长度测量，测量值在 31.47~40.22 毫米区间内，平均值为 37.46 毫米。从下颌 M_3 测量数据来看，遗址猪群是以家猪为主的，长度大于 40 毫米的仅 1 例，可能为野猪。

②数量比例。不统计兽坑骨骼的情况下，猪科占哺乳动物可鉴定标本总数的 65%（图 3.35），占哺乳动物总最小个体数的 63%（图 3.36）。兽坑骨骼统计在内的情况下，猪科占哺乳动物可鉴定标本总数的 88%（图 3.37），占哺乳动物总最小个体数的 64%（图 3.38）。综合来看，猪是先民利用最多的动物。

―――――――

〔1〕　江苏省考古研究所发掘所获，由笔者指导学生鉴定，目前尚未发表。

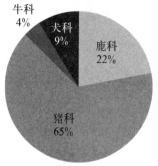

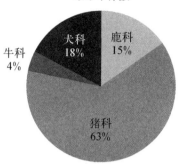

图 3.35　赵庄遗址大汶口文化时期哺乳
动物可鉴定标本数比例分布示
意图(未计入兽坑骨骼)

图 3.36　赵庄遗址大汶口文化时期哺乳
动物最小个体数比例分布示意
图(未计入兽坑骨骼)

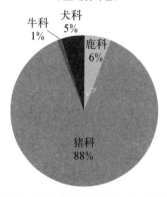

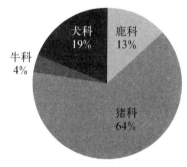

图 3.37　赵庄遗址大汶口文化时期哺乳
动物可鉴定标本数比例分布示
意图(计入兽坑骨骼)

图 3.38　赵庄遗址大汶口文化时期哺乳
动物最小个体数比例分布示意
图(计入兽坑骨骼)

③ 死亡年龄结构。小于 2 岁的未成年个体占总个体数的 76%,明显以未成年为主,说明遗址猪群中大部分应为家猪。

④ 特殊考古学文化现象。发掘过程中发现兽坑 7 个,其中 5 个都埋有基本完整的猪骨架,这种特殊埋藏现象说明先民对猪的特殊利用。

综合以上信息,笔者认为该遗址猪群中存在家猪,且应以家猪为主。

(6) 焦家遗址[1]

该遗址的猪为家猪,判断依据主要包括以下几个方面:

---

[1]　王杰:《章丘焦家遗址 2017 年出土大汶口文化中晚期动物遗存研究》,山东大学硕士学位论文,2019 年。

① 形态学特征。研究者对保存完整的 30 个下颌 M_3 的长度进行测量,测量值位于 29.29~44.91 毫米之间,平均值为 38.08 毫米。从测量数据来看,遗址中显然存在较多的家猪。

② 数量比例。猪科占哺乳动物可鉴定标本总数的 56.61%(图 3.39),占哺乳动物总最小个体数的 62%(图 3.40)。从数量比例来看,猪显然是先民利用最多的动物。

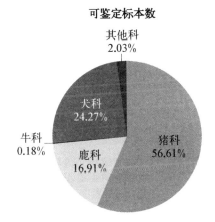 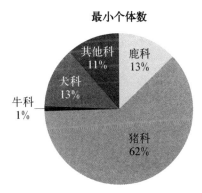

图 3.39 焦家遗址大汶口文化时期哺乳动物可鉴定标本数比例分布示意图　　图 3.40 焦家遗址大汶口文化时期哺乳动物最小个体数分布示意图

③ 死亡年龄结构。小于 2 岁的未成年个体占总个体数的 53.8%,明显以未成年个体为主,显示出家猪猪群的特征。

④ 特殊考古学文化现象观察。该遗址在 2017 年的发掘中既发现有完整猪骨架埋藏的灰坑,也发现器物坑内有较多数量的猪趾骨,多座墓葬中也都发现有随葬猪骨的现象。此外,在调查时还曾经发现 2 件陶猪(ZJ:647 和 ZJ:648)。这些都属于先民对猪这种动物的特殊利用,说明先民与猪之间关系比较密切。

综合以上信息,笔者认为焦家遗址出土猪群中存在家猪,且应以家猪为主。

(7)大仲家遗址[1]

研究者认为该遗址的猪为家猪,主要判断依据包括以下三个方面:

〔1〕 中国社会科学院考古研究所:《胶东半岛贝丘遗址环境考古》,社会科学文献出版社,2007 年,第 182~190 页。

① 数量比例。猪科占哺乳动物可鉴定标本总数的 97.92%（图 3.41），占哺乳动物总最小个体数的 83%（图 3.42）。这一比例构成说明猪是先民利用最多的哺乳动物。

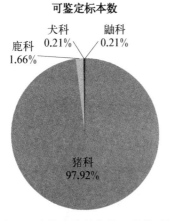

图 3.41 大仲家遗址大汶口文化时期哺乳动物可鉴定标本数分布示意图

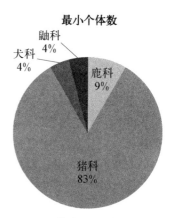

图 3.42 大仲家遗址大汶口文化时期哺乳动物最小个体数比例分布示意图

② 死亡年龄结构。猪的年龄结构中 2 岁以下的占绝大多数，说明以未成年个体为主，符合家猪饲养的特征。

③ 特殊考古学文化。发现 2 例专门埋葬小猪（未成年猪）的现象，显然属于先民对猪的特殊利用。

综合以上信息，该遗址发现的猪应为家猪。

（8）北阡遗址[1]

该遗址由笔者鉴定，笔者认为该遗址存在家猪，判断依据包括以下几个方面：

① 形态学特征。笔者对保存完整的 36 件下颌 M_3 的长度进行测量，测量值在 30.3~42.95 毫米之间，平均值为 36.72 毫米。这一测量数据说明遗址猪群中存在较多数量的家猪。

② 数量比例。猪科在哺乳动物总可鉴定标本数中占 78.41%（图 3.43），在哺乳动物总最小个体数中占 66.48%（图 3.44）。这一比例构成说明猪是先民利用最多的哺乳动物。

---

〔1〕 宋艳波：《即墨北阡遗址 2007 年出土动物遗存分析》，《考古》2011 年第 11 期，第 14~18 页；宋艳波：《北阡遗址 2009、2011 年度出土动物遗存初步分析》，《东方考古（第 10 集）》，科学出版社，2013 年，第 194~215 页。

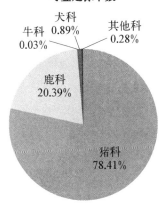

图 3.43　北阡遗址大汶口文化时期哺乳动物可鉴定标本数比例分布示意图

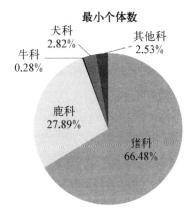

图 3.44　北阡遗址大汶口文化时期哺乳动物最小个体数比例分布示意图

③ 死亡年龄结构。小于 2 岁的未成年个体约占总个体数的 50%,成年个体与未成年个体比例基本相当。

④ 特殊考古学文化现象。遗址发现墓葬中有随葬猪骨的现象,显示出先民对该动物的特殊利用。

⑤ 食性分析。针对猪骨的 C、N 稳定同位素[1] 检测结果可将猪群分为两组,一组以 C3 类植物为食,可能代表野猪;一组以 C3 和 C4 类植物为食,可能代表家猪。

综合以上信息,笔者认为北阡遗址猪群中可能同时存在家猪和野猪,但应以家猪为主,部分家猪可能会采取放养的饲养方式,饲养年龄偏大。

(9) 蛤堆顶遗址[2]

该遗址出土动物由笔者鉴定,笔者认为该遗址中存在家猪。判断依据主要包括以下几个方面:

① 形态学特征。笔者对保存完整的 91 件下颌 M3 的长度进行测量,测量值在 29.46~43.7 毫米之间,平均值为 35.62 毫米。这一测量数据说明猪群中应存在较多家猪。

② 数量比例。猪科在全部哺乳动物可鉴定标本中占 86.37%(图 3.45),占

〔1〕 王芬、宋艳波、李宝硕、樊榕、靳桂云、苑世领:《北阡遗址人和动物骨的 C,N 稳定同位素分析》,《中国科学:地球科学》2013 年第 43 卷第 12 期,第 2029~2036 页。

〔2〕 宋艳波、王泽冰、赵文丫、王杰:《牟平蛤堆顶遗址出土动物遗存研究报告》,《东方考古(第 14 集)》,科学出版社,2018 年,第 245~268+368~370 页。

哺乳动物总最小个体数的 81%（图 3.46）。这一数量比例说明猪为先民利用最多的哺乳动物。

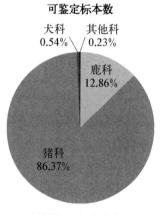

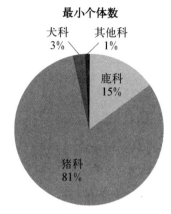

图 3.45　蛤堆顶遗址大汶口文化时期哺乳动物可鉴定标本数比例分布示意图

图 3.46　蛤堆顶遗址大汶口文化时期哺乳动物最小个体数比例分布示意图

③ 死亡年龄结构。大于 2 岁的成年个体约占总个体数的 55%，明显以成年个体为主，说明该遗址猪的死亡年龄偏大。

④ 食性分析。我们选取了二十余件不同个体的猪的标本进行 C、N 稳定同位素检测，检测结果目前尚未发表。初步结果显示，大部分猪都是以 C3 类植物为食的，基本未受人类饮食活动的影响，推测可能采取的是放养的饲养方式。

综合来看，笔者认为蛤堆顶遗址猪群中存在家猪，且应以家猪为主，先民采取放养的方式饲养家猪，家猪年龄普遍偏大。

（10）尉迟寺遗址[1]

该遗址研究者认为遗址中存在家猪，其判断依据主要包括以下几个方面：

① 形态学特征。研究者测量了 15 件下颌 M_3 的长度数据，测量值在 30.1 ~ 43.98 毫米之间，平均值为 36.7 毫米。

② 数量比例。猪科在哺乳动物总可鉴定标本数中占 42.34%（图 3.47），占哺乳动物总最小个体数的 52%（图 3.48）。这一比例构成表明猪是先民利用最多的哺乳动物之一。

〔1〕　袁靖、陈亮：《尉迟寺遗址动物骨骼研究报告》，《蒙城尉迟寺——皖北新石器时代聚落遗存的发掘与研究》，科学出版社，2001 年，第 424~441 页；罗运兵、吕鹏、杨梦菲、袁靖：《动物骨骼鉴定报告》，《蒙城尉迟寺（第二部）》，科学出版社，2007 年，第 306~327 页。

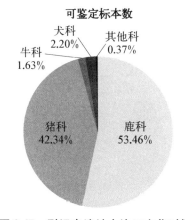
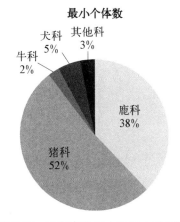

图 3.47　尉迟寺遗址大汶口文化时期哺乳动物可鉴定标本数比例分布示意图

图 3.48　尉迟寺遗址大汶口文化时期哺乳动物最小个体数比例分布示意图

③ 死亡年龄结构。综合来看,2 岁以下的未成年个体占比超过80%,死亡年龄具有家猪饲养的特征。

④ 特殊考古学文化现象。遗址中有 9 座墓葬随葬猪骨、7 座兽坑出土猪骨架。这些都说明先民对猪这种动物的特殊利用。

综合来看,该遗址猪群中存在家猪,且应以家猪为主,家猪饲养年龄普遍较小。

(11) 金寨遗址[1]

该遗址动物遗存由笔者指导学生鉴定,我们认为该遗址中的猪为家猪,判断依据如下:

① 形态学特征。我们对保存完整的 32 件下颌 M_3 的长度数据进行了测量,测量值为 30.78~42.84 毫米之间,平均值为 36.63 毫米。这一测量数据显示出猪群中多数应为家猪。

② 数量比例。居住区统计结果显示,猪科占该区域哺乳动物可鉴定标本总数的 94%;墓葬区和居住区综合统计结果也显示,猪科占哺乳动物可鉴定标本总数的 94%(图 3.49),占哺乳动物总最小个体数的 78%(图 3.50)。这一比例关系表明猪是先民利用最多的动物。

③ 死亡年龄结构。大于 2 岁的成年个体仅占总个体数的 18%,明显以未成年个体为主,显示出家猪饲养的典型特征。

④ 特殊考古学文化现象。有 4 座墓葬发现猪骨随葬的现象,判断为祭祀坑

〔1〕 宋艳波、乙海琳、张小雷:《安徽萧县金寨遗址(2016、2017)动物遗存分析》,《东南文化》2020年第 3 期,第 104~111 页。

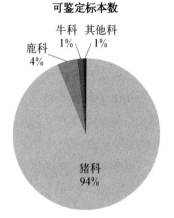

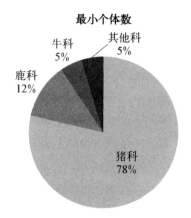

图 3.49 金寨遗址大汶口文化时期哺乳动物可鉴定标本数比例分布示意图

图 3.50 金寨遗址大汶口文化时期哺乳动物最小个体数比例分布示意图

的遗迹中出土的骨骼也多为猪骨,显示出先民对猪的特殊利用。

综合以上信息,该遗址猪群明显以家猪为主,且家猪饲养水平较高。

(12)后铁营遗址[1]

研究者认为该遗址存在家猪,主要判断依据如下:

① 形态学特征。能够测量的下颌 M_3 长度为 39.29 和 41.94 毫米,可能存在野猪;发现 2 例线性釉质发育不全现象(包括疑似),总体发现率并不高,说明当时猪群的生存压力较小。

② 数量比例。猪科占哺乳动物总可鉴定标本数的 44%(图 3.51),占哺乳动物总最小个体数的 34%(图 3.52)。从这一比例关系来看,猪科仅次于鹿科,应为先民利用最多的哺乳动物之一。

③ 死亡年龄结构。结合猪下颌骨和肢骨骨骺的情况来看,该遗址的猪绝大多数在青壮年时期被宰杀,符合家猪的饲养特征。

综合以上信息,该遗址猪群中应存在较多家猪,家猪饲养水平较高。

(13)万北遗址[2]

该遗址 2015 年发掘出土的动物遗存由笔者指导学生鉴定,结果尚未发表。

---

〔1〕 戴玲玲、张东:《安徽省亳州后铁营遗址出土动物骨骼研究》,《南方文物》2018 年第 1 期,第 142~150 页。

〔2〕 林夏、甘恢元:《江苏沭阳万北遗址》,《大众考古》2016 年第 9 期,第 12~13+98 页;甘恢元:《江苏沭阳万北遗址第四次考古发掘》,《黄淮七省考古新发现(2011~2017)》,大象出版社,2019 年,第 100~101 页。

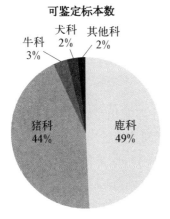

图 3.51　后铁营遗址大汶口文化时期哺乳动物可鉴定标本数比例分布示意图

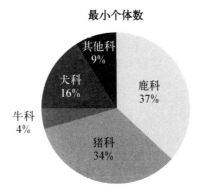

图 3.52　后铁营遗址大汶口文化时期哺乳动物最小个体数比例分布示意图

从目前时代确定的遗迹出土的动物情况来看,笔者认为该遗址存在家猪,判断依据主要包括以下几个方面:

① 形态学特征。笔者测量了保存完整的 17 件下颌 M_3 的长度,数值分布于 $33.01 \sim 42.12$ 毫米之间,平均值为 38.34 毫米。从 M_3 平均值数据来看,猪群中是存在家猪的,部分测量数据偏大的标本可能属于野猪。

② 数量比例。猪科数量占总哺乳动物可鉴定标本数的 24%(图 3.53),占哺乳动物总最小个体数的 38%(图 3.54)。从数量比例来看,猪科仅次于鹿科,是先民利用最多的动物之一。

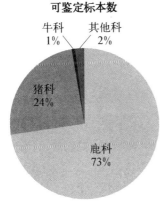

图 3.53　万北遗址大汶口文化时期哺乳动物可鉴定标本数比例分布示意图

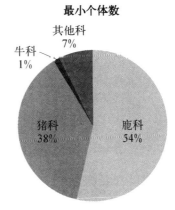

图 3.54　万北遗址大汶口文化时期哺乳动物最小个体数比例分布示意图

③ 死亡年龄结构。以 2 岁为界,未成年个体占总个体数的 61%。从这一比例来看,遗址猪群中应存在数量较多的家猪。

综合以上信息,笔者认为该遗址猪群中存在数量较多的家猪,同时也存在部分野猪。

2. 讨论与分析

大汶口文化时期,做过动物考古研究的遗址中鉴定出了猪骨,很多未做过专门动物考古研究的遗址发掘简报和报告中也都提到该遗址出土有猪。多数遗址中都鉴定出有家猪存在,主要鉴定依据包括形态学特征、数量比例、死亡年龄结构和特殊考古学文化现象。

从形态学特征来看,本时期出土的猪,下颌 M_3 长度测量数据偏大(大于 40 毫米)的标本数量约占总可测量标本数的 15%,相比北辛文化时期大大降低。说明随着饲养时间的增长,猪的形态特征变化更加明显;少量测量数据较大的标本,有可能为野猪或饲养年龄较大的雄性家猪。

从数量比例来看,本时期多数遗址中猪的比例都是最高的(超过 50%),少数遗址(如后铁营遗址)猪科比例虽然要小于鹿科,但总体比例仍然比较高(图 3.55)。与北辛文化时期相比,本时期各遗址家猪饲养规模都比较大,可见先民在本时期加强了对家猪的饲养和利用。

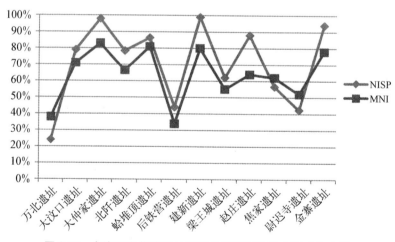

图 3.55　大汶口文化诸遗址猪科比例(NISP 和 MNI)示意图

从死亡年龄结构来看,除大汶口文化早期的大汶口、北阡和蛤堆顶遗址成年个体比重稍高外,其余遗址均以未成年个体为主(图 3.56)。同属大汶口文化早期的遗址中,万北和后铁营遗址显示出与上述三个遗址明显不同的特征,说明该时期遗址间家猪饲养水平还存在一定的差异,与北辛文化时期的特征比较一致;

到大汶口文化晚期,各遗址均以未成年个体为主,显示出该时期各遗址间家猪的饲养规模和饲养水平相差不大。

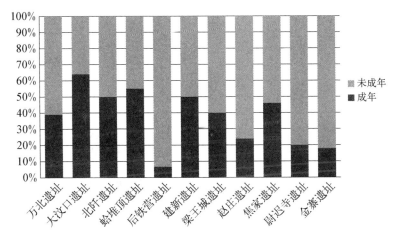

图 3.56　大汶口文化诸遗址猪的死亡年龄结构比例示意图

本时期在多个遗址中都发现有在灰坑或房址中埋藏猪的完整骨架或部分骨骼的现象(如上文提及的大汶口、王因、大仲家、焦家、建新、赵庄和尉迟寺等),这些遗迹现象是先民祭祀、奠基等行为的表现,表明猪这种常见的动物对先民来说可能有着特殊的含义。

各地区都发现有在墓葬中埋藏猪骨(包括完整骨架、头骨、下颌骨、蹄骨、肋骨和牙等)的现象,这一现象,从大汶口文化早期到晚期都有发现。从随葬数量上来看,早期墓葬中一般较少(以 1~2 件为多),中晚期墓葬逐渐增多,很多墓葬中都发现有二三十件,有的墓葬总共随葬了 37 块猪下颌骨。这一变化说明从大汶口文化早期到晚期,家猪饲养水平是在不断发展的,晚期的饲养水平明显要高于早期,可以提供更多的此类随葬肉食。

综合以上分析,笔者认为,大汶口文化早期,不同区域(遗址)间家猪饲养水平可能还存在一定的差异;但到大汶口文化晚期,这种差异已经消失,各遗址家猪饲养规模都比较大,饲养水平较高;先民对猪的利用方式除获取肉食资源外,还会将其随葬墓中,或用作仪式性动物(如祭祀、奠基等)。

四、龙山文化时期

从上文的分析可知,到大汶口文化晚期,海岱地区各遗址中家猪饲养规模都比较大,饲养水平都比较高,这种家猪饲养特征到龙山文化时期是否发生了变化呢? 下文将着重从形态学特征、数量比例、死亡年龄结构和特殊考古学文化现象观察的角度,分析各遗址出土猪群的特征。

1. 典型遗址内发现的猪

(1) 桐林遗址[1]

① 数量比例。猪科占哺乳动物可鉴定标本总数的76%(图3.57),占哺乳动物总最小个体数的63%(图3.58)。

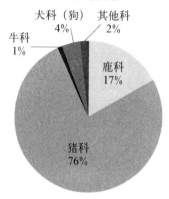

图3.57 桐林遗址龙山文化时期哺乳动物可鉴定标本数比例分布示意图

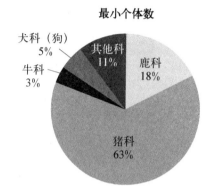

图3.58 桐林遗址龙山文化时期哺乳动物最小个体数比例分布示意图

② 死亡年龄结构。小于2岁的未成年个体约占总个体数的77%。

(2) 教场铺遗址[2]

① 形态学特征。5件下颌 M_3 的长度测量值位于32.92~42.19毫米之间,平均值为36.49毫米。

② 数量比例。猪科占哺乳动物可鉴定标本总数的36%(图3.59),占哺乳动物总最小个体数的50%(图3.60)。

③ 死亡年龄结构。小于2岁的未成年个体占总个体数的63%。

④ 考古学文化现象。3个灰坑埋葬有完整的猪骨架。

(3) 城子崖遗址[3]

① 形态学特征。可供测量的下颌 M_3 只有1件,长度为32.3毫米。

② 数量比例。猪科占哺乳动物可鉴定标本总数的34%(图3.61),占哺乳动物总最小个体数的29%(图3.62)。

---

[1] 张颖:《山东桐林遗址动物骨骼分析》,北京大学学士学位论文,2006年。
[2] 材料来自中国社会科学院考古研究所山东工作队,由笔者鉴定分析,目前尚未发表。
[3] 材料为山东省文物考古研究院发掘所获,由笔者指导学生鉴定,目前尚未发表。

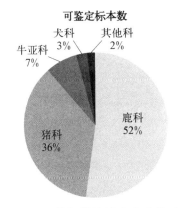

图 3.59　教场铺遗址龙山文化时
期哺乳动物可鉴定标本
数比例分布示意图

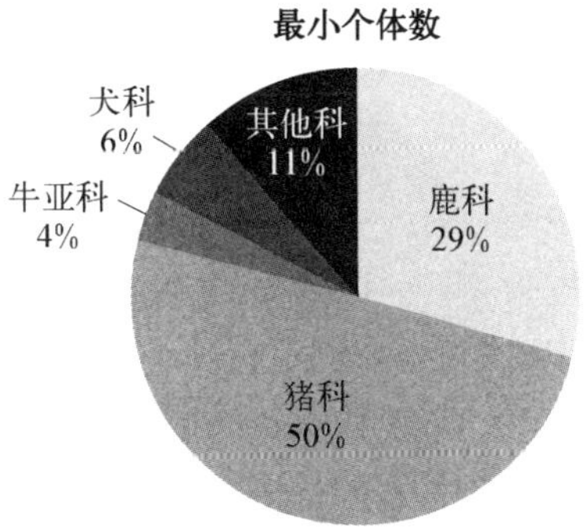

图 3.60　教场铺遗址龙山文化时期哺
乳动物最小个体数比例分布
示意图

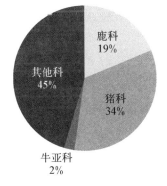

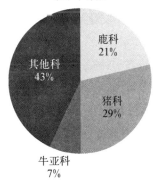

图 3.61　城子崖遗址龙山文化时
期哺乳动物可鉴定标本
数比例分布示意图

图 3.62　城子崖遗址龙山文化时
期哺乳动物最小个体数
比例分布示意图

③ 死亡年龄结构。2 岁以下未成年个体占总个体数的 75%。

（4）边线王遗址[1]

① 形态学特征。4 件下颌 M_3 的长度测量值位于 31.77～43.45 毫米之间，平均值为 39.05 毫米。

② 数量比例。猪科占哺乳动物可鉴定标本总数的 68%[2]（图 3.63），占哺乳动物总最小个体数的 79%（图 3.64）。

---

〔1〕　宋艳波、王永波：《寿光边线王龙山文化城址出土动物遗存分析》，《龙山文化与早期文明——第 22 届国际历史科学大会章丘卫星会议文集》，文物出版社，2017 年，第 204～212 页。

〔2〕　猪坑中的骨骼数量并未统计在内，如若统计在内，则猪科的比例会更高。

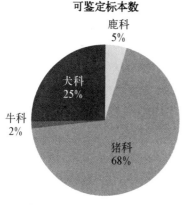

图 3.63 边线王遗址龙山文化时期哺乳动物可鉴定标本数比例分布示意图

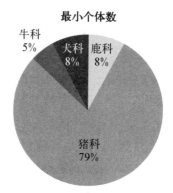

图 3.64 边线王遗址龙山文化时期哺乳动物最小个体数比例分布示意图

③ 死亡年龄结构。小于 2 岁的未成年个体占总个体数的 43%。

④ 考古学文化现象。遗址中发现 8 座灰坑埋葬有完整或部分完整的猪骨架。

（5）丁公遗址[1]

① 形态学特征。18 件下颌 M_3 的长度测量值位于 27.87~45.48 毫米之间，平均值 37.22 毫米。

② 数量比例。猪科占哺乳动物可鉴定标本总数的 66%（图 3.65），占哺乳动物总最小个体数的 69%（图 3.66）。

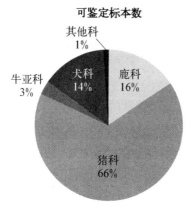

图 3.65 丁公遗址龙山文化时期哺乳动物可鉴定标本数比例分布示意图

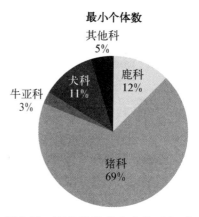

图 3.66 丁公遗址龙山文化时期哺乳动物最小个体数比例分布示意图

---

〔1〕 饶小艳：《邹平丁公遗址龙山文化时期动物遗存研究》，山东大学硕士学位论文，2014 年。

③ 死亡年龄结构。小于 2 岁的未成年个体占总个体数的 63%。

④ 特殊考古学文化现象。多座墓葬中都发现有葬猪的现象。

⑤ 食性分析。依照 C、N 稳定同位素检测结果[1]可将猪分为两组,一组以 C3 类植物为食,一组以 C4 类植物为食。

(6) 黄桑院遗址[2]

① 形态学特征。仅 1 件下颌 M_3 长度可测量,为 36 毫米。

② 数量比例。猪科占哺乳动物可鉴定标本总数的 29%(图 3.67),占哺乳动物总最小个体数的 30%(图 3.68)。

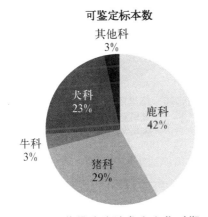
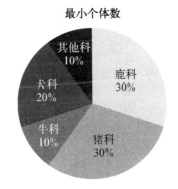

可鉴定标本数

最小个体数

图 3.67　黄桑院遗址龙山文化时期哺乳动物可鉴定标本数比例分布示意图

图 3.68　黄桑院遗址龙山文化时期哺乳动物可鉴定标本数比例分布示意图

③ 死亡年龄结构。小于 2 岁的未成年个体占总个体数的 67%。

(7) 尹家城遗址[3]

① 数量比例。猪科占哺乳动物可鉴定标本总数的 30%(图 3.69)。

② 死亡年龄结构。幼猪比例非常高。

③ 考古学文化现象。墓葬中随葬有幼猪下颌骨(118 件以上)。

(8) 庄里西遗址[4]

① 数量比例。猪科占哺乳动物总可鉴定标本数的 63%(图 3.70),占哺乳动

〔1〕 王一帆:《丁公遗址动物骨骼碳氮稳定同位素分析》,山东大学学士学位论文,2017 年。

〔2〕 王悦:《章丘黄桑院 2012 年动物遗存研究》,山东大学学士学位论文,2019 年。

〔3〕 卢浩泉、周才武:《山东泗水县尹家城遗址出土动、植物标本鉴定报告》,《泗水尹家城》,文物出版社,1990 年,第 350~352 页。

〔4〕 宋艳波、宋嘉莉、何德亮:《山东滕州庄里西龙山文化遗址出土动物遗存分析》,《东方考古(第 9 集)》,科学出版社,2012 年,第 609~626 页。

物总最小个体数的 43%(图 3.71)。

② 死亡年龄。小于 2 岁的未成年个体约占总个体数的 80%。

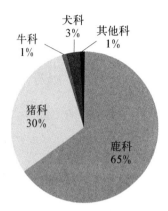

图 3.69 尹家城遗址龙山文化时期
哺乳动物可鉴定标本数比
例分布示意图

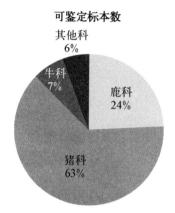

图 3.70 庄里西遗址龙山文化时期
哺乳动物可鉴定标本数比
例分布示意图

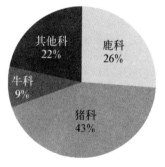

图 3.71 庄里西遗址龙山文化
时期哺乳动物最小个
体数比例分布示意图

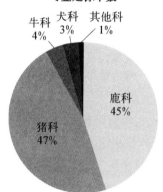

图 3.72 二疏城遗址龙山文化时
期哺乳动物可鉴定标本
数比例分布示意图

(9) 二疏城遗址[1]

① 形态学特征。4 件下颌 M_3 长度可测量,测量值位于 30.55~39.15 毫米之间,平均值为 35.26 毫米。

② 数量比例。猪科占哺乳动物可鉴定标本总数的 47%(图 3.72),占哺乳动

〔1〕 郎婧真:《枣庄二疏城遗址龙山文化时期动物遗存分析》,山东大学学士学位论文,2020 年。

物总最小个体数的 53%（图 3.73）。

③ 死亡年龄结构。小于 2 岁的未成年个体约占总个体数的 68%。

（10）西孟庄遗址[1]

① 数量比例。猪科占哺乳动物可鉴定标本总数的 16%（图 3.74），占哺乳动物总最小个体数的 20%（图 3.75）。

② 死亡年龄结构。小于 2 岁的未成年个体约占总个体数的 50%。

（11）东盘遗址[2]

① 数量比例。猪科占哺乳动物可鉴定标本总数的 48%（图 3.76），占哺乳动物总最小个体数的 52%（图 3.77）。

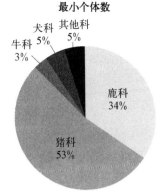

图 3.73 二疏城遗址龙山文化时期哺乳动物最小个体数比例分布示意图

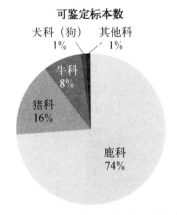

图 3.74 西孟庄遗址龙山文化时期哺乳动物可鉴定标本数比例分布示意图

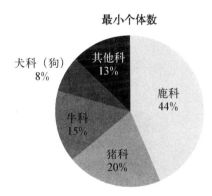

图 3.75 西孟庄遗址龙山文化时期哺乳动物最小个体数比例分布示意图

② 死亡年龄结构。小于 2 岁的未成年个体约占总个体数的 67%。

（12）后杨官庄遗址[3]

① 形态学特征。4 件下颌 M_3 长度可测量，测量值位于 33.79～42.39 毫米之间，平均值为 38.58 毫米。

〔1〕 材料为山东省文物考古研究院发掘所获，由笔者指导学生鉴定，目前尚未发表。

〔2〕 宋艳波、刘延常、徐倩倩：《临沭东盘遗址龙山文化时期动物遗存鉴定报告》，《海岱考古（第十辑）》，科学出版社，2017 年，第 139～149 页。

〔3〕 宋艳波、李倩、何德亮：《苍山后杨官庄遗址动物遗存分析报告》，《海岱考古（第六辑）》，科学出版社，2013 年，第 108～132 页。

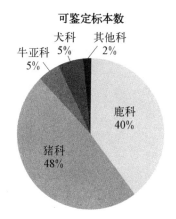

图 3.76　东盘遗址龙山文化时期哺乳动物可鉴定标本数比例分布示意图

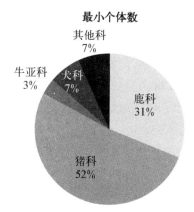

图 3.77　东盘遗址龙山文化时期哺乳动物最小个体数比例分布示意图

② 数量比例。猪科占哺乳动物可鉴定标本总数的 32%(图 3.78),占哺乳动物总最小个体数的 24%(图 3.79)。

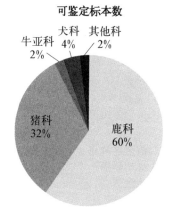

图 3.78　后杨官庄遗址龙山文化时期哺乳动物可鉴定标本数比例分布示意图

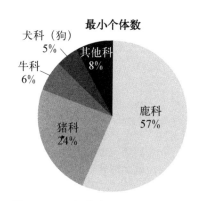

图 3.79　后杨官庄遗址龙山文化时期哺乳动物最小个体数比例分布示意图

③ 死亡年龄结构。小于 2 岁的未成年个体约占总个体数的 60%。

④ 食性分析。C、N 稳定同位素检测结果[1]显示猪按照食物来源可分为两组,一组以 C3 类植物为食,一组以 C4 类植物为食。

---

〔1〕　陈松涛:《海岱地区龙山时代的生业与社会》,山东大学博士学位论文,2019 年,第 207 页。

（13）两城镇遗址[1]

① 数量比例。猪科占哺乳动物可鉴定标本总数的 95.41%（图 3.80），占哺乳动物总最小个体数的 48%（图 3.81）。

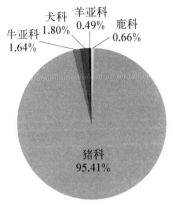

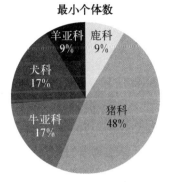

图 3.80　两城镇遗址龙山文化时期哺乳动物可鉴定标本数比例分布示意图

图 3.81　两城镇遗址龙山文化时期哺乳动物最小个体数比例分布示意图

② 死亡年龄结构。小于 2 岁的未成年个体约占总个体数的 31%。

（14）藤花落遗址[2]

① 形态学特征。仅 1 件下颌 M_3 长度测量数据，为 37.5 毫米。

② 数量比例。猪科占哺乳动物可鉴定标本总数的 54%（图 3.82），占哺乳动物总最小个体数的 43%（图 3.83）。

③ 死亡年龄结构。成年个体比例更高，研究者认为该遗址出土的猪多为野猪。

（15）午台遗址[3]

① 形态学特征。27 件下颌 M_3 长度可测量，测量值位于 32.87～41.57 毫米之间，平均值为 37.64 毫米。

② 数量比例。猪科占哺乳动物可鉴定标本总数的 76%（图 3.84），占哺乳动物总最小个体数的 70%（图 3.85）。

〔1〕　白黛娜（Deborah Bekken）著，彭娟、林明昊译：《动物遗存研究》，《两城镇——1998～2001 年发掘报告》，文物出版社，2016 年，第 1056～1071 页。

〔2〕　汤卓炜、林留根、周润垦、盛之翰、张萌：《江苏连云港藤花落遗址动物遗存初步研究》，《藤花落——连云港市新石器时代遗址考古发掘报告（下）》，科学出版社，2014 年，第 654～679 页。

〔3〕　材料为烟台市博物馆发掘所获，由笔者指导学生鉴定，目前尚未发表。

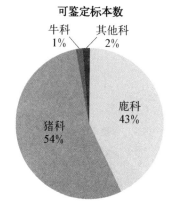

图 3.82　藤花落遗址龙山文化时期哺乳动物可鉴定标本数比例分布示意图

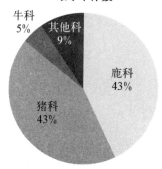

图 3.83　藤花落遗址龙山文化时期哺乳动物最小个体数比例分布示意图

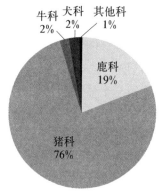

图 3.84　午台遗址龙山文化时期哺乳动物可鉴定标本数比例分布示意图

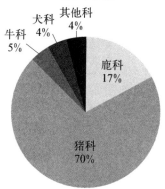

图 3.85　午台遗址龙山文化时期哺乳动物最小个体数比例分布示意图

③ 死亡年龄结构。小于 2 岁的未成年个体约占总个体数的 52%。

④ 特殊考古学文化现象。多座墓葬中发现猪的骨骼,以下颌骨为主。

(16) 尉迟寺遗址[1]

① 形态学特征。11 件下颌 M_3 长度可测量,测量值位于 28~44.6 毫米之间,平均值为 34.12 毫米。

② 数量比例。猪科占哺乳动物可鉴定标本总数的 44%(图 3.86),占哺乳动

---

〔1〕　袁靖、陈亮:《尉迟寺遗址动物骨骼研究报告》,《蒙城尉迟寺——皖北新石器时代聚落遗存的发掘与研究》,科学出版社,2001 年,第 424~441 页;罗运兵、吕鹏、杨梦菲、袁靖:《动物骨骼鉴定报告》,《蒙城尉迟寺(第二部)》,科学出版社,2007 年,第 306~327 页。

物总最小个体数的 50%(图 3.87)。

③ 死亡年龄结构。小于 2 岁的未成年个体超过总个体数的 85%。

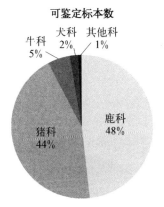 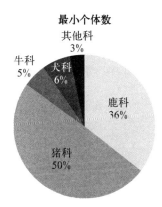

图 3.86　尉迟寺遗址龙山文化时期
哺乳动物可鉴定标本数比
例分布示意图

图 3.87　尉迟寺遗址龙山文化时
期哺乳动物最小个体数
比例分布示意图

(17) 芦城孜遗址[1]

① 形态学特征。5 件下颌 M_3 长度可测量,测量值位于 31.78～39.16 毫米之间,平均值为 35.91 毫米。

② 数量比例。猪科占哺乳动物可鉴定标本总数的 23%(图 3.88),占哺乳动物总最小个体数的 29%(图 3.89)。

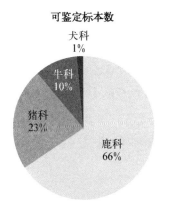 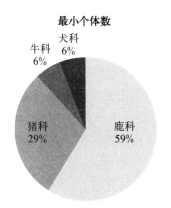

图 3.88　芦城孜遗址龙山文化时期
哺乳动物可鉴定标本数比
例分布示意图

图 3.89　芦城孜遗址龙山文化时期
哺乳动物最小个体数比例
分布示意图

〔1〕　宋艳波、饶小艳、贾庆元:《宿州芦城孜遗址动物骨骼鉴定报告》,《宿州芦城孜》,文物出版社,
2016 年,第 369～387 页。

③ 死亡年龄结构。小于 2 岁的未成年个体超过总个体数的 50%。

(18) 十里铺北遗址[1]

① 形态学特征。2 件下颌 M₃ 的测量数据分别为 38.07 和 35.58 毫米,平均值为 36.83 毫米。

② 数量比例。猪科约占哺乳动物可鉴定标本总数的 58%(图 3.90),约占哺乳动物总最小个体数的 35%(图 3.91)。

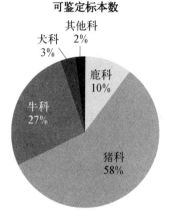

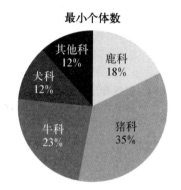

图 3.90　十里铺北遗址龙山文化时期哺乳动物可鉴定标本数比例分布示意图

图 3.91　十里铺北遗址龙山文化时期哺乳动物最小个体数比例分布示意图

③ 死亡年龄结构。小于 2 岁的未成年个体占总个体数的 50%。

(19) 山台寺遗址[2]

① 形态学特征。17 件下颌 M₃ 的测量数据分布在 29.28~41.42 毫米的范围内,平均值为 35.1 毫米。

② 数量比例。猪科约占哺乳动物可鉴定标本总数的 19%(图 3.92),约占哺乳动物总最小个体数的 28%(图 3.93)。

③ 死亡年龄结构。从下颌骨反映的死亡年龄来看,小于 2 岁的未成年个体占 72.7%。

2. 讨论与分析

上文我们列举了 19 处龙山文化时期的遗址出土猪科遗存的形态学、数量比

〔1〕　何曼潇:《山东定陶十里铺北遗址动物考古研究》,山东大学硕士学位论文,2021 年。
〔2〕　中国社会科学院考古研究所科技考古中心动物考古实验室:《河南柘城山台寺遗址出土动物遗骸研究报告》,《豫东考古报告——"中国商丘地区早商文明探索"野外勘查与发掘》,科学出版社,2017 年,第 367~393 页。

可鉴定标本数

最小个体数

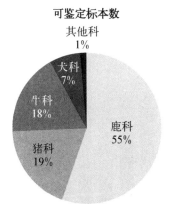

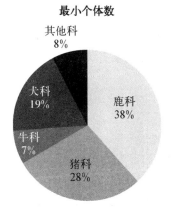

图 3.92 山台寺遗址龙山文化时
期哺乳动物可鉴定标本
数比例分布示意图

图 3.93 山台寺遗址龙山文化
时期哺乳动物最小个
体数比例分布示意图

例、死亡年龄结构和特殊考古学文化现象等特征。

各遗址猪科在哺乳动物中的比例情况如图 3.94 所示,在两城镇、庄里西、丁
公、边线王和桐林这几处等级较高的遗址中,猪的比例都比较高。我们也可以看
出,在城子崖、黄桑院、西孟庄、后杨官庄和芦城孜这些遗址中,猪的比例相对较
低,其中除城子崖遗址外,其余遗址鹿科动物的比例都是最高的;城子崖遗址情
况与众不同,小型哺乳动物的比例是最高的,这应该与该遗址鉴定的动物遗存中
包含有浮选所获的小型动物遗存有关。

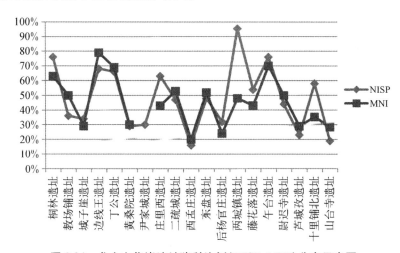

图 3.94 龙山文化诸遗址猪科比例(NISP、MNI)分布示意图

从各遗址猪的死亡年龄结构来看(图 3.95),大多数遗址都是以未成年个体
为主的,表明本时期各区域先民都承继了大汶口文化中晚期以来稳定的家猪饲

养业。边线王和两城镇遗址显示以成年个体为主,边线王遗址可能与先民对特殊埋藏猪骨的选择有关,而两城镇遗址则可能与其埋藏状况较差、幼年个体较难保存下来的因素有关。

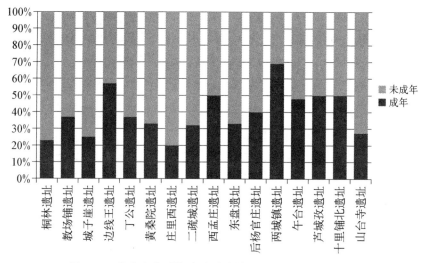

图 3.95　龙山文化时期诸遗址猪的死亡年龄结构示意图

龙山文化时期,先民继承了大汶口文化先民用猪的传统,各遗址都保证有一定规模的家猪饲养,以提供先民所需的稳定的肉食资源;利用猪骨(主要是下颌骨)作为随葬动物;在一些特殊场合或活动中使用完整或部分完整的猪,可能是用作祭品。

五、小结

总的来说,海岱地区新石器时代诸遗址中普遍出现了猪的材料,最早的家猪出现在后李文化时期的鲁北地区,可能为本地驯化的品种;鲁南苏北皖北和胶东半岛地区在北辛文化时期也开始出现家猪。各地区最早出现的家猪,其形态学特征与野猪比较接近,遗址猪群中既存在家猪也存在野猪。

从形态学特征来看(图 3.96,表 3.1),从后李文化到大汶口文化时期,下颌 M_3 的长度测量值呈现逐步变小的趋势;大汶口文化晚期到龙山文化时期,这一数值则相对比较稳定,说明家猪的形态特征在这段时间变化不大。

从猪科在哺乳动物中占的比例来看(图 3.97),从后李文化到大汶口文化时期,猪科的比例呈现上升的趋势;从大汶口文化晚期到龙山文化时期,则略微呈现下降的趋势;龙山文化时期,存在遗址间的明显差异。说明从后李文化到大汶

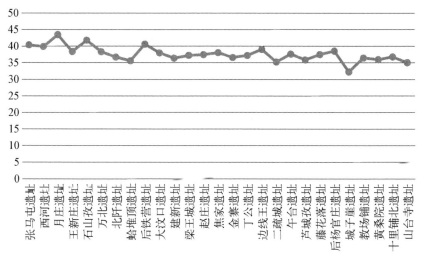

图 3.96　海岱地区新石器时代猪下颌 M_3 长度平均值演变示意图

表 3.1　海岱地区新石器时代各遗址出土猪下颌 M_3 长度测量数据一览表

遗 址	下颌 M_3 长度平均值（毫米）	所属时期	标本数量（件）	测量值区间（毫米）
张马屯遗址	40.45	后李文化早期	1	
西河遗址	39.95	后李文化时期	3	35.3～48.44
月庄遗址	43.55	后李文化晚期	1	
王新庄遗址	38.4	北辛文化早中期	3	31.54～43.44
石山孜遗址	41.85	北辛文化早中期	4	38.86～44.01
万北遗址	38.34	大汶口文化早期	17	33.01～42.85
北阡遗址	36.72	大汶口文化早期	36	30.3～42.95
蛤堆顶遗址	35.62	大汶口文化早期	91	29.46～43.7
后铁营遗址	40.62	大汶口文化早期	2	39.29～41.94
大汶口遗址	38	大汶口文化早期	20	34.4～46.51
建新遗址	36.41	大汶口文化晚期	2	36.16～36.65
梁王城遗址	37.26	大汶口文化晚期	1	
赵庄遗址	37.46	大汶口文化晚期	13	31.47～40.22
焦家遗址	38.08	大汶口文化晚期	30	29.29～44.91

续　表

遗　址	下颌 M_3 长度平均值（毫米）	所属时期	标本数量（件）	测量值区间（毫米）
金寨遗址	36.63	大汶口文化晚期	32	30.78~42.84
丁公遗址	37.22	龙山文化早期到晚期	18	27.87~45.48
边线王遗址	39.05	龙山文化早期到晚期	4	31.77~43.45
二疏城遗址	35.26	龙山文化早期到晚期	4	30.55~39.15
午台遗址	37.64	龙山文化早期	27	32.87~41.57
芦城孜遗址	35.91	龙山文化时期	5	31.78~39.16
藤花落遗址	37.5	龙山文化时期	1	
后杨官庄遗址	38.58	龙山文化时期	4	33.79~42.39
城子崖遗址	32.3	龙山文化时期	1	
教场铺遗址	36.49	龙山文化中晚期	5	32.92~42.19
黄桑院遗址	36	龙山文化时期	1	
十里铺北遗址	36.83	龙山文化中晚期	2	35.58~38.07
山台寺遗址	35.1	龙山文化早期到晚期	17	29.28~41.42

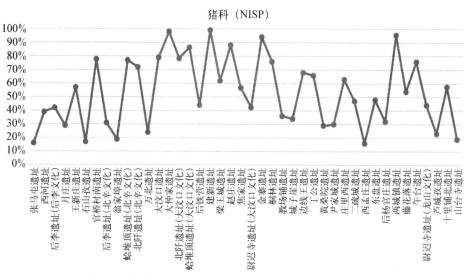

图 3.97　海岱地区新石器时代猪科比例（NISP）演变示意图

口文化时期,家猪饲养规模是在逐步扩大的;到大汶口文化时期(尤其是晚期阶段),家猪饲养规模发展程度最高;到龙山文化时期,家猪饲养规模略有下降。不同等级聚落间存在差异。

从猪的死亡年龄结构来看(图3.98),后李文化到北辛文化早中期,各遗址猪群都是以成年个体为主的;北辛文化晚期到大汶口文化早期,不同小区之间成年和未成年个体比例有着较大的差别,显示出区域间家猪饲养规模和饲养水平的不平衡;从大汶口文化晚期开始,各遗址基本都是以未成年个体为主的,这一特征一直延续到龙山文化时期(个别遗址呈现出不同特征)。说明海岱地区的家猪饲养在大汶口文化晚期达到较高水平,且一直延续到之后的龙山文化时期。

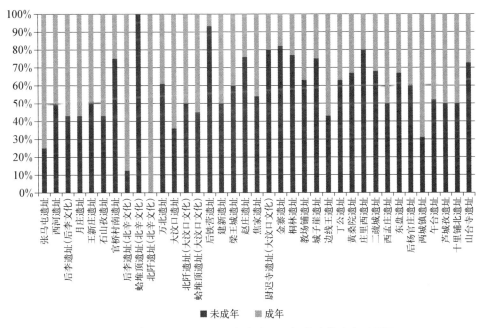

图3.98　海岱地区新石器时代猪的死亡年龄结构演变示意图

笔者认为,在驯化的初期,由于技术水平的限制,先民可能会在饲养较长时间达到一定肥硕程度后再进行宰杀,从而导致壮年个体数量较多;而随着饲养技术的不断进步,越来越多的猪会在青年时期被宰杀。海岱地区从后李文化到大汶口文化时期的家猪死亡年龄结构总体上呈现的正是这样一种趋势。

目前发表的动物骨骼 C、N 稳定同位素检测结果,主要包括后李文化时期的月庄遗址、大汶口文化早期的北阡遗址和龙山文化时期的丁公遗址。此外,山东大学陈松涛博士还对大汶口文化早期的蛤堆顶遗址、大汶口文化晚期的大汶口遗址、龙山文化时期的午台和后杨官庄遗址出土动物进行了 C、N 稳定同位素的检测,其检测结果尚未发表。从各遗址猪骨的食性分析结果来看(图3.99),与大汶口文化时期相比,龙山文化时期猪的食物来源更偏向于C4类植物;除大汶口遗址和蛤堆顶遗址的猪只有一组(主要以C3类植物为食)外,其余遗址均可分为至少两组(主要以C3类植物为食和主要以C4类植物为食),说明在不同时期可能都同时存在家猪和野猪,或存在不同的饲养方式(放养和圈养)。

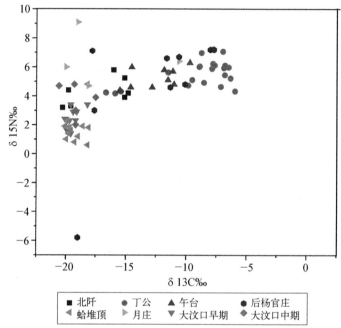

图3.99　海岱地区新石器时代猪骨的C,N稳定同位素结果[1]

先民对猪这类动物的利用方式,除获取所需的肉食资源外,还有着其他的方式。

从北辛文化时期开始,遗址中就出现有猪骨的特殊埋藏现象,如北辛遗址的H13、东贾柏遗址的F12等,这些猪骨的特殊埋藏应与其所属的遗迹(建筑)有关,应为先民举行某种仪式活动时使用的动物。这种动物的特殊埋藏现象,在大汶口文化和龙山文化时期多个遗址中也都有发现,说明海岱地区先民对猪的这

---

〔1〕　该图的原始数据出自以下文献:胡耀武、栾丰实、王守功、王昌燧、Michael P. Richards:《利用C,N稳定同位素分析法鉴别家猪与野猪的初步尝试》,《中国科学(D辑:地球科学)》2008年第6期,第693~700页;王芬、宋艳波、李宝硕、樊榕、靳桂云、苑世领:《北阡遗址人和动物骨的C,N稳定同位素分析》,《中国科学:地球科学》2013年第43卷第12期,第2029~2036页;王一帆:《丁公遗址动物骨骼碳氮稳定同位素分析》,山东大学学士学位论文,2017年;陈松涛:《海岱地区龙山时代的生业与社会》,山东大学博士学位论文,2019年,第204、207页;承蒙陈松涛博士惠允使用蛤堆顶遗址、后杨官庄遗址和午台遗址数据。

种利用方式一直延续到新石器时代末期。

从大汶口文化早期开始,墓葬中开始出现随葬猪骨的现象,从大汶口文化早期到晚期,随葬猪骨的数量越来越多,这种葬俗也一直延续到龙山文化时期;同时,大汶口文化时期,遗址中出现数量较多的利用雄性成年猪的下颌犬齿制作的物品,这也可以视作先民对猪科动物的一种利用方式。

笔者认为无论是遗址灰坑中发现的猪骨特殊埋藏,还是墓葬中越来越多的猪骨随葬,都必须依赖于先民对家猪的饲养;到大汶口文化时期,家猪饲养达到一定的规模后,对于猪科动物的这些特殊利用方式才开始逐步增加并延续发展到龙山文化时期。

第二节　其他动物的出现与利用

本节我们将通过考古出土材料讨论狗、牛、羊、鸡和马在海岱地区新石器时代的发现情况。

一、狗的出现与利用

狗是人类最早驯化的家畜,有学者认为先民之所以驯养狗,是为了满足狩猎所需,而将其视作一种狩猎伙伴。最早的家狗可能出现在更新世晚期以来以采集狩猎经济为主的阶段,目前为止中国最早的狗发现于河北徐水的南庄头遗址[1]。判断狗是否驯化,一般使用较多的是形态学观察和特殊的考古学文化现象等方面的证据。下面分时期来讨论本地区狗的发现情况。

1. 后李文化时期

属于这一时期的多个遗址内都发现了中型犬科的遗存,形态学特征更接近于狗。

小荆山遗址[2]中发现了狗,研究者认为在家畜中,狗的遗骸仅次于家猪,出土遗骸至少可以代表 6 个个体。这些狗的头骨、牙齿均较小,与狼有较大差别,属于驯化类型。

前埠下遗址[3]中也发现有狗,研究者认为在家畜中,狗的材料仅次于家

〔1〕　傅罗文、袁靖、李水城:《论中国甘青地区新石器时代家养动物的来源及特征》,《考古》2009 年第 5 期,第 80~86 页。
〔2〕　孔庆生:《小荆山遗址中的动物遗骸》,《华夏考古》1996 年第 2 期,第 23~28 页。
〔3〕　孔庆生:《前埠下新石器时代遗址中的动物遗骸》,《山东省高速公路考古报告集(1997)》,科学出版社,2000 年,第 103~105 页。

猪,出土遗骸大致可以代表 21 个个体。这些狗的头骨、牙齿均较小,与狼有着显著差别,属于驯化种类。

月庄遗址[1]的一个灰坑内还发现了一具完整的狗骨架,推测可能用于祭祀或其他特殊用途,这种考古学文化现象体现出狗与人之间的密切关系。

经笔者鉴定的月庄、西河和张马屯等多个遗址内均发现有一定数量带有食肉类动物啃咬痕迹的骨骼存在,且部位多在肢骨的关节端,推测可能为狗啃咬筋腱后留下的遗存。

综合上述各个方面,笔者推测后李文化时期先民们可能已经驯养了狗,且狗与人之间的关系比较密切。小荆山和前埠下等遗址同时还发现有狼的遗骸,出土的狗与狼的材料差别非常明显,充分说明当时的狗已经经历了很长时间的驯化,狗的起源时间可能会更早。在早于后李文化的扁扁洞遗址中,我们也鉴定出 1 件犬科遗存,不能确定是否为狗的遗存。

2. 北辛文化时期

本时期,多个遗址中都发现有狗(表 2.2、2.3),虽然多未写明判断依据,但据笔者推测可能都是通过形态学观察而得出的结论,说明狗在当时已经算是比较普及的家畜了。而且在玉皇顶[2]遗址中狗的遗骸数量还是所有动物中最多的,约可代表七八个不同性别、不同年龄的个体,说明其家养化程度较高。

3. 大汶口文化时期

本时期,大多数遗址中都发现有狗的遗存(表 2.5、2.6、2.7 和 2.8),除居住类遗迹外,还在墓葬中发现狗的遗存。如刘林遗址[3]、大墩子遗址[4]、花厅遗址[5]和焦家遗址[6]墓葬中都随葬有狗骨架(完整或部分完整)。

此外,本时期房址或灰坑中也发现有狗骨的特殊埋藏现象,如王因遗址[7]

[1] 宋艳波:《济南长清月庄 2003 年出土动物遗存分析》,《考古学研究(七)》,科学出版社,2008 年,第 519~531 页。
[2] 钟蓓:《济宁玉皇顶遗址中的动物遗骸》,《海岱考古(第三辑)》,科学出版社,2010 年,第 98~99 页。
[3] 江苏省文物工作队:《江苏邳县刘林新石器时代遗址第一次发掘》,《考古学报》1962 年第 1 期,第 81~98 页;南京博物院:《江苏邳县刘林新石器时代遗址第二次发掘》,《考古学报》1965 年第 2 期,第 9~47 页。
[4] 南京博物院:《江苏邳县四户镇大墩子遗址探掘报告》,《考古学报》1964 年第 2 期,第 9~56 页。
[5] 南京博物院:《花厅——新石器时代墓地发掘报告》,文物出版社,2003 年。
[6] 王杰:《章丘焦家遗址 2017 年出土大汶口文化中晚期动物遗存研究》,山东大学硕士学位论文,2019 年。
[7] 中国社会科学院考古研究所:《山东王因——新石器时代遗址发掘报告》,科学出版社,2000 年,第 73、75 页。

的 F5,房址的居住面上发现狗骨架一具;F3,在房址以西 3 米处发现一小坑,坑内发现狗骨架一具,此坑外边还有猪骨一堆,狗骨和猪骨与 F3 同层,或许与这座房子奠基有关。尉迟寺遗址[1]的兽坑 S1 埋有一具较完整的、年龄较小的狗骨架,背部弯曲、四肢似捆绑式。焦家遗址[2] F94、F95、H593、H670、H694、H830、H867、H870、H892、H923 和 H942 等均发现有完整或部分完整的狗骨架,可能与周边的房址或墓葬有关。赵庄遗址[3] SK2 和 SK6 中都发现了基本完整的狗骨架。

上述这些特殊的考古学文化现象充分说明了当时狗与先民之间的密切关系。墓葬中随葬的狗可能为墓主生前的伙伴或宠物,灰坑中发现的狗则可能被赋予了某种特殊的含义,代表了先民对神灵(或动物)等的崇拜。值得注意的是,墓葬中随葬狗的现象,除焦家遗址发现一例外,其余均发现于苏北和皖北地区,似乎带有一定的地区特色。

4. 龙山文化时期

本时期,仍然有多数遗址中都发现了狗的遗存(表 2.9、2.10、2.11、2.12 和 2.13)。与大汶口文化时期相比,本时期墓葬中未见有葬狗的现象。

三里河遗址[4]中发现了河卵石铺成的长方形遗迹,向南约 1.0 米,M102 之西约 0.7 米处,有一具完整的狗骨架,头向正东。狗骨架下,整齐地平铺着黑陶片七片,看来这具狗骨架是有意识放置的,从这种迹象分析,M102 与狗骨架、长方形河卵石遗迹三者有关,可能是作为特殊活动的一个场所。

很多遗址的灰坑中都发现有埋藏完整或部分完整狗骨的现象,如教场铺遗址[5]的 H443、景阳岗遗址[6]的 H8 和 H13、尚庄遗址[7]的 G1、边线王遗

---

〔1〕 中国社会科学院考古研究所:《蒙城尉迟寺——皖北新石器时代聚落遗存的发掘与研究》,科学出版社,2001 年,第 108 页。

〔2〕 土杰:《章丘焦家遗址 2017 年出土大汶口文化中晚期动物遗存研究》,山东大学硕士学位论文,2019 年。

〔3〕 乙海琳:《淮河流域大汶口文化晚期的动物资源利用——以金寨、赵庄遗址为例》,山东大学硕士学位论文,2019 年。

〔4〕 中国社会科学院考古研究所.《胶县三里河》,文物出版社,1988 年,第 18 页。

〔5〕 材料来自中国社会科学院考古研究所山东工作队,由笔者鉴定分析,目前尚未发表。

〔6〕 山东省文物考古研究所、聊城地区文化局文物研究室:《山东阳谷县景阳岗龙山文化城址调查与试掘》,《考古》1997 年第 5 期,第 17 页。

〔7〕 山东省博物馆、聊城地区文化局、茌平县文化馆:《山东茌平县尚庄遗址第一次发掘简报》,《文物》1978 年第 4 期,第 36 页;山东省文物考古研究所《茌平尚庄新石器时代遗址》,《考古学报》1985 年第 4 期,第 478、480 页。

址[1]的 H95 和外城西门、尹家城遗址[2]的 H69、砣矶岛大口遗址[3]的兽坑、丁公遗址[4]的 H38 和 H192 等。

5. 小结

从目前的发现来看,海岱地区后李文化时期多个遗址中已经鉴定出狗的存在,其形态学特征与狼差别较大,说明已经经历了较长时间的驯化过程,处于驯化的成熟阶段。当然,仅凭形态学证据还不能完全确定狗的存在,目前我们已经联合中国科学院古脊椎动物与古人类研究所,采集山东地区多个遗址出土狗骨的样品,准备做一系列的 DNA 检测工作,期待能够为狗在山东地区的来源与传播提供更多的证据。

狗是人类最忠实的朋友,先民驯化狗的主要目的,并不是为了吃肉,因此狗的遗存数量在大多数遗址中比例都比较低。

我们在多个遗址中都鉴定出了一定数量带有食肉动物啃咬痕迹的骨骼,推测应与先民将食剩的还带有筋腱的动物用来喂狗的行为有关。

少数遗址出土狗的数量比例稍高,这样的遗址中一般都存在先民对狗的特殊利用行为。如边线王遗址,狗的可鉴定标本数占哺乳动物总可鉴定标本数的25%;丁公遗址狗的可鉴定标本数和最小个体数在哺乳动物中的比例都超过10%;焦家遗址狗的可鉴定标本数在哺乳动物中的比例也超过 20%;赵庄遗址狗的最小个体数在哺乳动物中的比例接近20%。在这些遗址中都发现有完整狗骨架埋藏的现象,说明在特殊仪式或活动中使用整狗是先民对狗的利用方式之一,可能是先民对神灵(或动物)崇拜的一种表现。

墓葬中随葬完整的狗,并非用作肉食,这些狗可能是墓主人生前的宠物或伙伴,与墓主之间关系比较密切。

二、牛的出现与利用

牛亚科,又可分为水牛属与黄牛属,通常以牛来代表黄牛属动物。从形态学上来看,水牛属与黄牛属最重要的区分在于角的形态特征,部分肢骨也存在一定的差异。由于遗址中发现的牛的遗存,大多比较破碎,给属种鉴定造成了很大的

[1] 宋艳波、王永波:《寿光边线王龙山文化城址出土动物遗存分析》,《龙山文化与早期文明——第 22 届国际历史科学大会章丘卫星会议文集》,文物出版社,2017 年,第 204~212 页。
[2] 山东大学历史系考古专业教研室:《泗水尹家城》,文物出版社,1990 年,第 32~34 页。
[3] 中国社会科学院考古研究所山东队:《山东省长岛县砣矶岛大口遗址》,《考古》1985 年第 12 期,第 1071 页。
[4] 饶小艳:《邹平丁公遗址龙山文化时期动物遗存研究》,山东大学硕士学位论文,2014 年。

困难,所以在没有发现牛角的情况且发现材料不多的情况下,很多研究者都会将其统称为牛科。

目前为止,中国最早的家养黄牛可能出现在距今四五千年前的甘青地区[1],下面我们将从遗址资料出发,重点探讨海岱地区家养黄牛出现的时间及先民对牛的利用方式。

1. 后李文化时期

本时期,做过动物考古研究工作的遗址中均鉴定出牛的遗存(表2.1)。其中月庄遗址[2]出土牛的数量较多,约占哺乳动物可鉴定标本总数的23%(图3.3);从最小个体数来看,约占哺乳动物总最小个体数的13%(图3.4)。从西河、月庄、张马屯和后李等遗址出土牛骨的形态学特征来看,均较为粗壮,更接近野牛的特征;没有发现具有鉴定意义的角,因此上述遗址中发现的牛,笔者都记为牛科。

前埠下遗址[3]中鉴定出有水牛的存在,研究者认为该遗址的牛为家养动物;小荆山[4]出土的牛也被认为属于家畜,但研究者也提出因材料较少而无法鉴定到种。笔者认为从现有证据来看,后李文化时期发现的牛科应为野生动物。

2. 北辛文化时期

本时期,做过动物考古研究工作的遗址中大多鉴定出牛的遗存(表2.3、2.4)。大部分遗址都未区分是黄牛还是水牛。与后李文化时期相比,本时期各遗址中出土的牛骨数量都非常少,在哺乳动物可鉴定标本数中占的比例均未超过5%。

关于王因遗址[5]的研究中提及有黄牛和水牛的存在,且研究者认为二者均为家畜;对玉皇顶遗址[6]的研究中提及有牛的存在,认为是黄牛属的动物,

〔1〕 傅罗文、袁靖、李水城:《论中国甘青地区新石器时代家养动物的来源及特征》,《考古》2009年第5期,第82页。

〔2〕 宋艳波:《济南长清月庄2003年出土动物遗存分析》,《考古学研究(七)》,科学出版社,2008年,第519~531页。

〔3〕 孔庆生:《前埠下新石器时代遗址中的动物遗骸》,《山东省高速公路考古报告集(1997)》,科学出版社,2000年,第103~105页。

〔4〕 孔庆生:《小荆山遗址中的动物遗骸》,《华夏考古》1996年第2期,第23~28页。

〔5〕 周本雄:《山东兖州王因新石器时代遗址出土的动物遗骸》,《山东王因——新石器时代遗址发掘报告》,科学出版社,2000年,第68~69、414~451页。

〔6〕 钟蓓:《济宁玉皇顶遗址中的动物遗骸》,《海岱考古(第三辑)》,科学出版社,2010年,第98~99页。

但不能肯定是家畜;对大墩子遗址[1]的研究中提及有牛的存在,认为属于野生动物。

从笔者鉴定的王新庄、石山孜和后李等遗址出土的牛骨形态学特征来看,更接近野牛的特征。

综合以上信息,笔者认为本时期发现的牛应该也都为野生动物。

3. 大汶口文化时期

本时期,做过动物考古研究工作的遗址中也大多都鉴定出牛的遗存(表2.6、2.7、2.8)。大汶口文化早期的后铁营遗址鉴定出水牛和黄牛[2];大汶口文化晚期的尉迟寺遗址鉴定出圣水牛和黄牛[3]。本时期各遗址出土的牛骨数量都比较少,除后铁营遗址外,其余遗址出土的牛骨在哺乳动物可鉴定标本数中所占比例均不超过2%。

大墩子遗址[4]中随葬有牛下颌等,花厅遗址[5]中随葬有牛肋骨和牛牙,大汶口遗址[6]中随葬有牛头。由于墓葬中随葬的牛骨尚属零星发现,笔者认为还不能因此推断这一时期的牛为家养动物。

总的来说,本时期各遗址发现的牛骨数量还是太少,并不足以支撑起有关家养动物的讨论。从不同地区的情况来看,也存在着一定的差异:目前明确鉴定存在黄牛的遗址,主要分布于鲁豫皖地区,该地区在大汶口文化晚期可能已经出现家养黄牛;其他地区发现的牛,可能还是属于野生动物。

4. 龙山文化时期

本时期,做过动物考古研究工作的遗址中大都鉴定出牛的存在(表 2.10、2.11、2.12、2.13),且多数遗址均鉴定出黄牛的存在。与大汶口文化时期相比,本时期遗址出土牛骨的数量和比例均有所增加,教场铺、庄里西、西孟庄和芦城孜

---

[1] 南京博物院:《江苏邳县四户镇大墩子遗址探掘报告》,《考古学报》1964 年第 2 期,第 9~56 页。

[2] 戴玲玲、张东:《安徽省亳州后铁营遗址出土动物骨骼研究》,《南方文物》2018 年第 1 期,第 142~150 页。

[3] 袁靖、陈亮:《尉迟寺遗址动物骨骼研究报告》,《蒙城尉迟寺——皖北新石器时代聚落遗存的发掘与研究》,科学出版社,2001 年,第 424~441 页;罗运兵、吕鹏、杨梦菲、袁靖:《动物骨骼鉴定报告》,《蒙城尉迟寺(第二部)》,科学出版社,2007 年,第 306~327 页。

[4] 南京博物院:《江苏邳县四户镇大墩子遗址探掘报告》,《考古学报》1964 年第 2 期,第 9~56 页。

[5] 南京博物院:《花厅——新石器时代墓地发掘报告》,文物出版社,2003 年。

[6] 山东省文物考古研究所编:《大汶口续集——大汶口遗址第二、三发掘报告》,科学出版社,1997 年,第 109~138+222~230 页;山东省文物管理处、济南市博物馆:《大汶口——新石器时代墓葬发掘报告》,文物出版社,1974 年,第 8~33+134+136~155 页。

遗址出土的牛骨在哺乳动物可鉴定标本总数中的比例均超过5%,十里铺北和山台寺遗址的比例更是超过15%(图3.100)。

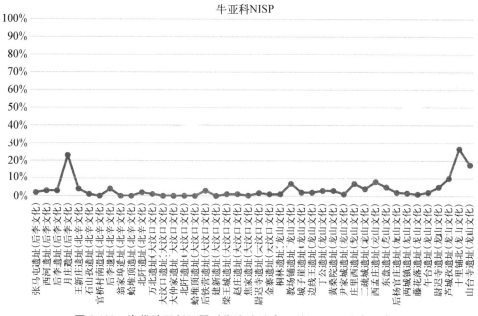

牛亚科NISP

图 3.100 海岱地区新石器时代诸遗址牛亚科(NISP)演变示意图

教场铺遗址[1]2002年发掘出土的牛的遗存表面发现有明显的人工痕迹,包括切割痕、切锯痕、砍砸痕等;发现的部分骨制成品和半成品,经鉴定其原材料即为牛的长骨骨骼。说明本时期先民对牛的利用,除获取肉食资源外,也会利用其骨骼来制作器物。

山台寺遗址[2]出土了埋藏有9头牛的祭祀坑,这是先民对牛这类动物利用的方式之一。

笔者认为,除鲁豫皖地区外,其他地区可能在本时期也陆续开始饲养黄牛。

5. 小结

总的来说,海岱地区新石器时代发现的牛的材料,经历了后李文化时期相对较多,北辛和大汶口文化时期相对较少,到龙山文化时期又逐渐增多这样一个变化过程(图3.96)。

---

〔1〕 材料来自中国社会科学院考古研究所山东工作队,由笔者鉴定分析,目前尚未发表。

〔2〕 中国社会科学院考古研究所科技考古中心动物考古实验室:《河南柘城山台寺遗址出土动物遗骸研究报告》,《豫东考古报告——"中国商丘地区早商文明探索"野外勘察与发掘》,科学出版社,2017年,第367~393页。

除山台寺外,各遗址中所发现的遗存一般都较为破碎,显示出先民对这些遗存的利用程度非常高,多数情况下会将骨骼敲碎。先民对牛的遗存的利用,笔者认为首先来自肉食的需要,牛的体型较大,先民狩猎一头野牛可获得的肉量抵得上7~8头野猪,5~6头家猪,8~9头大型鹿科动物;即使是家养的黄牛,其肉量也相当于1~2头家猪,1~2头大型鹿科动物。其次是利用牛肢骨较为厚重的骨体部分制作各种人工制品(包括生产和生活用具)。再次,是作为祭祀用品。目前尚未有相关的证据表明在新石器时代的海岱地区先民已经利用牛来从事牛耕;至于牛奶这类次级产品的开发是否存在,需要结合相关的科技检测工作(如陶器内壁残留物分析)来进行判断。

目前为止,关于家养黄牛的起源,根据吕鹏的研究,"中国家养黄牛的起源至少可以追溯至新石器时代末期晚段(约公元前2500至前2000年)……进一步而言,至少在齐家文化和河南龙山文化分布范围内的某些遗址已经驯化了黄牛,其分布范围为黄河流域上、中和下游地区"[1]。虽然从整个新石器时代的发现情况来看,牛在数量上从未达到优势地位,但是海岱地区中的鲁西豫东、鲁南区域靠近这些起源地,从地理位置而言在新石器文化较晚阶段出现家养黄牛还是有可能的。

关于水牛,中国境内家养水牛到底是起源于本土[2]还是由南亚地区传入[3],现在还有争议,海岱地区新石器时代发现的明确为水牛的材料非常少,从现有的发表资料来看,笔者认为缺乏判断是否为家养动物的依据,应该还属于野生种类。

三、羊的出现与利用

羊亚科又可分为山羊属和绵羊属,二者最大的区分在于羊角,其他部位的骨骼(如完整的头骨等)在一些细节方面也可以进行区分。由于遗址中发现的骨骼大多比较破碎,因此很多情况下研究者只能笼统地将其统称为羊。

目前为止,中国最早的家养绵羊可能出自五千多年前的甘青地区[4]。下面我们将从遗址资料出发,重点探讨海岱地区家养绵羊出现的时间及先民对其利用的方式。

〔1〕 吕鹏:《试论中国家养黄牛的起源》,《动物考古(第1辑)》,文物出版社,2010年,第152~167页。
〔2〕 浙江省文物考古研究所:《河姆渡:新石器时代遗址考古发掘报告》,文物出版社,2003年。
〔3〕 刘莉、杨东亚、陈星灿:《中国家养水牛起源初探》,《考古学报》2006年第2期,第141~178页。
〔4〕 傅罗文、袁靖、李水城:《论中国甘青地区新石器时代家养动物的来源及特征》,《考古》2009年第5期,第82页。

1. 后李文化时期

小荆山[1]和前埠下[2]遗址中鉴定出有羊的遗存,但研究者同时又说明由于数量较少缺乏鉴定到种的依据,因此可知这两个遗址发现的羊并非家养动物。

笔者鉴定的属于本时期的西河、月庄、后李和张马屯遗址中均未发现羊的遗存。

2. 北辛文化时期

本时期做过动物考古研究工作的遗址中,仅有大汶口[3]和玉皇顶[4]两个遗址鉴定出了羊的遗存,但这两个遗址鉴定报告中也都未说明其是否为家养动物。笔者根据文中提及的信息推测这两个遗址发现的羊并非家养动物。

笔者及所在实验室鉴定的属于本时期的王新庄、石山孜、官桥村南、前坝桥、黄崖、后李和北阡遗址中均未发现羊的遗存。

3. 大汶口文化时期

本时期做过动物考古研究工作的遗址中,只有西公桥[5]、玉皇顶[6]和五村[7]遗址发现有羊的材料,且发现的羊数量都不多;所发现的羊均未区分出是山羊还是绵羊,且都不能肯定为家养动物。

笔者及所在实验室鉴定的属于大汶口文化时期的大汶口、石山孜、建新、万北、梁王城、赵庄、高庄古城、后杨官庄、北阡、蛤堆顶、东初和焦家等遗址均未发现羊的遗存。

4. 龙山文化时期

本时期做过动物考古研究工作的遗址中,只有桐林[8]、教场铺[9]、城子

[1] 孔庆生:《小荆山遗址中的动物遗骸》,《华夏考古》1996年第2期,第23~28页。
[2] 孔庆生:《前埠下新石器时代遗址中的动物遗骸》,《山东省高速公路考古报告集(1997)》,科学出版社,2000年,第103~105页。
[3] 李有恒:《大汶口墓群的兽骨及其他动物骨骼》;叶祥奎:《我国首次发现的地平龟甲壳》,《大汶口——新石器时代墓葬发掘报告》,文物出版社,1974年,第156~163页。
[4] 钟蓓:《济宁玉皇顶遗址中的动物遗骸》,《海岱考古(第三辑)》,科学出版社,2010年,第98~99页。
[5] 钟蓓:《滕州西公桥遗址中出土的动物骨骼》,《海岱考古(第二辑)》,科学出版社,2007年,第238~240页。
[6] 钟蓓:《济宁玉皇顶遗址中的动物遗骸》,《海岱考古(第三辑)》,科学出版社,2010年,第98~99页。
[7] 孔庆生:《广饶县五村大汶口文化遗址中的动物遗骸》,《海岱考古(第一辑)》,山东大学出版社,1989年,第122~123页。
[8] 张颖:《山东桐林遗址动物骨骼分析》,北京大学学士学位论文,2006年。
[9] 材料来自中国社会科学院考古研究所山东工作队,由笔者鉴定分析,目前尚未发表。

崖[1]、丁公[2]、西朱封[3]、后杨官庄[4]、东盘[5]、尹家城[6]和两城镇[7]遗址中发现有羊的遗存。

根据丁公和西朱封遗址的出土材料,可以推断出本时期鲁北地区已经开始出现家养绵羊;鲁中南地区的尹家城遗址也将羊鉴定为家养动物;鲁东南地区遗址发现的羊目前尚不能判断是否为家养动物。

5. 小结

总的来说,海岱地区新石器时代遗址中发现有羊的遗址数量不多,且所发现的羊骨数量也都非常少。值得注意的是,龙山文化时期出现羊的遗址中,多数属于等级较高的城址或墓地,如桐林、丁公、城子崖、教场铺、两城镇和西朱封;少数为一般性聚落,如东盘和后杨官庄等。

从现有证据来看,笔者认为到龙山文化时期,鲁北地区等级较高的聚落(城址或大型墓葬中)开始出现家养绵羊,鲁中南地区和鲁东南地区的高等级聚落及一般性聚落中有可能也存在家养的羊,其他地区则未见羊的遗存。鉴于本地区在龙山文化时期之前很少发现羊的遗存,龙山文化时期开始在多个遗址中出现羊的遗存,说明这些羊有可能是从外地输入的。

因羊骨的出土量实在太少,我们难以据此探讨新石器时代先民是否利用羊毛或羊奶等次级产品的问题,当时先民对羊的利用方式可能只是获取肉食资源。

从目前的证据来看,我们尚不清楚家养绵羊是如何由西亚地区传入中国的,以及在中国境内的具体传播路线[8],未来需要加强在关键遗址的发掘和资料获取工作,同时也可借助 DNA 和同位素检测技术来尝试解决这一

〔1〕 梁思永:《墓葬与人类,兽类,鸟类之遗骨及介壳之遗壳》,国立中央研究院历史语言研究所:《城子崖——山东历城县龙山镇之黑陶文化遗址》,中国科学公司,1934 年,第 90~91 页。

〔2〕 饶小艳:《邹平丁公遗址龙山文化时期动物遗存研究》,山东大学硕士学位论文,2014 年。

〔3〕 吕鹏:《西朱封墓地出土动物遗存鉴定报告》,《临朐西朱封:山东龙山文化墓葬的发掘与研究》,文物出版社,2018 年,第 407~412 页。

〔4〕 宋艳波、李倩、何德亮:《苍山后杨官庄遗址动物遗存分析报告》,《海岱考古(第六辑)》,科学出版社,2013 年,第 108~132 页。

〔5〕 宋艳波、刘延常、徐倩倩:《临沭东盘遗址龙山文化时期动物遗存鉴定报告》,《海岱考古(第十辑)》,科学出版社,2017 年,第 139~149 页。

〔6〕 卢浩泉、周才武:《山东泗水县尹家城遗址出土动、植物标本鉴定报告》,《泗水尹家城》,文物出版社,1990 年,第 350~352 页。

〔7〕 白黛娜(Deborah Bekken)著,彭娟、林明昊译:《动物遗存研究》,《两城镇——1998~2001 年发掘报告》,文物出版社,2016 年,第 1056~1071 页。

〔8〕 李晓哲、宋艳波:《中国境内史前时期羊的发现与传播研究综述》,《东方考古(第 15集)》,科学出版社,2019 年,第 162~173 页。

问题。

四、鸡的出现?

目前为止,海岱地区新石器时代遗址中鉴定出有鸡的遗址包括小荆山[1]、前埠下[2]、北辛[3]、玉皇顶[4]、王因[5]、西公桥[6]、鲁家口[7]、石山孜[8]、五村[9]、尹家城[10]、西吴寺[11]和尉迟寺[12]遗址。

2013年,邓惠等在《中国古代家鸡的再探讨》[13]一文中,对包括上述遗址在内的国内全新世早中期遗址中出土的鸡,都做了材料的梳理和辨析,认为在新石器时代,中国还没有出现家养的鸡,目前考古遗址所见最早的家鸡出自殷墟。

根据目前的研究进展,笔者认为新石器时代海岱地区尚未出现家养的鸡,遗址中发现的"鸡"应为雉科中的某一属种,其出土数量也普遍不多,骨骼一般也呈现出破碎的状态,显然是被先民用作食物。除用作肉食外,并没有证据表明先民对雉科动物存在其他的利用方式。

---

〔1〕 孔庆生:《小荆山遗址中的动物遗骸》,《华夏考古》1996年第2期,第23~28页。

〔2〕 孔庆生:《前埠下新石器时代遗址中的动物遗骸》,《山东省高速公路考古报告集(1997)》,科学出版社,2000年,第103~105页。

〔3〕 中国社会科学院考古研究所山东队、山东省滕县博物馆:《山东滕县北辛遗址发掘报告》,《考古学报》1984年第2期,第159~191+264~273页。

〔4〕 钟蓓:《济宁玉皇顶遗址中的动物遗骸》,《海岱考古(第三辑)》,科学出版社,2010年,第98~99页。

〔5〕 周本雄:《山东兖州王因新石器时代遗址出土的动物遗骸》,《山东王因——新石器时代遗址发掘报告》,科学出版社,2000年,第414~416页。

〔6〕 钟蓓:《滕州西公桥遗址中出土的动物骨骼》,《海岱考古(第二辑)》,科学出版社,2007年,第238~240页。

〔7〕 中国社会科学院考古研究所山东队、山东省潍坊地区艺术馆:《潍县鲁家口新石器时代遗址》,《考古学报》1985年第3期,第313~351+403~410页。

〔8〕 安徽省文物考古研究所:《安徽濉溪县石山子遗址动物骨骼鉴定与研究》,《考古》1992年第3期,第253~262+293~294页。

〔9〕 孔庆生:《广饶县五村大汶口文化遗址中的动物遗骸》,《海岱考古(第一辑)》,山东大学出版社,1989年,第122~123页。

〔10〕 卢浩泉、周才武:《山东泗水县尹家城遗址出土动、植物标本鉴定报告》,《泗水尹家城》,文物出版社,1990年,第350~352页。

〔11〕 卢浩泉:《西吴寺遗址兽骨鉴定报告》,《兖州西吴寺》,文物出版社,1990年,第248~249页。

〔12〕 袁靖、陈亮:《尉迟寺遗址动物骨骼研究报告》,《蒙城尉迟寺——皖北新石器时代聚落遗存的发掘与研究》,科学出版社,2001年,第424~441页。

〔13〕 邓惠、袁靖、宋国定、王昌燧、江田真毅:《中国古代家鸡的再探讨》,《考古》2013年第6期,第83~96页。

五、马的出现?

目前为止,海岱地区新石器时代的遗址中只有小荆山[1]和城子崖遗址[2]的研究中提到有马的存在,这两个遗址均包含多个时期的堆积。小荆山遗址除后李文化时期外,还包含有汉代和宋金时期的堆积,研究者在鉴定报告中并未将动物遗存所属时期标示清楚,因此发现的马骨很有可能属于汉代或宋金时期。城子崖遗址同样包含多个时期的堆积,研究者同样未在鉴定报告中将不同时期的遗存区分开来,因此该遗址发现的马骨也很有可能是属于其他时期的遗存。

总的来说,海岱地区新石器时代发现的众多遗址中,仅小荆山和城子崖两处遗址鉴定出有马骨,出土数量均非常少,而且缺乏可鉴定到种的特征,结合上文的分析,这几件马骨很可能是属于两处遗址历史时期的遗存。因此,从现有发现来看,笔者认为在新石器时代,海岱地区并未发现马的遗存(包括野生和家畜)。

根据傅罗文等的研究,中国最早的家马出现于殷墟时期[3],而就海岱地区目前的发现来看,则有可能在中商到晚商时期开始出现家养的马。

第三节　小　　结

本章主要讨论了海岱地区猪、狗、牛、羊、鸡和马等几种家畜在新石器时代的出现、饲养与利用的问题。

综合现有资料,笔者认为在新石器时代,海岱地区明确存在的家养动物包括猪和狗两种,可能存在的家养动物为黄牛和绵羊,家养的鸡和马则未出现。

一、家猪

鲁北地区的家猪,最早可能出现于后李文化时期,可能为本地驯化的动物。本时期的猪正处于驯化的初期,形态学特征与野猪相差不大,各遗址猪的骨骼数量并不多,饲养年龄普遍偏大。

胶东半岛地区的家猪,最早应该出现于北辛文化晚期到大汶口文化早期,目前尚不清楚是否为本地驯化的动物。从其形态学特征来看,部分遗存与野猪差

〔1〕 孔庆生:《小荆山遗址中的动物遗骸》,《华夏考古》1996年第2期,第23~28页。

〔2〕 梁思永:《墓葬与人类、兽类,鸟类之遗骨及介壳之遗壳》,国立中央研究院历史语言研究所:《城子崖——山东历城县龙山镇之黑陶文化遗址》,中国科学公司,1934年,第90~91页。

〔3〕 傅罗文、袁靖、李水城:《论中国甘青地区新石器时代家养动物的来源及特征》,《考古》2009年第5期,第83页。

别较大,应为驯化饲养过一段时间后的结果。从这一点来说,该地区的家猪有可能为从别的地区(如鲁北地区)传入的。该地区各遗址家猪骨骼数量普遍较多,先民可能会采取不同的饲养方式饲养家猪,家猪饲养年龄普遍偏大。

鲁中南苏北、鲁豫皖和鲁东南地区的家猪,最早应该出现于北辛文化时期,目前尚不清楚是否为本地驯化的动物。从其形态学特征和死亡年龄结构等情况来看,与野猪猪群差别较大,应为驯化饲养过一段时间后的结果。从这一点来说,这些地区的家猪有可能也是从别的地区(如鲁北地区或中原地区)传入的。这些地区遗址间家猪骨骼数量分布并不均衡,有的遗址较多,有的遗址则很少,各遗址家猪饲养年龄普遍不大。

后李文化时期,先民驯化并饲养家猪主要是为了获取肉食,家猪的饲养水平与先民获取肉食资源的活动密切相关。到北辛文化时期,鲁中南苏北地区的先民开始利用家猪来从事一些祭祀活动。到大汶口文化时期,家猪饲养得到进一步发展,先民选择猪身体的不同部位随葬墓中,可能是用作肉食或其他用途。除上述利用方式外,入汶口文化时期先民还会利用雄性成年猪硕大的犬齿来制作所需的器物。大汶口文化晚期到龙山文化时期,家猪饲养水平进一步提高,家猪骨骼在各遗址中数量都比较多;本时期出现的阶层分化现象,其表现之一就是大型墓葬中开始出现集中埋藏数量较多的猪下颌骨的现象。

二、家犬(狗)

海岱地区新石器时代大多数遗址中都发现有狗的遗存。

鲁北地区的狗,至迟在后李文化时期就已经出现,本时期的狗从形态学上已经与狼区分很大了,说明其起源时间应该更早。目前资料尚不足以讨论狗是否为本地驯化的问题,也许将来的 DNA 分析结果能够解决这一问题。这一时期月庄遗址灰坑中发现了整狗埋藏的现象,显示出狗这种动物的特殊用途。

鲁中南苏北和鲁豫皖地区的狗,最早应该出现于北辛文化时期。在北辛文化到大汶口文化早期阶段,墓葬中出现随葬整狗骨架的现象,说明这些狗可能为墓主人生前的伙伴或宠物。

胶东半岛地区的狗,至迟在北辛文化晚期到大汶口文化早期阶段已经出现。

自后李文化到龙山文化时期,狗骨的比例在哺乳动物中普遍较低,少数比例偏高的遗址中都存在对狗骨架的特殊利用。加上狗本身出肉量较少,说明先民驯化并饲养狗的主要目的并非获取肉食资源,而是利用其其他方面的特性。

从大汶口文化到龙山文化时期,鲁北、鲁中南苏北、鲁豫皖和胶东半岛地区均发现有埋藏完整或部分完整狗骨架的灰坑,有的离房址较近或发现于房址地面或基槽中,有的离墓葬较近,说明先民会在一些特殊仪式活动(如奠基或墓祭)中使用狗。

三、黄牛

海岱地区新石器时代很多遗址中都发现有牛的遗存,其中多数为野生动物。鲁中南苏北地区和鲁豫皖地区,可能在大汶口文化晚期已经开始饲养黄牛,鲁北地区和胶东半岛地区则可能在龙山文化时期开始饲养黄牛。

各遗址发现的牛骨数量都相对较少,从现有证据来看,海岱地区出现的家养黄牛,很可能来自别的地区,而非本地驯化。先民饲养黄牛的主要目的还是获取肉食资源,有的遗址使用牛来祭祀,目前尚未有明确的证据证明先民对黄牛有劳役及奶产品等方面的开发和利用。

四、绵羊

海岱地区新石器时代只有少数遗址发现有羊的遗存,且数量都非常少。鲁北、鲁中南和鲁东南地区,可能在龙山文化时期开始饲养绵羊。从现有证据来看,海岱地区出现的家养绵羊,很可能来自别的地区,而非本地驯化。先民饲养绵羊的主要目的还是获取肉食资源,目前尚未有明确的证据证明先民对绵羊有羊毛或羊奶等方面的开发与利用。

总的来说,先民对不同动物有着不同的需求。根据现有研究成果,海岱地区新石器时代先民饲养家猪,主要是为获取肉食,同时也会利用其进行奠基或祭祀等活动;饲养黄牛,主要是为获取肉食,对其皮毛、奶和劳役等的利用目前尚缺乏证据而难以判断;饲养羊,主要是为获取肉食,对其皮毛和奶的利用目前尚缺乏证据而难以判断;饲养狗,可能是为帮助狩猎或看家护院,类似于后世文献记载的"田犬"或"守犬"[1]。

---

[1]　(汉)郑玄注,(唐)孔颖达正义,吕友仁整理:《礼记正义》,上海古籍出版社,2008年,第1400页"犬则执绁。守犬、田犬则授摈者,既受乃问犬名。"

第四章 动物资源的利用与
生业经济

　　本章的重点在于讨论海岱地区新石器时代先民对野生动物资源的利用,并在此基础上探讨动植物遗存显示的海岱地区新石器时代的生业经济特征及其发展演变过程。

第一节 野生动物资源的获取与利用

　　笔者在第三章集中讨论了海岱地区新石器时代家养动物的出现、饲养和利用等问题。从目前资料可知,后李文化和北辛文化时期猪和狗为家养动物,其余均为野生动物;大汶口文化晚期,除猪和狗外,一些地区的黄牛开始成为家养动物,其余为野生动物;龙山文化时期,除猪、狗和黄牛外,一些地区绵羊也开始成为家养动物,其余为野生动物。从第二章列举的各时期遗址出土动物情况可知,各个时期野生动物包含的属种都比较复杂,既包括瓣鳃纲、腹足纲为主的软体动物,也包括鱼纲、爬行纲、鸟纲和哺乳纲为主的脊椎动物。下面,我们将讨论先民对这些野生动物资源的获取和利用方式。

一、软体动物

　　本文讨论的软体动物,除属瓣鳃纲、腹足纲、头足纲等软体动物门的动物外,还包括少数遗址出土的属于节肢动物门的甲壳纲动物。

　　后李文化时期,先民主要生活在鲁北地区。本时期发现的遗址中,除月庄遗址外,均发现有数量不等的软体动物遗存(表2.1)。种属既包括剑状矛蚌、圆顶珠蚌、扭蚌属、楔蚌属、丽蚌属、篮蚬、扁蜷螺属、沼螺属、圆田螺属和蟹等淡水种类,也包括文蛤、青蛤等海产种类,以淡水种类为主。这些软体动物在先民所获动物群中比例都比较低(图4.1),说明其并非先民主要利用的动物,先民只是偶尔捕捞一些这样的软体动物来补充所需的肉食资源。该时期墓葬中发现有随葬软体动物的现象,说明除获取肉食资源外,先民还会利用软体动物随葬墓中。

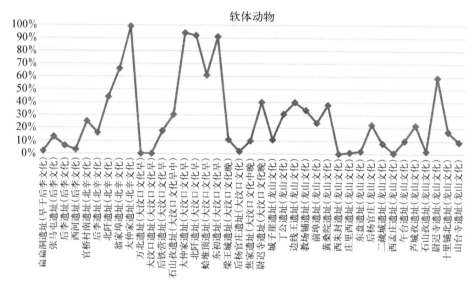

图4.1　海岱地区新石器时代诸遗址软体动物数量比例示意图

　　北辛文化时期,先民生活区域进一步扩大,对软体动物的利用程度也有所提高。鲁北地区与前一时期相比,软体动物的属种并未发生太大变化,但数量比例要比后李文化时期高(图4.1);鲁中南苏北地区发现的软体动物均为淡水种类(表2.3),各遗址间存在软体动物利用的不平衡现象,有的遗址(如官桥村南)软体动物利用明显要多一些;鲁豫皖地区目前未见任何的软体动物(图4.1);胶东半岛地区,软体动物的利用程度较高,有的遗址(如大仲家)软体动物的比例可达99%(图4.1),且发现的属种几乎全部为海产种类(表2.4),显示出本时期先民已经开始了对近海资源的开发与利用。

　　大汶口文化早期,先民对软体动物的利用达到顶峰。胶东半岛地区出现很多贝丘遗址,均出土有大量软体动物(图4.1),这些软体动物的构成非常复杂,以海洋种类为主(表2.6);鲁中南苏北和鲁豫皖地区的先民对软体动物的利用也大大增加(表2.6)。

　　大汶口文化晚期,各区域先民对软体动物的利用程度相比早期都有所降低。从总的数量比例来看,除尉迟寺遗址比例较高外,其余遗址都比较低,金寨、赵庄等区域中心聚落遗址均未发现软体动物遗存(表2.8,图4.1)。

　　龙山文化时期,各区域间呈现出明显不同的特征。鲁北地区,软体动物的比例较大汶口文化晚期有所增加(图4.1),尤其是几个高等级聚落(如丁公、边线王和教场铺等)中发现数量较多的蚌科遗存,从其保存状况推断可能为制作蚌器的原材料或废料,显示出该时期先民对软体动物新的利用方式;鲁南地区,软体动物的比例则较大汶口文化时期有所减少(图4.1,后杨官庄遗址发现大量螺壳,属于本地区比较特殊的遗址);皖北地区则保持与大汶口文化晚期一致的特征,对软体动物的利用仍然较多(图4.1);胶东半岛地区,先民仍然会利用海产软体动物(表2.11),但无论是数量还是种属繁杂程度,都远不如本地区大汶口文化早期的遗址,本时期本地区贝丘遗址已经消失。

总的来说,先民从后李文化时期就开始利用周边自然环境中的软体动物,先民捕捞软体动物主要是为获取肉食资源,同时也会利用蚌类随葬墓中;北辛文化时期,先民开始对近海资源进行开发与利用,其主要目的还是为获取肉食资源,有的遗址也会利用蚌类制作蚌器;到大汶口文化早期,不同地区先民对软体动物的利用程度都达到了史上最高程度,沿海地区出现大量贝丘遗址,墓葬中也开始随葬海产软体动物;大汶口文化晚期,各地区先民对软体动物的利用程度大大降低;龙山文化时期,鲁北地区等级较高的聚落中软体动物的比例大都比较高,主要为数量较多只能鉴定为蚌科的蚌壳残片,断面平齐,可能为制作蚌器的原料或副产品或废料。笔者指导学生针对丁公遗址出土的大量蚌类遗存进行蚌制品取料的模拟实验分析[1],结果表明三角帆蚌和椭圆背角无齿蚌极有可能是丁公遗址龙山文化时期蚌制品加工原料的主要来源,而这两种蚌类在遗址中均未发现保存完整的个体,表明先民对其主要的利用方式就是制作工具或装饰品。

二、鱼纲

后李文化时期出土的鱼类遗存,多为淡水种类(表2.1),在动物群中的比例也都比较高(图4.2)。结合各遗址出土的骨鱼镖和网坠等工具,笔者认为当时先民已经掌握一定的捕捞技术,会采取不同的方式获取不同的鱼类,其中底栖鱼类是先民主要捕获的对象。多数遗址中都发现有鱼骨大量集中出土的现象(如月庄的H61、西河的H358等),可能与遗址中部分先民对鱼类食物的特殊喜好有关。西河遗址在多个房址内都发现有装在陶器内的鱼骨遗存,如F301:17陶釜、F304:29陶釜和F39:3陶釜[2]内,陶釜为煮食器,这种现象说明先民可能会

---

〔1〕 姜富胜、宋艳波:《丁公遗址龙山文化时期蚌制品原料研究——蚌制品取料加工的模拟实验》,《海岱考古(第十二辑)》,科学出版社,2019年,第417~433页。
〔2〕 以上关于陶釜的信息来自笔者对该遗址出土动物的鉴定。

采取蒸煮的方式加工鱼类食物,由于相关证据较少,目前尚并不能做出更为准确的推断[1]。

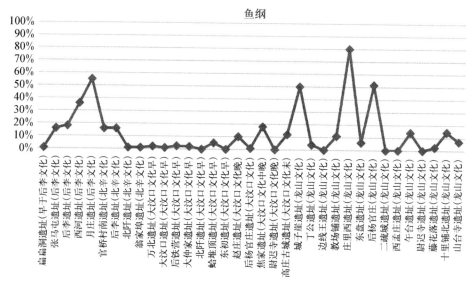

图 4.2　海岱地区新石器时代诸遗址鱼纲数量比例示意图

　　北辛文化时期出土的鱼类遗存,在动物群中的比例都不太高(图 4.2),有的遗址中并未发现任何鱼类遗存,这可能与该遗址的动物遗存收集方式(是否采用筛选和浮选法)有关;从种属复杂程度和数量比例来看,与后李文化时期相比都有所下降(图 4.2)。这一时期,不同区域间鱼类种属差异较大,内陆地区(鲁北、鲁南和苏北)几乎全部为淡水种类(表 2.3、2.4),沿海的胶东半岛地区则全部为海产种类(表 2.4),显示出先民对遗址周边环境资源的依赖性。尽管本时期各遗址的鱼类遗存数量都比较少,但从各遗址出土的器物来看,鱼镖和网坠这类可能跟捕鱼有关的工具出现频率比较高,说明先民在本时期仍然会针对不同的鱼类生存特性,采用不同的工具来获取鱼类。红鳍东方鲀,需要先处理掉毒素后才能加工食用,沿海地区多个遗址中都出土了该鱼种,说明当时先民对其特征有了一定的认识,能够正确处理加工这种鱼类。

　　大汶口文化时期出土的鱼类遗存,与北辛文化时期相比变化不大,其在动物群中的比例都不算高(图 4.2),有的遗址中未发现鱼类遗存,可能与该遗址动物遗存收集方式(是否采用筛选和浮选法)有关。鱼类种属的复杂程度也与北辛

---

〔1〕　宋艳波、王杰、刘延常、王泽冰:《西河遗址 2008 年出土动物遗存分析——兼论后李文化时期的鱼类消费》,《江汉考古》2021 年第 1 期,第 112~119 页。

文化时期比较接近,区域差异比较明显(表 2.6、2.7 和 2.8);大汶口文化晚期的焦家遗址,发现有几种海产鱼类,该遗址聚落等级较高,这些海产鱼类可能来自沿海聚落。从各遗址出土器物来看,鱼镖、鱼钩和网坠这类可能跟捕鱼有关的工具出现频率仍然比较高,说明先民在本时期仍然会针对不同的鱼类生存特性,采用不同的工具来获取相应的鱼类。焦家遗址 M146 随葬有多件鱼钩,该墓主人为男性,可能其生前更擅长捕鱼。

龙山文化时期出土的鱼类遗存,数量比例方面存在较大的差别,城子崖、庄里西和后杨官庄遗址鱼纲比例均超讨 50%(图 4.2),这三处遗址普遍采用了浮选法获取动植物遗存,且浮选所获动物遗存全部经过鉴定并纳入遗存的数据统计。其余遗址或者在发掘过程中没有使用浮选法,或者浮选所获的动物遗存并未经过鉴定统计,从而造成鱼类遗存比例的巨大差异。本时期鱼类种属的区域差异仍然存在(表 2.10、2.11、2.12 和 2.13),内陆地区只在等级较高的丁公遗址发现有海产种类,该遗址还发现过 1 件海产头足纲(乌贼)骨骼及一定数量的海产贝类(文蛤、青蛤)和螺类(脉红螺)等,这些动物可能都来自沿海聚落。从各遗址出土器物来看,鱼镖、鱼钩、梭和网坠这类可能与捕鱼有关的工具多有出现,说明先民在本时期仍然会针对不同的鱼类生存特性,采用不同的工具来获取相应的鱼类。

总的来说,先民从后李文化时期就开始利用周边自然环境中的鱼类资源,会根据不同鱼类的生存习性,选择不同的工具来进行捕捞活动;从鱼类遗存在聚落中集中分布的特征来看,笔者认为当时聚落中可能只有小部分先民会利用鱼类资源;先民获取鱼类资源的主要目的是满足肉食的需要,先民可能会采取蒸煮的方式加工鱼类食物。北辛文化时期,先民已经对海洋有了一定的了解,可以捕捞一定的海产鱼类,且已经掌握了处理红鳍东方鲀等鱼类毒素的知识;本时期内陆和沿海聚落之间尚未出现鱼类的交流。大汶口文化到龙山文化时期,内陆遗址(高等级聚落)中开始出现一定数量的海产鱼类,可能来自沿海聚落。

值得注意的是,鱼类遗存的数量与动物遗存的获取方式有着非常密切的关系,从图 4.2 可以看出,鱼纲比例最高的遗址包括西河、月庄、城子崖、庄里西和后杨官庄,这些遗址全部使用浮选法获取动植物遗存,且浮选所获动物遗存全部经过鉴定和统计。

三、爬行纲

后李文化时期,各遗址都发现有爬行纲动物——龟和鳖(表 2.1),数量比例非常低(图4.3),从出土遗存破碎程度较高的现象来看,本时期先民获取龟鳖类爬行动物的主要目的是获取肉食。

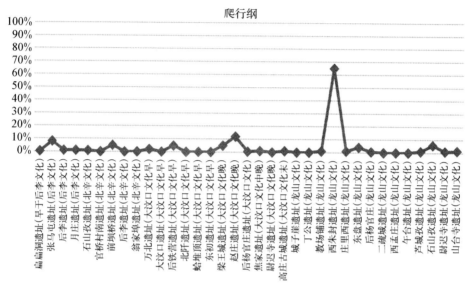

图4.3　海岱地区新石器时代诸遗址爬行纲比例示意图

北辛文化时期,多数遗址都发现有鳖的遗存,除胶东半岛地区外,其余地区遗址中也多同时见有龟的遗存,鲁南地区部分遗址中开始出现扬子鳄和鼋的遗存(表2.3、2.4)。但总体来看,本时期爬行纲的数量比例仍然非常低(图4.3)。本时期新出现的扬子鳄,从保存的骨骼部位及其破碎程度来看,应属先民消费的肉食。除获取肉食外,先民还可能利用龟来从事原始宗教活动,如东贾柏遗址[1]的H13,发现有完整的地平龟遗骸,此外,在别的灰坑中还有多枚规整的地平龟放置在一起的现象,这或许与原始宗教有关。

大汶口文化时期,龟和鳖仍然是各遗址比较常见的爬行纲动物,少数遗址还发现有扬子鳄、鼋和蛇(表2.6、2.7和2.8)。总体来看,爬行纲的比例仍然普遍较低,少数遗址(如赵庄和梁王城等苏北皖北地区的地方中心聚落)比例要稍高一些(图4.3)。大汶口文化早期,鲁南部分遗址中还能够见到扬子鳄,到大汶口文化晚期,鲁南地区各遗址中均未发现扬子鳄(只有大汶口遗址墓葬和杭头遗址墓葬中发现有随葬的扬子鳄骨板);大汶口文化晚期,仅在鲁北的焦家遗址和皖北的尉迟寺遗址这两个等级较高的聚落中发现有扬子鳄的遗存。大汶口文化

〔1〕　中国社会科学院考古研究所山东工作队:《山东汶上县东贾柏村新石器时代遗址发掘简报》,《考古》1993年第6期,第482~483、486~487页。

早期开始,鲁南苏北地区墓葬中出现了随葬龟甲的现象,到大汶口文化中晚期,整个海岱地区都发现有墓葬中随葬龟甲的现象,显示出先民对龟这类动物的特殊利用。

龙山文化时期,龟、鳖仍然是各遗址中比较常见的爬行纲动物,扬子鳄只在少数遗址中有发现(表2.10、2.11、2.12和2.13)。总体来说,除西朱封遗址比例较高外,其余遗址中爬行纲的比例还是非常低的(图4.3)。本时期墓葬中已不见随葬龟甲的现象,先民对龟的利用很可能还只是获取肉食。本时期在丁公、教场铺、尉迟寺、尹家城和西朱封遗址中发现了扬子鳄的遗存,发现的遗存均为骨板,应为先民利用扬子鳄皮的证据;上述遗址均属等级较高的聚落或墓地(墓葬),扬子鳄的遗存仅出现在这些遗址中,显示出先民对这类动物的特殊利用。丁公等遗址扬子鳄骨板的同位素检测结果[1]显示,在先民利用之前这些扬子鳄很可能在当地饲养过一段时间。

总的来说,先民从后李文化时期就开始利用爬行纲动物,龟鳖类爬行动物是先民主要利用的种类,先民捕捉这些动物的主要目的是获取肉食。到北辛文化时期,鲁南地区先民开始通过捕捉扬子鳄来获取肉食,体现出先民对水生动物资源的进一步开发和利用。先民从北辛文化时期开始就可能利用龟来从事与宗教有关的活动,自大汶口文化早期开始将龟甲随葬墓中,显示出对龟这种动物的特殊利用,但这一现象并未延续到龙山文化时期。从大汶口文化晚期开始,到龙山文化时期,只在等级较高的聚落(或墓)中发现有扬子鳄的遗存,且所发现遗存均为骨板,显示出阶层分化后高等级聚落先民对扬子鳄皮的特殊利用。

四、鸟纲

后李文化时期,多数遗址都发现有鸟的遗存,能够鉴定出雉科、鸭科等鸟类的存在(表2.1),雉科应为先民利用最多的鸟类。西河和后李遗址中鸟纲的数量比例都比较高(图4.4),显示出当时先民对鸟纲动物的利用程度较高。遗址中发现的弹丸和镞类工具,可能是先民用来捕鸟的工具。从鸟骨上存在的人工痕迹来看,先民捕获鸟的主要目的是获取肉食资源。

北辛文化时期,多数遗址都发现有鸟纲遗存(表2.3、2.4),很多遗址鉴定为鸡的动物目前看来只能先称作雉科,可见雉科仍然是当时先民利用最多的鸟类。数量比例来看,除官桥村南比例较高外,其余遗址均比较低(图4.4)。可见,与

---

〔1〕　吴晓桐、张兴香、宋艳波、金正耀、栾丰实、黄方:《丁公遗址水生动物资源的锶同位素研究》,《考古》2018年1期,第111～118页。

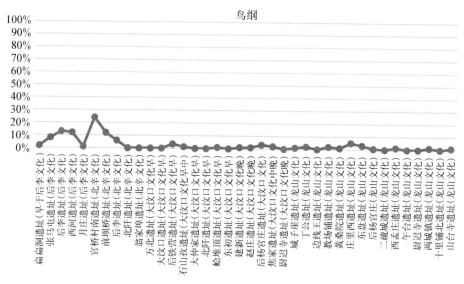

图4.4 海岱地区新石器时代诸遗址出土鸟纲数量比例示意图

后李文化时期相比,先民对鸟类资源的利用程度有所降低,这可能与本时期家猪饲养业的发展有关。

大汶口文化时期,多数遗址中也都发现有鸟纲遗存(表2.6、2.7和2.8),仍是以雉科出现频率最高。从数量比例来看,本时期先民对鸟类资源的利用比北辛文化时期还要更低一些(图4.4),这也可能与本时期快速发展的家畜饲养业有关。大汶口文化晚期的焦家遗址,出现埋葬整鹰的灰坑,空间位置靠近大型墓葬,可能属于墓祭行为,可见先民会利用鹰这类猛禽祭祀先人。

龙山文化时期,多数遗址中都发现有鸟纲遗存(表2.10、2.11、2.12和2.13),从鉴定的动物来看,仍是以雉科为主的。数量比例方面,延续了大汶口文化时期的特征,即使是以浮选的方式收集动物遗存的遗址(如城子崖、庄里西和后杨官庄),鸟纲的数量比例也都是非常低的,说明先民对鸟类资源的利用程度比较低。

总的来说,先民从后李文化时期就开始利用鸟类资源,适应性强分布范围广泛的雉科是先民利用最多的鸟类动物。后李文化时期先民对鸟类的利用程度还是比较高的,到北辛文化时期开始下降,到大汶口龙山文化时期,先民对鸟类资源的利用程度依然是非常低的。弹丸和镞类器物可能是先民用以捕鸟的工具,骨骼表面的人工砍痕和切割痕说明先民对鸟类资源主要的利用方式是获取肉食,部分鸟骨表面的烧烤痕迹则显示出先民可能利用烧烤的方式加工鸟类食物。大汶口文化晚期的焦家遗址发现有埋葬整鹰骨架墓祭的现象,显示出先民对鸟类的特殊利用。

五、哺乳动物纲

根据第三章的分析,遗址中发现的哺乳动物,猪和狗为明确的家养动物,大汶口文化晚期以后,黄牛和绵羊有可能成为家养动物,其余动物均属野生动物。

1. 野生哺乳动物构成及数量演变

后李文化时期,野生哺乳动物主要包括大中小型的鹿科动物(麋鹿、梅花鹿、獐和麂等)、野猪、牛科、大型食肉目(虎和狼)、中小型食肉目(狐、貉、狗獾、猫科等)、小型啮齿目(鼢鼠、仓鼠、竹鼠等)和兔科(表2.1)。这些动物均来自遗址附近的山区林地中,以鹿科动物为主。从哺乳动物可鉴定标本数来看,鹿科动物的比例都要超过45%;而从哺乳动物最小个体数来看,鹿科动物的比例也都超过40%(图4.5),是先民利用最多的哺乳动物。

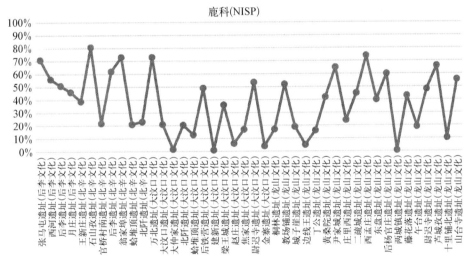

图 4.5　海岱地区新石器时代诸遗址鹿科动物可鉴定标本数在哺乳动物中的比例演变示意图

北辛文化时期,各遗址发现的哺乳动物中,除狗和猪外,其余均为野生动物,包括大中小型的鹿科动物(麋鹿、梅花鹿、獐、麂和狍等)、牛科、大型食肉目(虎、熊和狼)、中小型食肉目(狐、貉、貂、狗獾、猪獾和野猫等)、小型啮齿目(鼢鼠、鼠科等)和兔科(表2.3、2.4)。这些动物均来自遗址附近的山区林地中,以鹿科动物为主。从哺乳动物可鉴定标本数来看,遗址间存在着明显的差异,鲁北的后李遗址、皖北的石山孜遗址和胶东的翁家埠遗址,鹿科动物的比例均超过60%;而鲁南的官桥村南遗址、胶东的蛤堆顶和北阡遗址,鹿科动物的比例均低于25%(图4.5)。从哺乳动物最小个体数来看,鹿科动物比例大都超过30%(图4.5)。

鹿科动物是当时先民利用最多的哺乳动物之一。

　　大汶口文化时期,各遗址发现的哺乳动物中,除狗、猪和部分遗址的黄牛外,其余均为野生动物,包括大中小型鹿科(麋鹿、梅花鹿、獐、狍等)、部分牛科、大型食肉目(虎、熊)、中小型食肉目(貉、獾、狐、猪獾、豹猫)、小型啮齿目(鼢鼠、仓鼠)和兔科等(表2.6、2.7和2.8)。这些动物均来自遗址附近的山区林地中,以鹿科动物为主。从哺乳动物可鉴定标本数来看,除尉迟寺遗址和万北遗址鹿科动物的比例稍高外,其余遗址均低于50%;而从哺乳动物最小个体数来看,多数遗址鹿科动物的比例均低于40%。鹿科动物在哺乳动物中的比重比前一时期有所下降。

　　龙山文化时期,各遗址发现的哺乳动物中,除狗、猪、黄牛和部分遗址的羊外,其余均为野生动物,包括大中小型鹿科(麋鹿、梅花鹿、獐、麂、马鹿、豚鹿)、大型食肉目(虎、熊)、中小型食肉目(狐、貉、猫、狗獾、猪獾、貂、鼬)、啮齿目(豪猪、竹鼠、鼢鼠)、兔科和鲸等(表2.10、2.11、2.12和2.13)。这些动物中除鲸来自海洋外,其余均来自遗址附近的山区林地中。从哺乳动物可鉴定标本数来看,鲁北的教场铺遗址、鲁南的西孟庄和后杨官庄遗址、皖北的芦城孜和尉迟寺遗址、豫东的山台寺遗址,鹿科动物的比例都接近或超过50%;其余遗址鹿科动物的比例均低于45%(图4.5)。从哺乳动物最小个体数来看,鲁南的后杨官庄遗址和皖北的芦城孜遗址,鹿科动物的比例超过50%;其余遗址鹿科动物的比例大多低于40%(图4.5、4.6)。

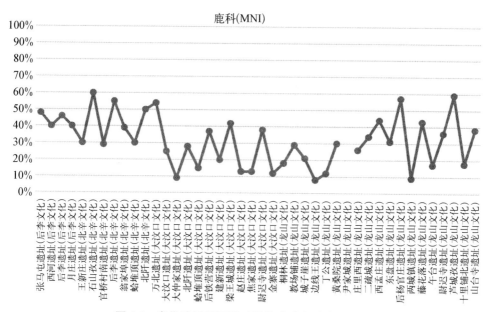

图4.6　海岱地区新石器时代诸遗址鹿科动物最小个体数在哺乳动物中的比例演变示意图

　　总的来说,从后李文化到龙山文化时期,先民利用的野生哺乳动物种属都比较繁杂,且均以不同体型的鹿科动物为主。后李文化时期,鹿科动物在哺乳动物中的比例最高,是先民利用最多的哺乳动物;北辛文化时期,随着家猪饲养水平的提高,部分地区遗址中鹿科动物的比例开始变低;大汶口文化时期,伴随着家猪饲养业的快速发展,各遗址中鹿科动物的比例都呈现出较低的状态;龙山文化时期,少数遗址中鹿科动物的比例较高。笔者曾经撰文探讨过这一现象,认为在自然地貌环境相似的情况下,不同遗址间鹿科动物比例存在差异的原因应该与遗址先民对周围自然资源的开发和利用程度有关[1]。

2. 先民对野生哺乳动物的利用方式

（1）获取肉食资源

　　相对于软体动物、鱼纲、爬行纲和鸟纲而言,哺乳纲动物能够提供更多的肉食资源。下面笔者将以后李文化出土鱼骨数量较多的西河和月庄遗址为例,探讨遗址中出土数量较多的鱼纲与哺乳纲动物之间的肉食量差别。

　　参照《中国食物成分表》里提到的各种淡水鱼类可食用部位重量所占的比重,结合山东大学动物考古实验室现藏草鱼、鲢鱼、鳡鱼和乌鳢的活体重量及制作完成晾干后的骨骼重量,可以计算出不同鱼类的肉/骨重量比[2]。计算结果显示出:草鱼的肉/骨比为11.82,鲢鱼的肉/骨比为10.06,鳡鱼的肉/骨比为11.19,乌鳢的肉/骨比为12.17。从这些数据来看,笔者认为淡水鱼类肉/骨比的分布区间很有可能在10~13之间。

　　根据上述数据,笔者对西河和月庄两个遗址出土的鱼骨重量进行统计,并以此来推算遗址中出的土鱼类所能提供的肉食量。西河遗址,鱼骨总重量为126.9克,按照肉/骨比推算,这些鱼类能够提供的肉量最多为1 649.7克;月庄遗址,鱼骨总重量为680.1克,按照肉/骨比推算,这些鱼类能够提供的肉量最多为8 841.3克。

　　利用同样的统计方法,笔者使用出土的骨骼重量对上述两处遗址中出土的

────────────

〔1〕 宋艳波：《鲁南地区龙山文化时期的动物遗存分析》,《江汉考古》2014年第6期,第84~89页。

〔2〕 中国疾病预防控制中心营养与食品安全所：《中国食物成分表(第一册·第2版)》,北京大学医学出版社,2009年,第122页。草鱼,可食用部位占58%,实验室活体重量912.9克,标本制作完成晾干后骨骼重量44.8克,肉/骨比为11.82;鲢鱼,可食用部位占61%,实验室活体重量1 045.5克,标本制作完成晾干后骨骼重量63.4克,肉/骨比为10.06;鲶鱼,可食用部位占65%,实验室活体重量565.6克,标本制作完成晾干后骨骼重量32.86克,肉/骨比11.19;乌鳢,可食用部位占57%,实验室活体重量1 211.1克,标本制作完成晾干后骨骼重量56.74克,肉/骨比为12.17。

主要哺乳动物所能提供的肉量进行推算[1]。计算结果显示：西河遗址主要哺乳动物(鹿科和猪科)所能提供的肉量为 7 633.1 克;月庄遗址主要哺乳动物(鹿科、牛科和猪科)所能提供的肉量为 109 505.36 克。

从上述两组数据比较可知,西河遗址鱼类的肉量约为哺乳动物的 22%,月庄遗址鱼类的肉量约为哺乳动物的 8.7%。可见鱼类动物所能提供的肉量与哺乳动物相比差别还是非常大的,先民最主要的肉食来源还是哺乳动物,先民狩猎野生哺乳动物的主要目的就是获取所需的主要肉食资源。

（2）制作器物用具

从后李文化到龙山文化时期,经笔者鉴定的各遗址中都发现有数量不等的带有人工痕迹的动物遗存。这些痕迹包括切割痕、砍痕、切锯痕、穿孔和磨痕等,主要分布于鹿角,猪的下颌犬齿,獐的上颌犬齿,哺乳动物的长骨、肋骨、脊椎及部分短骨。切割痕和部分砍痕是先民宰杀、肢解动物,剔骨取肉,敲骨吸髓等行为的体现;部分砍痕、切锯痕、穿孔和磨痕则是先民截取骨角牙料、加工骨角牙制品行为的直接证据。

后李文化时期,发现的骨角牙制品超过两百件,以骨角制品数量最多;北辛文化时期,发现的骨角牙制品超过一千件,其中绝大部分为骨角制品尤其是骨制品;大汶口文化时期,发现的骨角牙制品超过三千件,其中以鲁中南苏北地区出土的数量最多。龙山文化时期,发现的骨角牙制品超过一千件,以骨角制品为主,在一些遗址中开始出现卜骨。可见,先民对野生哺乳动物的利用方式之一就是利用其骨骼和角(主要是雄性鹿科的角)来制作各种骨角器。

（3）随葬墓中

从大汶口文化早期开始,先民便会在墓葬中随葬獐牙(上犬齿),随葬数量不一,这种随葬习俗一直延续到龙山文化时期,成为海岱地区史前具有代表性的葬俗之一。可见,对獐上犬齿的特殊利用也是先民对野生哺乳动物的利用方式之一。

（4）小结

各时期遗址中均发现有少量的食肉动物,这些动物所能提供的肉量并不多,笔者认为先民有可能也会利用其皮毛资源,但目前尚未有明确的证据。

总的来说,新石器时代各个时期的遗址中均发现有人类狩猎肢解动物、剥皮剔肉、敲骨吸髓等获取肉食和取料加工制作物品的痕迹。较早阶段,获取肉食的痕迹发现较多,发现的骨骼破碎程度也比较高,表明先民对动物资源的利用程度很高;截取骨角料加工物品的痕迹则发现不多,加工出的成品器物数量也不太

〔1〕 广西文物考古研究所:《百色革新桥》,文物出版社,2012 年,第 429~430 页。

多。到了较晚阶段,获取肉食的痕迹逐渐减少,相比之下,先民截取骨角料、加工骨角制品的痕迹逐渐增多,并开始占据主要地位;从发现的数量众多的带有磨痕的标本及遗址中出土的大量动物遗存制品来看,笔者认为,正是因为动物遗存制品的大发展,才会导致先民获取肉食时留在遗存表面的痕迹多数都被新的加工痕迹所取代,充分展现出先民对动物遗存的进一步利用。

第二节　先民的肉食结构及其反映的生业经济特征

上文已经讨论过哺乳纲动物在先民肉食资源中的重要性,本节将从哺乳纲总体数量比例演变及动物群构成演变等方面讨论不同时期先民的肉食结构及其反映的生业经济特征。

一、动物群构成演变

从数量比例来看,早于后李文化时期的扁扁洞遗址,其动物群明显是以哺乳纲为主的(图4.7)。

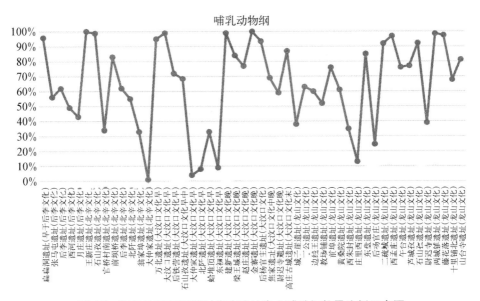

图4.7　海岱地区新石器时代诸遗址出土哺乳纲数量比例示意图

后李文化时期,随着鱼纲和鸟纲数量的增多,哺乳纲比例比前一时期有所减少,但仍保持超过40%的较高比例(图4.7)。

北辛文化时期,不同区域间存在一定的差异,胶东半岛地区发现了大量软体动物,导致哺乳纲比例变低,有的遗址甚至低于10%;其他地区比例都比较高,大多超过60%(图4.7)。

大汶口文化早期,区域间的差异仍然存在,胶东半岛贝丘遗址由于发现了大量的软体动物,很多遗址哺乳纲比例都低于10%,其他地区则均超过60%(图4.7)。

大汶口文化中晚期,随着家猪饲养的进一步发展,再加上部分区域引入的家养黄牛,哺乳纲的比重都比较高,均超过60%,有的遗址(如金寨)则达到100%(图4.7)。

龙山文化时期,与大汶口文化时期相比,发生了一定的变化,经过浮选的遗址(如城子崖、庄里西和后杨官庄)哺乳纲比例都要低于40%,西朱封遗址则是由于其特殊性质(墓葬为主,随葬的鳄鱼骨板数量较多),哺乳纲比例也低于40%,其余遗址(除尉迟寺外)大多高于60%,不少遗址达到90%以上(图4.7)。本时期各遗址总体呈现两种特征:一是哺乳动物的进一步强化利用,这些遗址从性质来看大多属于一般性聚落,有可能存在向高等级聚落输送肉食的现象;二是高等级聚落动物构成的多样性(如上文提到的各中心聚落蚌类制品的大量存在),有可能存在一定的社会分工,有专人从事专门化手工业生产。

二、哺乳动物群内部构成演变

以下将主要按照可鉴定标本数、最小个体数及基于最小个体数统计出的肉食量来分别介绍不同时期不同遗址哺乳动物群的内部构成情况,并探讨其历时演变。

1. 后李文化时期

(1)西河遗址[1]

该遗址可能同时存在家猪和野猪。从数量比例来看,即使将遗址中的猪全部认作家猪,可鉴定标本数中家养动物(家猪)也仅占39%,野生动物占61%;最小个体数中,家养动物(家猪)也仅占40%,野生动物占60%。明显以野生哺乳动物为主。

---

〔1〕 宋艳波:《济南地区后李文化时期动物遗存综合分析》,《华夏考古》2016年第3期,第53~59页;宋艳波、王杰、刘延常、王泽冰:《西河遗址2008年出土动物遗存分析——兼论后李文化时期的鱼类消费》,《江汉考古》2021年第1期,第112~119页。

从主要哺乳动物所能提供的肉食量来看[1]，野生的牛科占总肉量的一半以上，鹿科占 14%，家养的猪科最多占 20%。

（2）月庄遗址[2]

该遗址可能同时存在家猪和野猪。从数量比例来看，即使我们将遗址中的猪全部认作家猪，可鉴定标本数中家养动物（猪和狗）也仅占 30%[3]，野生动物占 70%；最小个体数中，家养动物（猪和狗）占 41%，野生动物占 59%。明显以野生哺乳动物为主。

从主要哺乳动物所能提供的肉食量来看（参考标准见上文），野生的牛科占总肉量的一半以上，鹿科占 13%，家养的猪科最多占 20%。

（3）张马屯遗址[4]

该遗址可能同时存在家猪和野猪。从数量比例来看，即使我们将遗址中的猪全部认作家猪，可鉴定标本数中家养动物（猪和狗）也仅占 20%，野生动物占 80%；最小个体数中，家养动物（猪和狗）占 33%，野生动物占 67%。明显以野生哺乳动物为主。

从主要哺乳动物所能提供的肉食量来看（参考标准见上文），野生的牛科约占总肉量的一半，鹿科占 27%，家养的猪科最多占 23%。

（4）后李遗址[5]

该遗址可能同时存在家猪和野猪。从数量比例来看，即使我们将遗址中的猪全部认作家猪，可鉴定标本数中家养动物（猪和狗）也仅占 44%，野生动物占 56%；最小个体数中，家养动物（猪和狗）占 32%，野生动物占 68%。明显以野生哺乳动物为主。

---

[1]　关于本文中各种哺乳动物肉量的计算参照 Elizabeth J. Reitz and Elizabeth S. Wing：*Zooarchaeology*，Cambridge University Press，2008. White，T. E.的计算方法。体重数据参考以下文献：寿振黄：《中国经济动物志（兽类）》，科学出版社，1962 年；《中国猪种》编写组：《中国猪种（一）》，上海人民出版社，1976 年；高耀亭等：《中国动物志·兽纲》，科学出版社，1987 年；夏武平等：《中国动物图谱（兽类）》，科学出版社，1988 年；盛和林：《中国鹿类动物》，华东师范大学出版社，1992 年；邱怀：《中国黄牛》，农业出版社，1992 年；刘明玉、解玉浩、季达明：《中国脊椎动物大全》，辽宁大学出版社，2000 年。未成年个体按照成年个体一半的标准进行统计，驯化初期的猪按照家猪与野猪的平均值计算。

[2]　宋艳波：《济南长清月庄 2003 年出土动物遗存分析》，《考古学研究（七）》，科学出版社，2008 年，第 519~531 页。

[3]　该遗址出土一具完整狗骨架，为石膏整体取回，其骨骼数量并未统计在内。

[4]　宋艳波：《济南地区后李文化时期动物遗存综合分析》，《华夏考古》2016 年第 3 期，第 53~59 页。

[5]　材料为山东省文物考古研究院发掘所获，目前尚未发表。

从主要哺乳动物所能提供的肉食量来看(参考标准见上文),野生的牛科约占总肉量的40%,鹿科占24%,家养的猪科最多占35%。

(5)比较与分析

从上文分析可知,本时期各个遗址内均出土有数量较多的动物遗存,代表的动物种属也比较繁杂,生活在陆地、天空、淡水之间的动物都有发现,说明本时期先民的食物来源较为广泛,尤其是与更早时期的扁扁洞遗址相比,这种特征更加明显,总体呈现出广谱型的生业经济特征。从动物群构成来看,多数遗址以哺乳纲为主,月庄遗址虽然以鱼纲为主,但哺乳纲占的比重也比较高(表4.1)。

表4.1　后李文化诸遗址全部动物构成比例一览表

动物种类 遗址名称	哺乳纲	鸟纲	爬行纲和 两栖纲	鱼纲	瓣鳃纲和 腹足纲等
张马屯遗址	56%	8%	8%	16%	13%
后李遗址	62%	13%	1%	18%	6%
西河遗址	49%	12%	极少	36%	3%
月庄遗址	43%	1%	1%	55%	无

从哺乳动物构成来看,即使将猪全部看作家养动物,无论是可鉴定标本数、最小个体数还是肉食量,各遗址都是以野生动物为主的(表4.2、4.3)。

表4.2　后李文化诸遗址哺乳动物构成比例一览表[1]

遗址名称	可鉴定标本数百分比		最小个体数百分比	
	家养哺乳动物	野生哺乳动物	家养哺乳动物	野生哺乳动物
张马屯遗址	20%	80%	33%	67%
后李遗址	44%	56%	32%	68%
西河遗址	39%	61%	40%	60%
月庄遗址	30%	70%	41%	59%

可见,后李文化时期的先民是以狩猎遗址周围环境中丰富的野生哺乳动物来获取所需的主要肉食资源的,同时也开始饲养家猪,捕捞渔猎遗址周围的其他野生动物资源来作为肉食资源的补充。

---

〔1〕　表中数据是将猪全部视为家猪后作出的统计结果。

表 4.3 后李文化诸遗址哺乳动物肉量比例一览表

动物种属 遗址名称		张马屯遗址	后李遗址	西河遗址	月庄遗址
家养哺乳动物	猪	23%	35%	20%	20%
	狗	1%	1%	无	极少
	总比例	24%	36%	20%	20%
野生哺乳动物	鹿科	27%	24%	14%	13%
	牛科	48%	40%	66%	67%
	其他动物	极少	极少	极少	极少
	总比例	75%	64%	80%	80%

从野生哺乳动物的构成情况来看,数量上是以鹿科动物为主的,说明鹿科动物是先民的主要狩猎对象;但从各遗址肉食量的比例来看却都是以牛科动物为主的,这是因为 头成年野牛所能提供的肉量可能要相当于8~9头大型成年鹿科动物;可见,野牛虽不是先民主要的狩猎对象,但其在先民肉食构成中的地位却是不容忽视的。

2. 北辛文化时期

(1) 黄崖遗址[1]

该遗址可能同时存在家猪和野猪。从数量比例来看,即使我们将遗址中的猪全部认作家猪,可鉴定标本数中家养动物(猪)也仅占18%,野生动物占82%;最小个体数中,家养动物(猪)占18%,野生动物占82%。明显以野生哺乳动物为主。

从主要哺乳动物所能提供的肉食量来看(参考标准见上文),野生的鹿科约占总肉量的59%,家养的猪科最多占39%。

(2) 后李遗址[2]

从数量比例来看,可鉴定标本数中家养动物(猪和狗)仅占34%,野生动物占66%;最小个体数中,家养动物(猪和狗)占36%,野生动物占64%。明显以野生哺乳动物为主。

从主要哺乳动物所能提供的肉食量来看(参考标准见上文),野生的牛科约占总肉量的37%,鹿科占18%,家养的猪科则占44%。

〔1〕 山东省文物考古研究院发掘所获,由笔者鉴定分析,目前尚未发表。
〔2〕 山东省文物考古研究院发掘所获,由笔者指导学生鉴定分析,目前尚未发表。

（3）王新庄遗址[1]

从数量比例来看,可鉴定标本数中家养动物(猪)占 57%,野生动物占 43%;最小个体数中,家养动物(猪)占 60%,野生动物占 40%。明显以家养哺乳动物为主。

从主要哺乳动物所能提供的肉食量来看(参考标准见上文),野生的牛科占总肉量的 51%,鹿科占 13%,家养的猪科则占 36%。

（4）石山孜遗址[2]

从数量比例来看,可鉴定标本数中家养动物(猪和狗)约占 18%,野生动物约占 82%;最小个体数中,家养动物(猪和狗)占 36%,野生动物占 64%。明显以野生哺乳动物为主。

从主要哺乳动物所能提供的肉食量来看(参考标准见上文),野生的鹿科占总肉量的 37%,牛科占 33%,家养的猪科则占 29%。

（5）官桥村南遗址[3]

从数量比例来看,可鉴定标本数中家养动物(猪和狗)约占 78%,野生动物约占 22%;最小个体数中,家养动物(猪和狗)占 71%,野生动物占 29%。明显以家养哺乳动物为主。

从主要哺乳动物所能提供的肉食量来看(参考标准见上文),野生的鹿科仅占总肉量的 19%,家养的猪科则占 79%。

（6）翁家埠遗址[4]

从数量比例来看,可鉴定标本数中家养动物(猪)仅占 19%,野生动物占 81%;最小个体数中,家养动物(猪)占 39%,野生动物占 61%。明显以野生哺乳动物为主。

从主要哺乳动物所能提供的肉食量来看(参考标准见上文),野生的鹿科占 40%,家养的猪科则占 59%。

（7）蛤堆顶遗址[5]

从数量比例来看,可鉴定标本数中家养动物(猪)占 77%,野生动物仅占

〔1〕 安徽省文物考古研究所发掘所获,由笔者鉴定分析,目前尚未发表。

〔2〕 宋艳波、饶小艳、贾庆元:《安徽濉溪石山孜遗址出土动物遗存分析》,《濉溪石山孜——石山孜遗址第二、三次发掘报告》,文物出版社,2017 年,第 402~424 页。

〔3〕 宋艳波、李慧、范宪军、武昊、陈松涛、靳桂云:《山东滕州官桥村南遗址出土动物研究报告》,《东方考古(第 16 集)》,科学出版社,2019 年,第 252~261 页。

〔4〕 中国社会科学院考古研究所:《胶东半岛贝丘遗址环境考古》,社会科学文献出版社,2007 年,第 150~157 页。

〔5〕 中国社会科学院考古研究所:《胶东半岛贝丘遗址环境考古》,社会科学文献出版社,2007 年,第 200~206 页。

23%;最小个体数中,家养动物(猪)占60%,野生动物占40%。明显以家养哺乳动物为主。

从主要哺乳动物所能提供的肉食量来看(参考标准见上文),野生的鹿科仅占26%,家养的猪科则占73%。

(8)北阡遗址[1]

从数量比例来看,可鉴定标本数中家养动物(猪和狗)占75%,野生动物占25%,以家养动物为主;最小个体数中,家养动物(猪和狗)占38%,野生动物占62%,以野生动物为主。

从主要哺乳动物所能提供的肉食量来看(参考标准见上文),野生的牛科约占总肉量的65%,鹿科占13%,家养的猪科则占21%。

(9)比较与分析

从上文分析可知,本时期各个遗址内均出土有数量较多的动物遗存,代表的动物种属也比较繁杂,生活在陆地、天空、淡水之间的动物都有发现,说明本时期先民食物来源仍然较为广泛。与后李文化时期相比,各遗址发现的鱼纲数量比例呈现下降的趋势(即使是经过浮选和全面鉴定的官桥村南、前坝桥和后李等遗址出土的鱼纲数量比例也比后李文化时期有所下降);多数遗址哺乳纲的比例呈现上升的趋势,说明本时期先民开始加强对哺乳纲动物的利用。

本时期先民生存空间进一步扩大,从目前动物遗存发现的情况来看,可大致分为鲁北、鲁南苏北皖北和胶东半岛三个区域。从分区来看,胶东半岛地区明显以软体动物为主(北阡遗址哺乳纲稍多一些),开始呈现贝丘遗址的特征;鲁北和鲁中南苏北皖北地区,则多数以哺乳纲为主(表4.4)。

表4.4　北辛文化诸遗址全部动物构成比例一览表

动物种属 遗址名称	哺乳纲	鸟纲	爬行纲+ 两栖纲	鱼纲	腹足纲+ 瓣鳃纲+ 甲壳纲
王新庄遗址	100%	无	无	无	无
石山孜遗址	99%	无	1%	无	无
官桥村南遗址	34%	24%	极少	16%	25%
大汶口遗址	99%	极少	极少	极少	无

---

[1]　宋艳波:《北阡遗址2009、2011年度出土动物遗存初步分析》,《东方考古(第10集)》,科学出版社,2013年,第194~215页。

动物种属 / 遗址名称	哺乳纲	鸟纲	爬行纲+两栖纲	鱼纲	腹足纲+瓣鳃纲+甲壳纲
前坝桥遗址	83%	12%	5%	无	无
黄崖遗址	75%	2%	极少	极少	22%
后李遗址	62%	6%	极少	16%	16%
北阡遗址	55%	极少	无	1%	44%
翁家埠遗址	33%	极少	极少	1%	66%
大仲家遗址	1%	无	无	无	99%

　　哺乳动物的构成情况[1],遗址间存在着一定的差异。鲁北地区两个遗址(黄崖和后李)均保持本地区后李文化时期的特征,无论是从可鉴定标本数、最小个体数还是肉食量来看,都是以野生哺乳动物为主的(表4.5、4.6)。

表4.5　北辛文化诸遗址哺乳动物构成一览表

遗址名称	可鉴定标本数		最小个体数	
	家养哺乳动物	野生哺乳动物	家养哺乳动物	野生哺乳动物
王新庄遗址	57%	43%	60%	40%
石山孜遗址	18%	82%	36%	64%
官桥村南遗址	78%	22%	71%	29%
黄崖遗址	18%	82%	18%	82%
后李遗址	34%	66%	36%	64%
北阡遗址	75%	25%	38%	62%
蛤堆顶遗址	77%	23%	60%	40%
翁家埠遗址	19%	81%	39%	61%
邱家庄遗址	90%	10%	71%	29%

　　胶东半岛地区本时期的遗址年代均为北辛文化晚期,多数遗址中家养哺乳动物的数量(可鉴定标本数和最小个体数)都占一定的优势,但从肉食量来看,遗址间存在差异(表4.5、4.6)。

---

〔1〕　在统计时,各遗址的猪均全部视作家猪进行相关数据的计算。

表 4.6　北辛文化诸遗址哺乳动物肉量构成一览表

动物种属	遗址名称	王新庄	石山孜	官桥村南	黄崖	后李	蛤堆顶	翁家埠	北阡
家养哺乳动物	猪	36%	29%	79%	39%	44%	73%	59%	21%
	狗	无	1%	2%	无	1%	无	无	1%
	总比例	36%	30%	81%	39%	45%	73%	59%	22%
野生哺乳动物	鹿科	13%	37%	19%	59%	18%	26%	40%	13%
	牛科	51%	33%	无	无	37%	无	无	65%
	其他动物	无	无	无	2%	极少	1%	1%	无
	总比例	64%	70%	19%	61%	55%	27%	41%	78%

鲁中南苏北皖北地区遗址间也存在差异,多数遗址无论是数量比例(可鉴定标本数和最小个体数)还是肉食量比例,都是以野生哺乳动物为主的,少数遗址则以家养哺乳动物为主(表4.5、4.6)。从各遗址所属的时期来看,从北辛文化早中期到晚期均存在上述不同的哺乳动物构成特征。

可见,北辛文化时期,不同遗址间生业经济模式存在一定的差异。鲁北地区延续前一时期(后李文化时期)的生业经济模式,以狩猎野生哺乳动物来获取主要的肉食资源,以饲养家猪、渔猎捕捞其他野生动物资源来作为肉食资源的补充。

胶东半岛地区,多数遗址以采集大量软体动物和狩猎野生哺乳动物来获取主要的肉食资源,以饲养家猪、渔猎其他野生动物资源来作为肉食资源的补充。

鲁中南苏北地区有的遗址家猪饲养规模较大,以饲养家猪来获取主要的肉食资源;有的遗址则仍是以狩猎野生哺乳动物来获取主要的肉食资源。同时,该地区先民也从事对其他野生动物资源的捕捞和渔猎活动,以此来补充所需的肉食资源。

3. 大汶口文化时期

(1) 大汶口遗址[1]

从数量比例来看,可鉴定标本数中家养动物(猪和狗)占79%,野生动物占21%;最小个体数中,家养动物(猪和狗)占73%,野生动物占27%。明显以家养动物为主。

――――――――――

〔1〕　山东省文物考古研究院发掘所获,目前尚未发表。

从主要哺乳动物所能提供的肉食量来看(参考标准见上文),野生的鹿科约占总肉量的15%,家养的猪科则占83%。

(2) 东初遗址[1]

从数量比例来看,可鉴定标本数中家养动物(猪)占78%,野生动物占22%;最小个体数中,家养动物(猪)占40%,野生动物占60%。综合来看,以家养动物为主。

从主要哺乳动物所能提供的肉食量来看(参考标准见上文),野生的鹿科约占总肉量的21%,家养的猪科则占76%。

(3) 北阡遗址[2]

从数量比例来看,可鉴定标本数中家养动物(猪和狗)约占79%,野生动物占21%;最小个体数中,家养动物(猪和狗)约占68%,野生动物占32%。明显以家养动物为主。

从主要哺乳动物所能提供的肉食量来看(参考标准见上文),野生的鹿科约占总肉量的11%,家养的猪科则占86%。

(4) 蛤堆顶遗址[3]

从数量比例来看,可鉴定标本数中家养动物(猪和狗)约占87%,野生动物占13%;最小个体数中,家养动物(猪和狗)约占83%,野生动物占17%。明显以家养动物为主。

从主要哺乳动物所能提供的肉食量来看(参考标准见上文),野生的鹿科约占总肉量的7%,家养的猪科则占93%。

(5) 大仲家遗址[4]

从数量比例来看,可鉴定标本数中家养动物(猪和狗)约占98%,野生动物占2%;最小个体数中,家养动物(猪和狗)约占87%,野生动物占13%。明显以家养动物为主。

从主要哺乳动物所能提供的肉食量来看(参考标准见上文),野生的鹿科约

[1] 宋艳波、饶小艳:《东初遗址出土动物遗存分析》,《东方考古(第10集)》,科学出版社,2013年,第189~193页。

[2] 宋艳波:《即墨北阡遗址2007年出土动物遗存分析》,《考古》2011年第11期,第14~18页;宋艳波:《北阡遗址2009、2011年度出土动物遗存初步分析》,《东方考古(第10集)》,科学出版社,2013年,第194~215页。

[3] 宋艳波、王泽冰、赵文丫、王杰:《牟平蛤堆顶遗址出土动物遗存研究报告》,《东方考古(第14集)》,科学出版社,2018年,第245~268页。

[4] 中国社会科学院考古研究所:《胶东半岛贝丘遗址环境考古》,社会科学文献出版社,2007年,第182~190页。

占总肉量的 5%,家养的猪科则占 94%。

(6) 石山孜遗址[1]

从数量比例来看,可鉴定标本数中家养动物(猪)约占 23%,野生动物占 77%;最小个体数中,家养动物(猪)约占 27%,野生动物占 73%。明显以野生动物为主。

从主要哺乳动物所能提供的肉食量来看(参考标准见上文),野生的牛科占总肉量的 77%,鹿科占 11%,家养的猪科则占 12%。

(7) 后铁营遗址[2]

从数量比例来看,可鉴定标本数中家养动物(猪和狗)约占 44%,野生动物占 56%;最小个体数中,家养动物(猪和狗)约占 35%,野生动物占 65%。明显以野生动物为主。

从主要哺乳动物所能提供的肉食量来看(参考标准见上文)[3],野生的牛科约占总肉量的 45%,鹿科占 26%,家养的猪科则占 27%。

(8) 焦家遗址[4]

从数量比例来看,可鉴定标本数中家养动物(猪和狗)约占 81%,野生动物占 19%;最小个体数中,家养动物(猪和狗)约占 75%,野生动物占 25%。明显以家养动物为主。

从主要哺乳动物所能提供的肉食量来看(参考标准见上文),野生的鹿科约占总肉量的 9%,牛科占 11%,家养的猪科则占 78%。

(9) 后杨官庄遗址[5]

从数量比例来看,可鉴定标本数中家养动物(猪和狗)约占 21%,野生动物占 79%;最小个体数中,家养动物(猪和狗)约占 43%,野生动物占 57%。明显以野生动物为主。

〔1〕　安徽省文物考古研究所:《安徽省濉溪县石山子遗址动物骨骼鉴定与研究》,《考古》1992
　　　年第 3 期,第 253~262+293~294 页;宋艳波、饶小艳、贾庆元:《安徽濉溪石山孜遗址出土
　　　动物遗存分析》,《濉溪石山孜——石山孜遗址第二、三次发掘报告》,文物出版社,2017 年,
　　　第 402~424 页。
〔2〕　戴玲玲、张东:《安徽省亳州后铁营遗址出土动物骨骼研究》,《南方文物》2018 年第 1 期,第
　　　142~150 页。
〔3〕　笔者认为该遗址的牛仍属野生动物,因此采取野牛的肉量标准来进行计算,计算结果与原鉴
　　　定报告有一定差别。
〔4〕　王杰:《章丘焦家遗址 2017 年出土大汶口文化中晚期动物遗存研究》,山东大学硕士学位论
　　　文,2019 年。
〔5〕　宋艳波、李倩、何德亮:《苍山后杨官庄遗址动物遗存分析报告》,《海岱考古(第六辑)》,科学
　　　出版社,2013 年,第 108~132 页。

从主要哺乳动物所能提供的肉食量来看(参考标准见上文),野生的鹿科约占总肉量的59%,家养的猪科则占38%。

(10) 赵庄遗址[1]

从数量比例来看,可鉴定标本数中家养动物(猪、狗和牛)约占93%,野生动物占7%;最小个体数中,家养动物(猪、狗和牛)约占81%,野生动物占19%。明显以家养动物为主。

从主要哺乳动物所能提供的肉食量来看(参考标准见上文)[2],野生的鹿科约占总肉量的12%,家养的猪科则占75%,牛科占11%。

(11) 梁王城遗址[3]

从第三章的分析来看,鲁中南苏北地区在大汶口文化晚期可能开始饲养家牛,该遗址属于这一地区,下面的数据统计中,笔者将牛视作家养动物进行计算。

从数量比例来看[4],可鉴定标本数中家养动物(猪、狗和牛)约占64%,野生动物占36%;最小个体数中,家养动物(猪、狗和牛)约占58%,野生动物占42%。明显以家养动物为主。

从主要哺乳动物所能提供的肉食量来看(参考标准见上文),野生的鹿科约占总肉量的8%,家养的猪科则占86%,牛科占6%。

(12) 金寨遗址[5]

从第三章的分析来看,鲁豫皖地区在大汶口文化晚期可能开始饲养家牛,该遗址牛骨数量较少,很难讨论是否家养,但从该地区的整体情况来看,则有可能为家养动物。下面的数据统计中,笔者将牛视为家养动物进行计算。

从数量比例来看,可鉴定标本数中家养动物(猪、狗和牛)约占96%,野生动物仅占4%;最小个体数中,家养动物(猪、狗和牛)约占88%,野生动物仅占12%。明显以家养动物为主。

〔1〕 乙海琳:《淮河流域大汶口文化晚期的动物资源利用——以金寨、赵庄遗址为例》,山东大学硕士学位论文,2019年。

〔2〕 该遗址兽坑中的完整骨架不参与肉食量的统计。

〔3〕 宋艳波、林留根:《史前动物遗存分析》,《梁王城遗址发掘报告(史前卷)》,文物出版社,2013年,第547~559页。

〔4〕 该遗址统计过程中,是将居住区和墓葬区遗存放在一起计算的,野生鹿科动物最小个体数偏高,是与墓葬中发现的数量较多的獐犬齿有关。

〔5〕 宋艳波、乙海琳、张小雷:《安徽萧县金寨遗址(2016、2017)动物遗存分析》,《东南文化》2020年第3期,第104~111页。

从主要哺乳动物所能提供的肉食量来看(参考标准见上文)[1],野生的鹿科约占总肉量的 8%,家养的猪科占 82%,牛科占 10%。

(13) 尉迟寺遗址[2]

哺乳动物构成情况来看[3],可鉴定标本数中家养动物(猪、狗和牛)约占 46%,野生动物占 54%;最小个体数中,家养动物(猪、狗和牛)约占 59%,野生动物占 41%。综合来看,以家养动物为主。

从主要哺乳动物所能提供的肉食量来看(参考标准见上文),野生的鹿科约占总肉量的 34%,家养的猪科占 55%,牛科占 8%。

(14) 高庄古城遗址[4]

从数量比例来看,可鉴定标本数中家养动物(猪)占 50%,野生动物占 50%;最小个体数中,家养动物(猪)占 50%,野生动物占 50%。

从哺乳动物所能提供的肉食量来看(参考标准见上文),野生的鹿科约占总肉量的 33%,家养的猪科占 67%。

(15) 万北遗址[5]

从数量比例来看,可鉴定标本数中家养动物(猪和狗)约占 26%,野生动物约占 74%;最小个体数中,家养动物(猪和狗)占 43%,野生动物占 57%。明显以野生哺乳动物为主。

从主要哺乳动物所能提供的肉食量来看(参考标准见上文),野生的鹿科占总肉量的 48%,牛科占 12%,家养的猪科则占 39%。

(16) 比较与分析

本时期,各遗址也都发现有数量较多的动物遗存,且包含的动物种属也比较繁杂,但从动物群构成来看,鱼纲和鸟纲的比例与北辛文化时期相比比较接近,多数遗址中都比较低。

大汶口文化早期,做过动物考古工作的遗址主要位于鲁南苏北、皖北和胶东半岛地区,这两个地区动物资源利用呈现出巨大的差别。鲁南苏北皖北地区遗

---

[1]　该遗址的牛按照家养黄牛的肉量进行统计。

[2]　袁靖、陈亮:《尉迟寺遗址动物骨骼研究报告》,《蒙城尉迟寺——皖北新石器时代聚落遗存的发掘与研究》,科学出版社,2001 年,第 424~441 页;罗运兵、吕鹏、杨梦菲、袁靖:《动物骨骼鉴定报告》,《蒙城尉迟寺(第二部)》,科学出版社,2007 年,第 306~327 页。

[3]　笔者将两次发表的动物遗存报告按照文中给出的种属与数据相加得出了下文分析中的数据,与实际情况可能会有所出入;另外,笔者对该遗址的家养动物与野生动物进行了简单的区分,将文中的牛、水牛、黄牛、圣水牛等均归为家养动物。

[4]　安徽省文物考古研究所发掘所获,由笔者鉴定分析,目前尚未发表。

[5]　江苏省考古研究所发掘所获,由笔者鉴定分析,目前尚未发表。

址以哺乳纲为主,胶东半岛地区则以软体动物为主(表4.7)。

大汶口文化中晚期,做过动物考古工作的遗址主要位于鲁北、鲁南苏北和皖北地区,这几个地区动物资源利用特征比较一致,均以哺乳纲为主(表4.7)。

表4.7　大汶口文化诸遗址全部动物构成一览表

动物种属 遗址名称	哺乳纲	鸟　纲	爬行纲+ 两栖纲	鱼　纲	瓣鳃纲+ 腹足纲+ 甲壳纲
大汶口遗址	99%	极少	极少	1%	极少
万北遗址	95%	极少	2%	2%	极少
后铁营遗址	72%	2%	5%	2%	18%
石山孜遗址	69%	无	无	无	30%
大仲家遗址	4%	极少	无	2%	94%
北阡遗址	8%	极少	极少	极少	92%
蛤堆顶遗址	33%	1%	极少	5%	61%
东初遗址	9%	极少	极少	极少	91%
焦家遗址	69%	2%	1%	18%	10%
建新遗址	99%	1%	无	无	无
梁王城遗址	84%	无	5%	无	11%
赵庄遗址	77%	1%	12%	10%	无
金寨遗址	100%	无	无	无	无
后杨官庄遗址	94%	3%	极少	1%	2%
高庄古城遗址	87%	无	1%	12%	无
尉迟寺遗址	59%	极少	极少	极少	40%

从哺乳动物构成来看[1],大汶口文化早期,仍然存在区域间的差异。胶东半岛地区和鲁南地区,无论是数量比例(可鉴定标本数和最小个体数)还是肉食量,都是以家养哺乳动物为主的(表4.8、4.9),显示出这两个地区先民对家养哺乳动物(主要为家猪)的强化利用。苏北皖北地区,则无论是数量比例(可鉴定标本数和最小个体数)还是肉食量,都是以野生哺乳动物为主的(表4.8、4.9),显示出该地区先民对野生哺乳动物(主要为鹿科)的强化利用。

---

〔1〕　此处是将所有的猪均视为家猪进行的数据统计。

表 4.8　大汶口文化时期诸遗址哺乳动物构成一览表

遗址名称	可鉴定标本数		最小个体数	
	家养哺乳动物	野生哺乳动物	家养哺乳动物	野生哺乳动物
大汶口遗址	79%	21%	73%	27%
万北遗址	26%	74%	43%	57%
后铁营遗址	44%	56%	35%	65%
石山孜遗址	23%	77%	27%	73%
大仲家遗址	98%	2%	87%	13%
北阡遗址	79%	21%	68%	32%
蛤堆顶遗址	87%	13%	83%	17%
东初遗址	78%	22%	40%	60%
六里井遗址	76%	24%	70%	30%
焦家遗址	81%	19%	75%	25%
建新遗址	99%	1%	80%	20%
梁王城遗址	64%	36%	58%	42%
赵庄遗址	93%	7%	81%	19%
金寨遗址	96%	4%	88%	12%
后杨官庄遗址	21%	79%	43%	57%
高庄古城遗址	50%	50%	50%	50%
尉迟寺遗址	46%	54%	59%	41%

　　大汶口文化中晚期,目前做过动物考古工作的遗址中,除后杨官庄和尉迟寺遗址外,其余遗址无论是数量比例(可鉴定标本数和最小个体数)还是肉食量,都是以家养哺乳动物为主的(表4.8、4.9),显示出对家养哺乳动物(主要为家猪,也包括家养黄牛)的强化利用。即使是尉迟寺遗址,野生哺乳动物的优势地位也只是表现在可鉴定标本数方面,从最小个体数和肉食量来看,该遗址还是以家养哺乳动物为主的(表 4.8、4.9)。后杨官庄遗址则比较特殊,无论是数量比例(可鉴定标本数和最小个体数)还是肉食量,都是以野生哺乳动物为主的(表4.8、4.9),这可能与该遗址属于大汶口文化中期,正处于大汶口文化早期向晚期生业经济模式转变的中间阶段有关。

表4.9 大汶口文化时期诸遗址哺乳动物肉量构成一览表

遗址\动物		大汶口	后铁营	石山孜	北阡	蛤堆顶	大仲家	东初	后杨官庄	六里井	焦家	梁王城	建新	赵庄	金寨	高庄古城	万北	尉迟寺
家养哺乳动物	猪	83%	27%	12%	86%	93%	94%	76%	38%	70%	78%	86%	86%	75%	82%	67%	39%	55%
	狗	极少	极少	无	极少	极少	1%	无	3%	无	2%	极少	无	2%	极少	无	1%	1%
	总比例	83%	27%	12%	86%	93%	95%	76%	41%	70%	80%	86%	86%	77%	82%	67%	40%	56%
牛科[1]		无	45%	77%	3%	无	无	无	无	20%	11%	6%	无	11%	10%	无	12%	8%
野生哺乳动物	鹿科	15%	26%	11%	11%	7%	5%	21%	59%	8%	9%	8%	14%	12%	8%	33%	48%	34%
	其他动物	2%	2%	极少	极少	极少	极少	3%	无	2%	极少	无	无	极少	无	无	极少	2%
	总比例	17%	28%	11%	11%	7%	5%	24%	59%	10%	9%	8%	14%	12%	8%	33%	60%	36%

[1] 笔者认为直到大汶口文化晚期，遗址中出土的牛才可鉴定为家养动物；大汶口文化早期遗址中出土的仍为野牛，因此在表中单列牛这一行，以表现其特殊性。

　　大汶口文化晚期阶段，家养动物中的家猪地位尤其突出，在各个遗址中均占据优势地位（表4.8、4.9），这应该被视作先民对家猪强化利用的证据。笔者在第三章的分析中认为，从猪科的数量比例来看，海岱地区的家猪饲养规模在大汶口文化晚期达到最高的程度。从各遗址的肉食量比例来看，也能够说明在大汶口文化晚期，家猪饲养规模较大，饲养水平较高，可以为先民提供稳定的肉食来源。从前文对于猪的下颌 M_3 测量数据的分析可知，也正是从这一时期开始，其测量值变化较小，趋于稳定。可见，大汶口文化晚期对于海岱地区新石器时代家猪饲养的发展来说是一个非常重要的时期。

　　综合以上分析，大汶口文化早期，部分遗址先民开始强化对家猪的饲养与利用，以饲养家猪来获取主要的肉食资源，即使地处胶东半岛的诸多贝丘遗址，也呈现出这样的特征；鲁南苏北和皖北地区部分遗址仍然以狩猎野生哺乳动物来获取主要的肉食来源，这一特征延续到大汶口文化中期（后杨官庄遗址）。

　　大汶口文化晚期，除开始饲养黄牛外，各遗址先民对家猪的饲养与利用进一步强化，饲养家猪及其他家养动物成为先民获取肉食来源的主要方式，狩猎野生哺乳动物、捕捞渔猎其他野生动物的活动在先民经济生活中的比重都比较低。

4. 龙山文化时期

（1）桐林遗址[1]

　　从第三章的分析来看，鲁北地区在龙山文化时期开始饲养黄牛和绵羊。下面的数据统计中，笔者将牛和羊均视为家养动物进行计算。

　　从数量比例来看，可鉴定标本数中家养动物（猪、狗、牛和羊）约占81%，野生动物仅占19%；最小个体数中，家养动物（猪、狗、牛和羊）约占71%，野生动物仅占29%。明显以家养动物为主。

　　从主要哺乳动物所能提供的肉食量来看（参考标准见上文）[2]，野生的鹿科约占总肉量的10%，家养的猪科占82%，牛科占5%。

（2）教场铺遗址[3]

　　该遗址属鲁北地区，下面的数据统计中，笔者将牛和羊视为家养动物进行计算。

　　从数量比例来看，可鉴定标本数中家养动物（猪、狗、牛和羊）约占46%，野生动物占54%；最小个体数中，家养动物（猪、狗、牛和羊）约占61%，野生动物占

〔1〕　张颖：《山东桐林遗址动物骨骼分析》，北京大学学士学位论文，2006年。
〔2〕　该遗址的牛按照家养黄牛的肉量进行统计，羊按照家养绵羊的肉量进行统计，牛科肉量中包含牛和羊的数据。
〔3〕　2002年发掘材料为中国社会科学院考古研究所山东工作队内部资料，由笔者鉴定分析，目前尚未发表。

39%。综合来看,以家养动物为主。

从主要哺乳动物所能提供的肉食量来看(参考标准见上文),野生的鹿科约占总肉量的17%,家养的猪科占72%,牛科占10%。

(3) 城子崖遗址[1]

该遗址属鲁北地区,下面的数据统计中,笔者将牛和羊视为家养动物进行计算。

从数量比例来看,可鉴定标本数中家养动物(猪、狗、牛和羊)约占41%,野生动物占59%;最小个体数中,家养动物(猪、狗、牛和羊)约占50%,野生动物占50%。综合来看,以野生动物为主。

从主要哺乳动物所能提供的肉食量来看(参考标准见上文),野生的鹿科约占总肉量的23%,家养的猪科占47%,牛科占27%。

(4) 边线王遗址[2]

该遗址属鲁北地区,下面的数据统计中,笔者将牛视为家养动物进行计算。

从数量比例来看,可鉴定标本数中家养动物(猪、狗和牛)约占95%,野生动物仅占5%;最小个体数中,家养动物(猪、狗和牛)约占92%,野生动物仅占8%。明显以家养动物为主。

从主要哺乳动物所能提供的肉食量来看(参考标准见上文),野生的鹿科约占总肉量的5%,家养的猪科占85%,牛科占9%。

(5) 丁公遗址[3]

该遗址属鲁北地区,下面的数据统计中,笔者将牛和羊视为家养动物进行计算。

从数量比例来看,可鉴定标本数中家养动物(猪、狗、牛和羊)约占82%,野生动物占18%;最小个体数中,家养动物(猪、狗、牛和羊)约占80%,野生动物占20%。明显以家养动物为主。

从主要哺乳动物所能提供的肉食量来看(参考标准见上文),野生的鹿科约占总肉量的6%,家养的猪科占87%,牛科占6%。

(6) 黄桑院遗址[4]

该遗址属鲁北地区,下面的数据统计中,笔者将牛视为家养动物进行计算。

从数量比例来看,可鉴定标本数中家养动物(猪、狗和牛)约占55%,野生动

〔1〕 山东省文物考古研究院发掘所获,由笔者指导学生鉴定分析,目前尚未发表。
〔2〕 宋艳波、王永波:《寿光边线王龙山文化城址出土动物遗存分析》,《龙山文化与早期文明——第22届国际历史科学大会章丘卫星会议文集》,文物出版社,2017年,第204~212页。
〔3〕 饶小艳:《邹平丁公遗址龙山文化时期动物遗存研究》,山东大学硕士学位论文,2014年。
〔4〕 王悦:《章丘黄桑院2012年动物遗存研究》,山东大学学士学位论文,2019年。

物占 45%;最小个体数中,家养动物(猪、狗和牛)约占 60%,野生动物占 40%。明显以家养动物为主。

从主要哺乳动物所能提供的肉食量来看(参考标准见上文),野生的鹿科约占总肉量的 24%,家养的猪科占 44%,牛科占 28%。

(7) 东盘遗址[1]

从第三章的分析来看,鲁中南苏北地区可能在大汶口文化晚期开始饲养黄牛,在龙山文化时期开始饲养绵羊。下面的数据统计中,笔者将牛和羊均视为家养动物进行计算。

从数量比例来看,可鉴定标本数中家养动物(猪、狗、牛和羊)约占 59%,野生动物占 41%;最小个体数中,家养动物(猪、狗、牛和羊)约占 66%,野生动物占 34%。明显以家养动物为主。

从主要哺乳动物所能提供的肉食量来看(参考标准见上文),野生的鹿科约占总肉量的 23%,家养的猪科占 67%,牛科占 9%。

(8) 后杨官庄遗址[2]

从数量比例来看,可鉴定标本数中家养动物(猪、狗、牛和羊)约占 39%,野生动物占 61%;最小个体数中,家养动物(猪、狗、牛和羊)约占 35%,野生动物占 65%。明显以野生动物为主。

从主要哺乳动物所能提供的肉食量来看(参考标准见上文),野生的鹿科约占总肉量的 51%,家养的猪科占 35%,牛科占 13%。

(9) 庄里西遗址[3]

从数量比例来看,可鉴定标本数中家养动物(猪、狗和牛)约占 71%,野生动物占 29%;最小个体数中,家养动物(猪、狗和牛)约占 57%,野生动物占 43%。明显以家养动物为主。

从主要哺乳动物所能提供的肉食量来看(参考标准见上文),野生的鹿科约占总肉量的 14%,家养的猪科占 51%,牛科占 29%。

(10) 二疏城遗址[4]

从数量比例来看,可鉴定标本数中家养动物(猪、狗和牛)约占 54%,野生动

[1] 宋艳波、刘延常、徐倩倩:《临沭东盘遗址龙山文化时期动物遗存鉴定报告》,《海岱考古(第十辑)》,科学出版社,2017 年,第 139~149 页。

[2] 宋艳波、李倩、何德亮:《苍山后杨官庄遗址动物遗存分析报告》,《海岱考古(第六辑)》,科学出版社,2013 年,第 108~132 页。

[3] 宋艳波、宋嘉莉、何德亮:《山东滕州庄里西龙山文化遗址出土动物遗存分析》,《东方考古(第 9 集)》,科学出版社,2012 年,第 609~626 页。

[4] 郎婧真:《枣庄二疏城遗址龙山文化时期动物遗存分析》,山东大学学士学位论文,2020 年。

物占 46%;最小个体数中,家养动物(猪、狗和牛)约占 59%,野生动物占 41%。明显以家养动物为主。

从主要哺乳动物所能提供的肉食量来看(参考标准见上文),野生的鹿科约占总肉量的 24%,家养的猪科占 68%,牛科占 8%。

(11) 西孟庄遗址[1]

从数量比例来看,可鉴定标本数中家养动物(猪、狗和牛)约占 25%,野生动物占 75%;最小个体数中,家养动物(猪、狗和牛)约占 43%,野生动物占 57%。明显以野生动物为主。

从主要哺乳动物所能提供的肉食量来看(参考标准见上文),野生的鹿科约占总肉量的 29%,家养的猪科占 31%,牛科占 38%。

(12) 两城镇遗址[2]

从数量比例来看,可鉴定标本数中家养动物(猪、狗、牛和羊)约占 99%,野生动物仅占 1%;最小个体数中,家养动物(猪、狗、牛和羊)约占 91%,野生动物仅占 9%。明显以家养动物为主。

从主要哺乳动物所能提供的肉食量来看(参考标准见上文),野生的鹿科仅占总肉量的 7%,家养的猪科占 57%,牛科占 34%。

(13) 藤花落遗址[3]

从数量比例来看,可鉴定标本数中家养动物(猪、狗和牛)约占 57%,野生动物占 43%;最小个体数中,家养动物(猪、狗和牛)约占 52%,野生动物占 48%。明显以家养动物为主。

从主要哺乳动物所能提供的肉食量来看(参考标准见上文),野生的鹿科约占总肉量的 33%,家养的猪科占 54%,牛科占 9%。

(14) 尉迟寺遗址[4]

从数量比例来看,可鉴定标本数中家养动物(猪、狗和牛)约占 51%,野生动物占 49%;最小个体数中,家养动物(猪、狗和牛)约占 59%,野生动物占 41%。明显以家养动物为主。

---

[1] 山东省文物考古研究院发掘所获,由笔者鉴定分析,目前尚未发表。
[2] 白黛娜(Deborah Bekken)著,彭娟、林明昊译:《动物遗存研究》,《两城镇——1998~2001 年发掘报告》,文物出版社,2016 年,第 1056~1071 页。
[3] 汤卓炜、林留根、周润垦、盛之翰、张萌:《江苏连云港藤花落遗址动物遗存初步研究》,《藤花落——连云港市新石器时代遗址考古发掘报告(下)》,科学出版社,2015 年,第 654~679 页。
[4] 袁靖、陈亮:《尉迟寺遗址动物骨骼研究报告》,《蒙城尉迟寺——皖北新石器时代聚落遗存的发掘与研究》,科学出版社,2001 年,第 424~441 页;罗运兵、吕鹏、杨梦菲、袁靖:《动物骨骼鉴定报告》,《蒙城尉迟寺(第二部)》,科学出版社,2007 年,第 306~327 页。

从主要哺乳动物所能提供的肉食量来看(参考标准见上文),野生的鹿科约占总肉量的29%,家养的猪科占56%,牛科占13%。

(15)芦城孜遗址[1]

从数量比例来看,可鉴定标本数中家养动物(猪、狗和牛)约占34%,野生动物占66%;最小个体数中,家养动物(猪、狗和牛)约占41%,野生动物占59%。明显以野生动物为主。

从主要哺乳动物所能提供的肉食量来看(参考标准见上文)[2],野生的鹿科约占总肉量的52%,家养的猪科占35%,牛科占12%。

(16)石山孜遗址[3]

从数量比例来看,可鉴定标本数中,家养动物(猪)约占26%,野生动物占74%;最小个体数中,家养动物(猪)约占50%,野生动物占50%。综合来看,以野生动物为主。

从主要哺乳动物所能提供的肉食量来看(参考标准见上文),野生的鹿科约占总肉量的33%,家养的猪科占67%。

(17)十里铺北遗址[4]

从数量比例来看,可鉴定标本数中,家养动物(猪、狗和黄牛),约占88%;最小个体数中,家养动物(猪、狗和黄牛),约占71%。明显以家养动物为主。

从主要哺乳动物所能提供的肉食量来看(参考标准见上文),野生的鹿科约占总肉量的14%,家养的猪科约占50%,牛科约占35%。

(18)山台寺遗址[5]

从数量比例来看,可鉴定标本数中,家养动物(猪、狗、黄牛和水牛),约占44%;最小个体数中,家养动物(猪、狗、黄牛和水牛),约占44%。以野生动物为主。

从主要哺乳动物所能提供的肉食量来看(参考标准见上文),野生动物鹿科约占总肉量的35%,家养的猪科约占39%,牛科约占21%。

---

[1] 宋艳波、饶小艳、贾庆元:《宿州芦城孜遗址动物骨骼鉴定报告》,《宿州芦城孜》,文物出版社,2016年,第369~387页。
[2] 该遗址发现1件鲸的遗存,并未计入此处肉食量的统计。
[3] 宋艳波、饶小艳、贾庆元:《安徽濉溪石山孜遗址出土动物遗存分析》,《濉溪石山孜——石山孜遗址第二、三次发掘报告》,文物出版社,2017年,第402~424页。
[4] 何曼潇:《山东定陶十里铺北遗址动物考古研究》,山东大学硕士学位论文,2021年。
[5] 中国社会科学院考古研究所科技考古中心动物考古实验室:《河南柘城山台寺遗址出土动物遗骸研究报告》,《豫东考古报告——"中国商丘地区早商文明探索"野外勘察与发掘》,科学出版社,2017年,第367~393页。

（19）午台遗址[1]

从数量比例来看，可鉴定标本数中家养动物（猪、狗和牛）约占80％，野生动物占20％；最小个体数中，家养动物（猪、狗和牛）约占79％，野生动物占21％。明显以家养动物为主。

从主要哺乳动物所能提供的肉食量来看（参考标准见上文）[2]，野生的鹿科约占总肉量的11％，家养的猪科占79％，牛科占9％。

（20）比较与分析

从全部动物构成来看（表4.10），除城子崖、西朱封、庄里西、后杨官庄和尉迟寺遗址外，其余遗址均以哺乳纲为主。西朱封遗址动物遗存多数为随葬动物，其中以扬子鳄骨板数量最多，因此呈现出爬行纲比例最高的特征（表4.10）。城子崖、庄里西和后杨官庄三处遗址则是因为经过全面浮选获取了大量小型动物遗存（尤其是鱼骨），从而导致鱼纲比例较高（表4.10），笔者在本章第一节中曾经对后李文化时期的两个遗址出土鱼纲和哺乳纲的肉量值进行比较，结果显示出鱼纲的肉量值要远低于哺乳纲，因此这三处遗址尽管鱼纲的数量占比非常高，但从其所能提供的肉量来看，应该仍以哺乳纲为主。尉迟寺遗址则是因软体动物比例较高而导致的哺乳纲比例较低（表4.10）。

表4.10　龙山文化时期诸遗址全部动物构成比例一览表

动物种属 遗址名称	哺乳纲	鸟　纲	爬行纲+ 两栖纲	鱼　纲	瓣鳃纲+ 腹足纲+ 甲壳纲
城子崖遗址	38％	1％	极少	50％	11％
丁公遗址	63％	2％	极少	4％	31％
边线王遗址	60％	极少	无	极少	40％
教场铺遗址	52％	2％	1％	11％	34％
前埠遗址	76％	无	无	无	24％
黄桑院遗址	61％	1％	无	无	38％
西朱封遗址	35％	无	65％	无	极少
两城镇遗址	99％	1％	无	无	无

〔1〕　烟台市博物馆发掘所获，目前尚未发表。
〔2〕　该遗址发现1件鲸的遗存，并未计入此处肉食量的统计。

动物种属 遗址名称	哺乳纲	鸟 纲	爬行纲+ 两栖纲	鱼 纲	瓣鳃纲+ 腹足纲+ 甲壳纲
庄里西遗址	13%	5%	1%	80%	1%
东盘遗址	85%	3%	4%	6%	2%
后杨官庄遗址	25%	1%	1%	52%	23%
二疏城遗址	92%	极少	极少	极少	8%
西孟庄遗址	97.14%	1.4%	0.45%	0.39%	0.61%
午台遗址	76%	极少	极少	14%	10%
芦城孜遗址	77%	无	1%	无	22%
石山孜遗址	92%	无	6%	无	2%
尉迟寺遗址	39%	极少	1%	极少	59%
藤花落遗址	97%	无	无	3%	无
十里铺北遗址	67.75%	0.3%	无	14.5%	17.45%
山台寺遗址	81.27%	1.2%	1.34%	7.05%	9.14%

　　丁公、桐林、城子崖、边线王、二疏城等遗址均同时包含龙山文化早期到晚期的遗存,教场铺遗址同时包含了龙山文化中期到晚期的遗存,东盘、西孟庄、两城镇和藤花落等遗址同时包含了龙山文化早期到中期的遗存。这些遗址中大部分都缺乏相关遗迹的细化分期信息,因此笔者只能暂时将各遗址视作一个大的时期(龙山文化时期)进行数据的计算和统计工作[1],目前还不能探讨龙山文化各期演变与动物利用之间的关系。

　　从哺乳动物的数量比例来看,本时期做过动物考古工作的遗址中除城子崖、教场铺、后杨官庄、西孟庄和芦城孜遗址外,其余均以家养哺乳动物为主(表4.11),与大汶口文化晚期的特征较为一致。教场铺遗址从可鉴定标本数来看,野生哺乳动物比例稍高,但从最小个体数来看,家养哺乳动物的比例要比野生哺乳动物高(表4.11),因此,该遗址先民利用最多的动物应该也为家养动物。城子崖和西孟庄遗址,虽然家养动物在数量比例上不占优势,但从肉食量构成来看

---

〔1〕 西孟庄和丁公遗址有具体的分期信息,这两处遗址的数据是将所属不同时期数据累积起来综合统计的。

(表4.12),还是以家养哺乳动物为主的。只有后杨官庄和芦城孜遗址,无论是从数量比例(可鉴定标本数和最小个体数)还是肉食量来看,都是以野生哺乳动物为主的(表4.11、4.12),显示出其特殊之处。

表4.11 龙山文化时期诸遗址哺乳动物构成比例一览表

遗址名称	可鉴定标本数		最小个体数	
	家养哺乳动物	野生哺乳动物	家养哺乳动物	野生哺乳动物
桐林遗址	81%	19%	71%	29%
城子崖遗址	41%	59%	50%	50%
丁公遗址	82%	18%	80%	20%
边线王遗址	95%	5%	92%	8%
教场铺遗址	46%	54%	61%	39%
黄桑院遗址	55%	45%	60%	40%
两城镇遗址	99%	1%	91%	9%
庄里西遗址	71%	29%	57%	43%
东盘遗址	59%	41%	66%	34%
后杨官庄遗址	39%	61%	35%	65%
二疏城遗址	54%	46%	59%	41%
西孟庄遗址	25%	75%	43%	57%
午台遗址	80%	20%	79%	21%
芦城孜遗址	34%	66%	41%	59%
石山孜遗址	26%	74%	50%	50%
尉迟寺遗址	51%	49%	59%	41%
藤花落遗址[1]	57%	43%	52%	48%
十里铺北遗址	88%	12%	71%	29%
山台寺遗址	44%	56%	44%	56%

---

[1] 该遗址鉴定报告中认为猪群中多数为野猪,根据本文的研究结果,笔者推断该遗址龙山文化时期猪群中应该还是以家猪为主的,因此本表及表4.12,以及均将猪视为家猪进行计算和统计。

表 4.12　龙山文化时期诸遗址哺乳动物肉量构成一览表

动物＼遗址		教场铺	桐林	城子崖	边线王	丁公	黄桑院	庄里西	后杨官庄	东盘	二疏坡	西孟庄	两城镇	藤花落	午台	芦城孜	十里铺北	山台寺	尉迟寺
家养哺乳动物	猪	72%	82%	47%	85%	87%	44%	51%	35%	67%	68%	31%	57%	54%	79%	35%	50%	39%	56%
	狗	1%	1%	2%	1%	1%	4%	1%	1%	1%	极少	1%	2%	1%	1%	1%	1%	1%	1%
	牛科[1]	10%	5%	27%	9%	6%	28%	29%	13%	9%	8%	38%	34%	9%	9%	12%	35%	21%	13%
	总比例	83%	88%	76%	95%	94%	76%	81%	49%	77%	76%	68%	93%	64%	89%	48%	86%	61%	70%
野生哺乳动物	鹿科	17%	10%	23%	5%	6%	24%	14%	51%	23%	24%	29%	7%	33%	11%	52%	14%	35%	29%
	其他动物	极少	2%	1%	无	极少	极少	5%	极少	极少	极少	1%	无	3%	极少	无	极少	4%	1%
	总比例	17%	12%	24%	5%	6%	24%	19%	51%	23%	24%	27%	7%	36%	11%	52%	14%	39%	30%

[1]　从目前的发现来看，笔者认为龙山文化时期，海岱地区多个区域已经出现家养黄牛，部分遗址中出现家养羊，因此在此处分析中，牛和羊合并为牛科，作为家养动物进行统计。

从区域划分来看,鲁北和胶东半岛地区总体表现出以家养哺乳动物为主的特征;鲁南苏北和皖北地区却存在有遗址间的差异,除上文提及的后杨官庄和芦城孜遗址外,尹家城遗址也是以野生哺乳动物为主的。笔者认为鲁南苏北和皖北地区呈现出来的这种差异应该是不同聚落先民对周围自然资源开发利用程度不同的具体表现。

从肉食量来看(表4.12),除后杨官庄和芦城孜这两处上文提到的明显以野生哺乳动物为主的遗址外,只有西孟庄遗址比较特殊,其余遗址都是以家猪为主的,家猪提供总肉量的一半以上。可见,龙山文化时期,大多数遗址(聚落)延续了大汶口文化晚期对家猪的强化利用。西孟庄遗址,为一处龙山文化早中期的小型聚落,发掘者认为其性质比较特殊,有可能是一处带有军事性质的聚落[1],该遗址发现的肉食结构特征与其他遗址不同,可能与其独特的性质有关。

龙山文化时期,聚落等级差异明显,从哺乳动物的利用特征来看,高等级聚落总体呈现出比低等级聚落更加强化的家养动物(尤其是家猪)利用特征(表4.11、4.12),同时也呈现出对瓣鳃纲动物的强化利用(表4.10)。这种特征似乎表明,高等级聚落中可能存在专门的手工业(如制蚌业)生产,也会消费更多的家养哺乳动物(家猪)。

总的来说,龙山文化时期,大部分遗址都延续了大汶口文化晚期的生业特征,以饲养家养动物(主要是家猪)来获取主要的肉食资源,狩猎野生哺乳动物、渔猎捕捞其他野生动物来补充所需的肉食资源;鲁南苏北皖北的部分遗址,仍然以狩猎野生哺乳动物(主要是鹿科)来获取主要的肉食资源,家养动物在先民的肉食结构中占的比例并不高。

5. 小结

尽管不同时期不同地区遗址(聚落)间发现的动物遗存有着或多或少的差异,但是总的来说都包括:鹿科、牛科等食草动物,猪科、犬科(主要是狗)等杂食动物,少量啮齿目、兔形目等小型哺乳动物,一定数量的鱼纲、鸟纲和爬行纲,一定数量的瓣鳃纲、腹足纲和甲壳纲等,少量的大中小型食肉目动物等。尽管不同遗址之间上述动物的比例构成存在差异,但从对动物的利用来说,先民获取上述大多数动物的主要目的都是获取肉食资源。在现代社会中占据重要地位的经济型动物如提供皮毛和奶的羊只存在于少数几个遗址中且数量都很少,没有证

---

[1] 孙波、梅圆圆:《基层聚落还是军事据点——山东滕州西孟庄龙山寨墙聚落的一些探讨》,《中国文物报》2020年4月17日第6版。

据表明先民曾经利用其皮毛或奶产品;现代社会中重要的皮毛动物如貉、貂等小型食肉目动物在各遗址中发现的数量也都非常少,难以判断先民是否对其进行过这方面的利用;能够提供油脂等产品的獾在各个遗址中发现的数量也都非常少,目前没有明显证据表明先民对其有过这方面的利用。因此笔者认为,新石器时代海岱地区先民利用动物的主要目的还是为了获得相应的肉食,单从目前的发现来看,讨论一些动物(如食肉目类毛皮动物)特殊利用方式的证据还远远不够。

　　单从肉食资源的获取情况来看,海岱地区新石器时代先民的经济生活方式在不同时期有着各自的特点。

　　后李文化时期,先民主要的肉食来源为野生动物,先民通过狩猎野生哺乳动物和鸟类,捕捞淡水鱼类和贝类等来获取肉食,同时可能开始饲养家猪来补充和储备肉食。渔猎经济成为当时先民主要的经济活动,捕捞鱼类和狩猎鸟类在先民经济生活中的比重也都比较高;家猪饲养尚处于开始阶段,在先民经济生活中的比重较低(图4.8)。

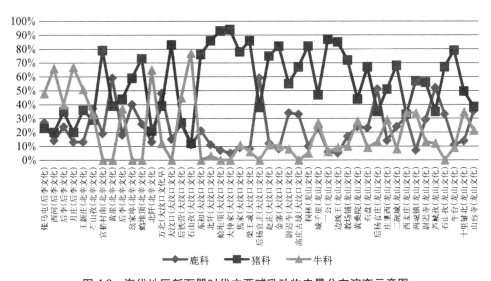

图4.8　海岱地区新石器时代主要哺乳动物肉量分布演变示意图

　　北辛文化时期,先民的生存范围比后李文化时期大大增加;随着生活区域的扩大,先民也开始了对海洋资源的开发与利用。本时期不同地区之间存在着一定的差异。鲁中南苏北地区的先民们已经开始饲养家猪,部分遗址(聚落)中家猪饲养开始成为先民获取肉食资源的主要活动,仍有部分遗址(聚落)以狩猎野生动物来获取主要的肉食资源;鲁北地区的先民们应该也饲养家猪,但饲养水平并不高,家猪饲养规模也不大,狩猎活动仍然是先民获取肉食资源的主要方式;胶东半岛地区先民们大量的捕捞贝类来获取肉食,同时也开始饲养家猪,但家猪饲养在先民经济生活中并不占主导地位。总的来说,本时期各遗址普遍存在饲养家猪的现象,但各遗址间家猪饲养的规模和水平都存在差异,有的遗址以饲养家猪来获取主要的肉食资源,有的地区仍然以渔猎活动来获取主要的肉食资源,渔猎经济仍然是本时期先民非常重要的经济活动。

　　大汶口文化时期,延续的时间比较长,可以大致分为早期和中晚期两个阶段进行讨论。

　　早期阶段,发现的遗址多位于胶东半岛和鲁南苏北皖北地区,不同区域间动物资源利用的差异仍然存在。胶东半岛地区先民与北辛文化时期一样,依然会利用沿海的有利条件,大量捕捞贝类来获取肉食资源;但同时其家猪饲养也已经达到了一定的规模,能够为当时先民提供相对稳定的肉食资源。鲁南苏北和皖北地区,先民也会捕捞数量较多的软体动物,但主要的肉食资源还是来自哺乳纲;由于区域自然地理条件较好,遗址间哺乳动物的构成存在差异,有的遗址以饲养家猪来获取主要的肉食资源,有的遗址则以狩猎野生哺乳动物来获取主要的肉食资源。

　　到中晚期阶段,发现的遗址多位于鲁北、鲁南苏北和皖北地区。这一时期先民开始饲养黄牛,但饲养规模并不大,数量也都比较少。多数遗址中家养动物(主要是家猪)在先民经济生活中开始占据优势地位,家猪饲养规模较大,饲养水平较高;从数量比例和肉食量比例的纵向演变可以看出,本时期家猪饲养规模达到了最高程度,这应该可被视作先民对家猪强化利用的证据。

　　龙山文化时期,多数遗址继承了大汶口文化晚期的生业特征,以饲养家猪和黄牛来获取主要的肉食资源,鲁南和皖北地区有的遗址仍然以狩猎野生动物来获取主要的肉食资源,这应该与先民对聚落周围自然资源开发利用程度的差异有关。本时期,聚落等级存在差别,高等级聚落先民对家猪的利用程度要更高一些,且瓣鳃纲(主要为蚌科)遗存在动物群中的比例也比较高,说明可能存在专门的蚌器生产。性质较为特殊的聚落,在动物资源利用方面也存在一定的特殊之处。

第三节　海岱地区新石器时代的生业经济

　　本节主要介绍来自植物考古方面的证据,并结合上文关于动物考古的研究成果,探讨海岱地区新石器时代的生业经济状况。

一、后李文化时期

1. 植物考古研究成果

本时期多个遗址均做过植物考古的相关研究,发表过包括炭化植物遗存、植硅体和淀粉粒等多个方面的研究成果。

(1)月庄遗址

炭化遗存研究结果表明[1]:该遗址发现的植物包括稻、粟、黍、黍族、藜属、蓼属、酸模叶蓼、十字花科、紫苏属、马齿苋属、大豆属和葡萄属等;稻、粟、黍和黍族为栽培植物,这些粮食作物遗存中尤以黍和稻谷两种最为重要;先民已经开始栽培水稻和黍,杂草类植物与华北其他新石器时代遗址较为类似,反映出相似的人居景观和栽培行为;炭化橡果和葡萄核的发现,则表明树木和林边植被同样是月庄先民的食物来源。

淀粉粒研究[2]结果表明:栎属(橡子类)、稻属和黍等植物是先民直接利用的对象,与炭化植物遗存研究结果可以相互印证。

(2)张马屯遗址

炭化遗存研究结果[3]表明:该遗址发现的植物包括粟、黍、麦、禾本科、黍亚科、狗尾草属、豆科、茜草科、紫堇属、藜属、野西瓜苗、葡萄属、酸浆属、桑属等;粟、黍、麦为栽培植物,其中黍最多,麦和粟较少;黍、粟等农业作物发现数量虽然非常少,但暗示聚落先民可能已经有栽培行为;果实类和其他茎叶可食的野生植物占据了相当大的比重,说明采集野生资源是后李时期先民获取植物性食物最重要的方式。

淀粉粒研究结果表明[4]:粟黍类、小麦族、薏苡属、壳斗科栎属、豆科及未知种属植物是先民直接利用的对象,这些植物种属来源较为多样,显示出先民利用植物性食物资源的多样性;薏苡属和壳斗科栎属的发现弥补了植物大遗存研究的不足。

---

〔1〕 Gary W. Crawford、陈雪香、栾丰实、王建华:《山东济南长清月庄遗址植物遗存的初步分析》,《江汉考古》2013 年第 2 期,第 107~116 页。

〔2〕 王强、栾丰实、上条信彦、李明启、杨晓燕:《山东月庄遗址石器表层从残留物的淀粉粒分析:7 000 年前的食物加工及生计模式》,《东方考古(第 7 集)》,科学出版社,2010 年,第 290~295 页。

〔3〕 吴文婉、靳桂云、王兴华:《海岱地区后李文化的植物利用和栽培:来自济南张马屯遗址的证据》,《中国农史》2015 年第 2 期,第 3~13 页。

〔4〕 赵珍珍、靳桂云、王兴华:《济南张马屯遗址古人类植物性食物资源利用的淀粉粒分析》,《东方考古(第 14 集)》,科学出版社,2018 年,第 202~213 页。

（3）西河遗址

炭化遗存研究结果表明[1]：该遗址发现的植物包括稻、粟、豆科、禾本科、狗尾草属、稗属、莎草属、藜属、苔草属、苋属、菊科、葡萄属、桑属和山桃等；粟、稻等为栽培植物；除稻和粟等可能的栽培作物外，西河聚落植物遗存组合的特点之一就是野生植物种类比较丰富。

（4）前埠下遗址

植硅体研究结果表明[2]当时遗址周围生长了大量的反映温暖湿润环境的植物；H133 可能是先民加工或集中堆放禾本科植物的场所。

（5）六吉庄子遗址

淀粉粒研究结果表明[3]：块茎类植物、禾本科小麦族植物和禾本科植物是先民直接利用的植物。

（6）小结

后李文化时期，各聚落对野生植物资源的利用都非常广泛，各个遗址都发现了大量的可供食用的果实类、蔬菜类植物，同时还有一些植物具有药用作用或可以作为动物的饲料。这一时期开始出现了少量初具驯化特征的粟、黍等农作物，个别遗址发现了少量麦类植物和稻。粟、黍等农作物在先民的食谱中所占比例还较低，采集野生植物是主要的生业方式。

2. 后李文化时期的生业经济

植物考古研究成果表明，后李文化时期先民已经开始栽培种植部分粮食作物（如粟、黍和稻等），但其所占比重都比较低；遗址中发现的数量较多、种属繁杂的野生植物资源应为先民主要利用的植物性食物。

动物考古研究成果表明，后李文化时期先民已经饲养狗，有可能开始饲养家猪；先民饲养狗的主要目的并非获取其肉食，而可能是帮助自身进行狩猎活动；本时期属于家猪驯化的初期阶段，遗址中同时存在家猪和野猪，家猪的数量比较少；从动物群构成来看，先民主要依靠狩猎野生哺乳动物和鸟类、捕捞水生的鱼类和软体动物等来获取所需的肉食资源，饲养家猪在先民生业经济活动中占的比重比较低。

---

[1]　吴文婉、张克思、王泽冰、靳桂云：《章丘西河遗址（2008）植物遗存分析》，《东方考古（第 10 集）》，科学出版社，2013 年，第 373～390＋477～478 页。

[2]　靳桂云：《前埠下遗址植物硅酸体分析报告》，《山东省高速公路考古报告集（1997 年）》，科学出版社，2000 年，第 106～107 页。

[3]　吴文婉、靳桂云、王海玉、田永德：《山东诸城六吉庄子遗址磨盘、磨棒淀粉粒分析初步结果》，《南方文物》2017 年第 4 期，第 201～206 页。

综合来看,后李文化时期,先民生业经济的最大特征是食物来源的广泛性,尤其是种属繁杂、数量众多的野生动植物资源是先民最主要的食物来源,这些野生动植物资源全部来自遗址周边的山林和水域中,显示出先民对周边自然资源的依赖程度较高;同时,先民也开始栽培粟、黍和稻等粮食作物,开始饲养狗和猪等家畜,但这类活动在先民生业经济中所占的比重还比较低。

二、北辛文化时期

1. 植物考古研究成果

本时期发表的植物考古研究成果并不多,介绍如下。

（1）南屯岭遗址

炭化植物遗存研究成果表明[1]：该遗址发现黍和莲子;莲子的发现说明该遗址在北辛文化时期,除了有适合旱地作物黍的台地之外,附近还应有较多的水资源,先民采集莲子可能作为食物或者药用。

（2）东盘遗址

炭化植物遗存研究成果表明[2]：该遗址发现稻谷、粟、黍、狗尾草属、马唐属、黍亚科、藜科、苋科、蓼科、豆科、马齿苋属、苍耳和紫苏等;稻、粟和黍为农作物,数量非常少;稻米颖果较瘦长可能因为还处在稻谷的驯化栽培阶段;本时期先民已经开始一定的农业种植行为,且表现出稻、粟种植兼备的特征。

（3）小结

本时期的植物考古研究成果较少,从上述成果可见,本时期各遗址已经从事农业生产活动,在有的遗址中已经表现出旱稻混作的农业格局;野生植物仍然是先民利用最多的植物性资源。

2. 北辛文化时期的生业经济

植物考古研究成果表明,本时期先民已经开始从事农业生产,种植稻、粟等农作物,但其所占比重仍然不高,野生植物资源仍然是先民利用最多的植物性食物。

动物考古研究成果表明,本时期不同区域间先民对动物资源的利用存在一定的差异。胶东半岛地区先民开始对海洋资源进行开发和利用,采集了大量海生软体动物,软体动物在动物群中的比重非常高;其他地区先民则加大了对哺乳

---

〔1〕　陈雪香：《山东日照两处新石器时代遗址浮选土样结果分析》,《南方文物》2007 年第 1 期,第92~94 页。

〔2〕　王海玉、刘延常、靳桂云：《山东省临沭县东盘遗址 2009 年度炭化植物遗存分析》,《东方考古（第 8 集）》,科学出版社,2011 年,第 357~372 页。

纲动物的利用,与后李文化时期相比,哺乳纲比重升高,而相应的鱼纲和鸟纲的比重呈现下降的趋势。各遗址中都普遍出现家养的狗和猪,但其比重在大多数遗址中都还比较低,个别遗址中家养动物(狗和猪)的比重较高,显示出本时期家畜(主要是家猪)饲养的不平衡性特征,遗址间还存在较大的差异,但与后李文化时期相比,家畜饲养的比例总体上还是呈现上升的趋势。

综合来看,北辛文化时期,先民的食物来源仍然比较广泛,各遗址中都发现有种属繁杂的野生动植物资源;与后李文化时期相比,部分野生资源(如鱼纲、鸟纲等)比重呈现下降的趋势,可能是先民生业活动重心转移的表现;粟、稻等农作物的种植活动在先民生业经济中占的比重仍然不高,家畜饲养在大多数遗址中所占的比重也并不高,显示出本时期先民从事食物生产的能力虽然比前一时期有所增加,但总体水平依然不高;家畜饲养的不均衡性特征表明少数遗址的先民食物生产水平较高。

三、大汶口文化时期

1. 植物考古研究成果

本时期做过植物考古工作的遗址较多,已发表成果的包括炭化植物遗存、植硅体、淀粉粒和木材等方面,下面将主要介绍部分遗址炭化植物遗存和植硅体的研究成果。

(1) 玉皇顶遗址

该遗址年代为北辛文化晚期到大汶口文化早期,植硅体研究成果[1]表明:植硅体都有吸附碳的现象,可能表明这几个样品中都包含经过燃烧的物质,很可能是各种植物(禾本科植物为主)曾经作为某种燃料;H104 中发现了少量的谷子和黍子稃壳植硅体,可能表明玉皇顶遗址中曾经有谷子和黍子这两种粮食作物,遗址中发现的磨制石刀、磨石、磨盘和磨棒等,可能也表明当时有粟作农业。

(2) 北阡遗址

该遗址年代为大汶口文化早期,炭化植物遗存研究结果[2]表明:该遗址发

〔1〕 靳桂云、赵敏、王传明、党浩:《山东济宁玉皇顶遗址植硅体分析及仰韶时代早期粟作农业研究》,《海岱考古(第三辑)》,科学出版社,2010 年,第 100~113 页。

〔2〕 靳桂云、王育茜:《北阡遗址 2007 年出土炭化植物遗存分析》,《考古》2011 年第 11 期,第 19~23 页;靳桂云、王育茜、王海玉、吴文婉:《山东即墨北阡遗址(2007)炭化种子果实遗存研究》,《东方考古(第 10 集)》,科学出版社,2013 年,第 239~254 页;王海玉、靳桂云:《山东即墨北阡遗址(2009)炭化种子果实遗存研究》,《东方考古(第 10 集)》,科学出版社,2013 年,第 255~279 页;吴瑞静:《大汶口文化生业经济研究——来自植物考古的证据》,山东大学硕士学位论文,2018 年。

现的植物包括黍亚科、早熟禾亚科、唇形科、大戟科、天南星、紫筒草、茄科、莎草科、菊科、蓼科、尼泊尔蓼、酸模、扁担杆、堇菜、禾本科、狗尾草属、藜属、豆科、藜科、苋科、苋属、马齿苋属、地肤、猪毛菜、甘菊、苍耳、葫芦科、蔗草属、水莎草、铁苋菜、马唐属、益母草、稗属、草木樨属、野大豆、黄芪属、胡枝子、豇豆属、百合科、锦葵科、紫苏属、水棘针、拉拉藤属、李属、鼠李科、酸浆属、葡萄属、山楂属、榛属、称猴桃属、栎果、粟、黍和稻;农作物包括粟、黍和稻,以黍为主,稻非常少;植物组合中,农作物的比重明显高于非农作物,形成了以黍作为主、兼有少量粟作的旱作农业格局;聚落的植物性食物结构是以黍等粮食作物为主的,兼有栎果等坚果类以及少量李属、葡萄属等水果和马齿苋属等野菜资源,先民渔猎采集的活动半径较大。

（3）大汶口遗址

该遗址浮选获取的植物遗存年代为大汶口文化早期,炭化植物遗存研究成果[1]表明:该遗址的植物包括黍、粟、水稻、藜、地肤、葫芦科、莎草科、马唐属、狗尾草属、野稷、虎尾草、夏至草、紫苏、草木樨、野大豆、棘豆属、酸模、悬钩子属和山楂属等;粟、黍、水稻为农作物,以粟黍为主,稻非常少;农业生产占据主导地位。

（4）建新遗址

该遗址时代为大汶口文化中晚期,炭化植物鉴定结果为粟[2],应为农作物。

（5）三里河遗址

该遗址时代为大汶口文化晚期,炭化植物鉴定结果为粟[3],还发现完整粟粒和粟叶印痕,粟为农作物。

（6）徐家村遗址

该遗址时代为大汶口文化时期,炭化植物鉴定结果[4]为:稻谷、黍、粟、黍亚科和旋花科;稻、黍和粟的作物组合可能表现的是旱稻混作的农作物结构。

（7）焦家遗址

该遗址年代为大汶口文化中晚期,炭化植物遗存鉴定结果[5]表明:该遗址

〔1〕 吴瑞静:《大汶口文化生业经济研究——来自植物考古的证据》,山东大学硕士学位论文,2018年。

〔2〕 孔昭宸等·《建新遗址生物遗存鉴定和孢粉分析》,《枣庄建新——新石器时代遗址发掘报告》,科学出版社,1996年,第231~234页。

〔3〕 中国科学院植物研究所:《三里河遗址植物种籽鉴定报告》,《胶县三里河》,文物出版社,1988年,第185页。

〔4〕 陈雪香:《山东日照两处新石器时代遗址浮选土样结果分析》,《南方文物》2007年第1期,第92~94页。

〔5〕 吴瑞静:《大汶口文化生业经济研究——来自植物考古的证据》,山东大学硕士学位论文,2018年。

的植物包括粟、黍、大麻、天南星科、藜、地肤、蒿属、菟丝子、葫芦科、水葱、野燕麦、虎尾草、马唐属、野稷、早熟禾、狗尾草属、地笋、黄芪属、野大豆、草木樨、卷茎蓼、龙葵、蛇床、堇菜、悬钩子属和葡萄属等;粟、黍、大麻为农作物,且以粟为主,黍次之,大麻较少,属于典型的北方旱作农业;对野生植物资源利用不多。

（8）芦城孜遗址

该遗址年代为大汶口文化时期,炭化植物遗存鉴定结果[1]表明:该遗址植物包括稻、粟、狗尾草属、马唐属、其他黍亚科、藜科和豆科;其中稻和粟为农作物,以粟为主;呈现出粟稻混作的农业生产模式。

（9）尉迟寺遗址

该遗址年代为大汶口文化晚期,炭化植物遗存鉴定结果[2]表明:该遗址出土的植物包括粟、稻、黍、黍亚属、紫苏、葫芦科、豆科和藜科等;粟、黍和稻为农作物,以粟为主;呈现出稻旱混作的农作物结构;采集经济占的比重较低。

（10）杨堡遗址

该遗址年代为大汶口文化晚期,炭化植物遗存鉴定结果[3]表明:该遗址植物包括稻、粟、黍、狗尾草属、马唐属、马齿苋科、禾本科、莎草科、菊科、苋科、牛筋草、反枝苋等;其中稻、粟和黍为农作物,且以稻为主;呈现出稻旱混作的农作物结构。

（11）金寨遗址

该遗址年代为大汶口文化晚期,炭化植物遗存和植硅体鉴定结果[4]表明:该遗址植物包括粟、黍、稻、狗尾草属、泽漆、铁苋菜、葫芦科、紫苏、藜属、红豆杉属和木瓜属等;粟、黍和稻为农作物,且以粟为主;呈现出旱稻混作的农作物结构,且农作物是先民主要的植物性食物来源,野生植物茎叶和果类的采集是先民食物资源的重要补充。

（12）小结

本时期做过植物考古工作的遗址数量要比前一时期多,根据遗址所属时期可大致分为大汶口文化早期和大汶口文化中晚期。

---

[1] 王育茜、陈松涛、贾庆元、高雷、靳桂云:《安徽宿州芦城孜遗址 2013 年度浮选结果分析报告》,《海岱考古(第九辑)》,科学出版社,2017 年,第 365~380 页。

[2] 中国社会科学院考古研究所、安徽省蒙城县文化局:《蒙城尉迟寺(第二部)》,科学出版社,2007 年,第 328~337 页。

[3] 程至杰、杨玉璋、袁增箭、张居中、余杰、陈冰白、张辉、宫希成:《安徽宿州杨堡遗址炭化植物遗存研究》,《江汉考古》2016 年第 1 期,第 95~103 页。

[4] 杨凡、张小雷、靳桂云:《安徽萧县金寨遗址(2016 年)植物遗存分析》,《农业考古》2018 年第 4 期,第 26~33 页。

大汶口文化早期,各遗址都发现有粟、黍和稻这几类农作物,以种植粟、黍的旱作农业为主;从各遗址出土的野生植物来看,先民在从事农业生产之余也会利用遗址周边的野生植物资源。从区域特征来看,胶东半岛地区似乎对野生植物资源利用的要更多一些,其农作物结构也显得较为单一。

大汶口文化中晚期,各遗址也大都发现有粟、黍和稻这几类农作物,且农作物比重比较高,本时期已经形成强化型农业;仍然存在采集野生植物的活动,但采集活动的比重较低。从区域特征来看,鲁北地区为旱作农业,而皖北地区则为稻旱混作的农业结构。

2. 大汶口文化时期的生业经济

从植物考古研究成果来看,本时期各遗址植物主要包括三种类型:一是农作物,主要为粟、黍和稻,有的遗址还发现有大麻;二是农田杂草类,可以表现出先民对农田的控制活动;三是果实类,多为先民采集所获的食物资源。大汶口文化早期,先民采集的野生植物相对较多,到大汶口文化中晚期则大大减少,显示出对农业生产的强化利用。个同区域间存在农作物结构的差异,这可能与区域自然环境及先民的选择有关。

从动物考古研究成果来看,从大汶口文化早期到中晚期,变化比较明显。大汶口文化早期,继承了北辛文化时期的特征,区域间动物资源利用差异明显,胶东半岛先民利用最多的为软体动物,形成了当时特有的贝丘遗址,而鲁中南苏北皖北地区先民利用最多的则为哺乳纲动物。到大汶口文化中晚期,无论是鲁北还是鲁南苏北和皖北地区,哺乳纲动物都成为本时期遗址中利用最多的动物资源。而从家畜饲养来看,大汶口文化早期先民对家养动物(主要是家猪)的利用存在着区域间发展不平衡的现象;到大汶口文化中晚期,鲁南苏北、皖北和鲁东南地区开始出现家养黄牛,家养动物(主要为家猪)在大多数遗址中的比重都比较高(后杨官庄和尉迟寺遗址除外),也正是在这一时期出现了数量较多的关于猪骨的特殊埋藏现象,这些都显示出本时期先民对家猪的强化利用特征。

综合来看,大汶口文化早期,先民在生业经济方面继承了北辛文化时期的特征,农业生产和家畜饲养都得到了一定程度的发展,但采集野生植物、捕捞野生软休动物、渔猎野生哺乳动物等在先民经济活动中仍然占据比较重要的地位。到大汶口文化中晚期,农业生产进一步强化,不同地区形成不同的农作物结构;家养动物也得到了进一步发展,新出现家养黄牛,且家猪的饲养规模和饲养水平都得到了快速发展,区域间差异变小,先民不仅食用猪肉,还会较多的利用家猪随葬墓中和举行祭祀、奠基等活动,显示出对家猪的强化利用。

四、龙山文化时期

1. 植物考古研究成果

本时期做过植物考古研究的遗址比较多,发表的文章包括炭化植物遗存、植硅体、淀粉粒和木材等方面,下面将主要介绍部分遗址的炭化植物遗存和植硅体研究成果。

(1)薛家庄遗址

该遗址位于鲁北地区,炭化植物遗存分析[1]表明:该遗址的植物包括粟、黍、水稻、大豆、黍亚属、豆科、菊科、马齿苋科、紫苏、苋科、茄科、蓼科、麻栎等;粟、黍、稻、豆为栽培植物,以粟为主;该遗址以旱作农业占主导地位,有采集野生植物作为食物的现象。

(2)教场铺遗址

该遗址位于鲁北地区,炭化植物遗存分析[2]表明:该遗址的植物包括粟、黍、水稻、小麦、大豆、豆科、禾本科、蓼科、藜科、苋科和菊科;粟、黍、水稻和小麦为农作物,以粟为主;该遗址以旱作农业占主导地位。

(3)宁家埠遗址

该遗址位于鲁北地区,炭化植物遗存分析[3]表明:该遗址的植物包括粟、黍、大豆、马唐、狗尾草、草木樨、胡枝子、藜、猪毛菜、苍耳和硬果壳核;粟、黍、大豆为农作物,以粟为主;该遗址属旱作农业生产结构,同时采集利用野生植物资源。

(4)丁公遗址

该遗址位于鲁北地区,2014 年浮选所获的炭化植物遗存分析[4]表明:该遗址的植物包括粟、黍、稻、小麦、大豆、草木樨、胡枝子、豆茶决明、苜蓿、黄芪、直立黄芪、马唐、止血马唐、狗尾草、大狗尾草、金色狗尾草、雀稗、稗、野燕麦、糠稷、野稷、看麦娘、虎尾草、荩草、芦竹、牛筋草、早熟禾、紫苏、水棘针、地笋、酸模叶蓼、酸模、萹蓄、两栖蓼、地肤、藜、猪毛菜、碱蓬、苍耳、铁苋菜、地锦、地丁草、黄花龙牙、菟丝子、圆叶锦葵、大麻、泽泻、委陵菜、葡萄、乌蔹梅、马儿、堇菜、黄海棠、

〔1〕 靳桂云、王传明、兰玉富:《诸城薛家庄遗址炭化植物遗存分析结果》,《东方考古(第 6 集)》,科学出版社,2009 年,第 350~353 页。

〔2〕 赵志军:《两城镇与教场铺龙山时代农业生产特点的对比分析》,《东方考古(第 1 集)》,科学出版社,2004 年,第 210~215 页。

〔3〕 魏娜、袁广阔、王涛、张溯、郭荣臻、靳桂云:《山东章丘宁家埠遗址(2016)炭化植物遗存分析》,《农业考古》2018 年第 1 期,第 16~24 页。

〔4〕 吴文婉、姜仕炜、许晶晶、靳桂云:《邹平丁公遗址(2014)龙山文化植物大遗存的初步分析》,《中国农史》2018 年第 3 期,第 14~20+13 页。

景天三七、核桃和麻柳等；农作物主要有粟、黍、稻、小麦和大豆，粟占数量最多，其次是水稻，黍、小麦和大豆的数量都较少；该遗址是以旱作农业为主的多品种混作的农作物生产格局；农业生产占据主导地位。

（5）房家遗址

该遗址位于鲁北地区，炭化植物遗存分析[1]表明：该遗址的植物包括粟、黍、稻、大豆、黍亚科、豆科、野大豆、藜科、苋科、蓼科、菊科和葡萄属等；农作物包括粟、黍、稻和大豆，其中粟和黍都比较多，稻和大豆都很少；遗址农作物遗存资料较少，野生植物遗存相对较多，可能反映聚落农业发展水平有限。

（6）城子崖遗址

该遗址位于鲁北地区，植硅体分析[2]表明：该遗址的植物包括粟、黍、稻、小麦、禾本科、黍亚科、画眉草亚科、早熟禾亚科和蕨科等；粟、黍、稻、麦为农作物，其中粟、黍的数量最多，稻次之，小麦和大豆占有一定比重；该遗址属于多种农作物并存、以旱作农业为主的农业生产格局；农业生产居于主要地位。

（7）黄桑院遗址

该遗址位于鲁北地区，炭化植物遗存分析[3]表明：该遗址的植物包括粟、黍、粟草、堇菜和豆科等；粟和黍为农作物，以粟为主。

（8）桐林遗址

该遗址位于鲁北地区，炭化植物遗存和植硅体分析[4]表明：该遗址的植物包括粟、黍、稻、豆科、蓼科、藜科、苋科、莎草科、蔷薇科、唇形科、黍亚科、稗属、马唐属、假稻属、葡萄属、野大豆和果壳等；粟、黍、稻为农作物，以粟为主，水稻次之。

（9）赵家庄遗址

该遗址位于鲁北地区，炭化植物遗存及植硅体分析[5]表明：该遗址的植物包括水稻、粟、黍、小麦、大麦、蓼科、葫芦科、唇形科、禾本科、野西瓜苗和莎草科

〔1〕靳桂云、王传明、张克思、王泽冰：《淄博市房家龙山文化遗址植物考古报告》，《海岱考古（第四辑）》，科学出版社，2011年，第66~71页。
〔2〕葛利花：《城子崖遗址史前生业经济的植硅体分析》，山东大学硕士学位论文，2019年。
〔3〕张飞、王青、陈章龙、张昀、陈雪香：《山东章丘黄桑院遗址2012年度炭化植物遗存分析》，《东方考古（第15集）》，科学出版社，2019年，第174~189页。
〔4〕靳桂云、吕厚远、魏成敏：《山东临淄田旺龙山文化遗址植物硅酸体研究》，《考古》1999年第2期，第82~87+104页；宋吉香：《山东桐林遗址出土植物遗存分析》，中国社会科学院研究生院硕士学位论文，2007年。
〔5〕靳桂云、燕生东、宇田津彻郎、兰玉富、王春燕、佟佩华：《山东胶州赵家庄遗址4000年前稻田的植硅体证据》，《科学通报》2007年第18期，第2161~2168页；靳桂云、王海玉、燕生东等：《山东胶州赵家庄遗址龙山文化炭化植物遗存研究》，《科技考古（第三辑）》，科学出版社，2011年，第36~53页。

等;农作物包括水稻、粟、黍、小麦和大麦,其中水稻数量最多,其次是粟,黍和麦类数量较少;农业在聚落生业经济中占有重要地位,野生植物遗存较少;聚落农业是一种稻粟混作、多种作物共存的模式。

(10) 两城镇遗址

该遗址位于鲁东南地区,炭化植物遗存分析[1]表明:遗址的植物包括黍、粟、稻、麦、苋属、菊科、豆科、藜属、蓼属、芸苔属、马齿苋属、莎草科、糁属、黍亚科、黑弹朴、茄科、李属、大戟科和野葡萄等;粟、黍、稻谷、小麦为农作物,稻谷数量最多,其次是粟,黍和小麦数量较少;该遗址以稻作农业占主导地位,有采集野生植物作为食物的现象。

(11) 东盘遗址

该遗址位于鲁东南地区,炭化植物遗存分析[2]表明:该遗址的植物包括稻谷、粟、黍、小麦、大麦、狗尾草属、稗属、马唐属、黍亚科、牛筋草、野大豆、藜科、葫芦科、苋科、蓼科、莎草科、锦葵科、菊科、马齿苋属、苍耳、紫苏、茄科、葡萄属和蔷薇科等;农作物主要有稻谷、粟、黍、小麦、大麦,其中稻占主要部分,其次为粟;该遗址属于以水稻为主,粟、黍次之,麦类兼而有之的混作农业格局。

(12) 后杨官庄遗址

该遗址位于鲁东南地区,炭化植物遗存分析[3]表明:该遗址的植物包括粟、黍、稻、藜属、黍亚科、紫苏属、野大豆、豇豆属、蓼属、莎草属、葡萄属和蔷薇科等;农作物包括粟、稻、黍三类,粟最多,其次是稻;呈现稻旱混作的农业格局。

(13) 六甲庄遗址

该遗址位于鲁东南地区,炭化植物遗存分析[4]表明:该遗址的植物包括水稻、粟、紫苏、黍亚科、豆科、菊科、茜草科和大戟科等;水稻和粟为农作物,以稻为主。

(14) 庄里西遗址

该遗址位于鲁南地区,炭化植物遗存分析[5]表明:该遗址的植物包括稻、

[1] 凯利·克劳福德、赵志军、栾丰实、于海广、方辉、蔡凤书、文德安、李炅娥、加里·费曼、琳达·尼古拉斯:《山东日照市两城镇遗址龙山文化植物遗存的初步分析》,《考古》2004 年第 9 期,第 73~80+2 页。

[2] 王海玉、刘延常、靳桂云:《山东省临沭县东盘遗址 2009 年度炭化植物遗存分析》,《东方考古(第 8 集)》,科学出版社,2011 年,第 357~372 页。

[3] 王海玉、何德亮、靳桂云:《苍山后杨官庄遗址植物遗存分析报告》,《海岱考古(第六辑)》,科学出版社,2013 年,第 133~138 页。

[4] 陈雪香:《山东日照六甲庄遗址 2007 年度浮选植物遗存分析》,《考古》2016 年第 11 期,第 23~26 页。

[5] 孔昭宸、刘长江、何德亮:《山东滕州市庄里西遗址植物遗存及其在环境考古学上的意义》,《考古》1999 年第 7 期,第 59~62+99~100 页。

黍、疑似高粱、野大豆、葡萄属、酸枣、李属和蔷薇科果壳碎片等;稻和黍为农作物,以稻为主;呈现稻旱混作的农业格局。

（15）北台上遗址

该遗址位于鲁南地区,炭化植物遗存分析[1]表明:该遗址的植物包括粟、黍、稻、小麦、大豆、小豆、豌豆属、大麦、芝麻、紫苏、大麻、枣、桑属、荆条和红豆杉科等;农作物主要有粟、黍、稻、小麦、大豆,另外还发现有极其少量的大麻、大麦及有可能为栽培作物的小豆、紫苏和芝麻,粟占绝对优势,黍和稻次之,小麦、大豆较为罕见;呈现出以粟为主,辅以黍、水稻、少量小麦和大豆的旱作农业格局。

（16）十里铺北遗址

该遗址位于鲁西南地区,炭化植物遗存分析[2]表明:该遗址的植物包括粟、黍、稻、小麦、大豆、狗尾草属、马唐属、稗属、黍属、黍亚科、虎尾草属、藨草、芦苇、牛筋草、野大豆、草木樨属、胡枝子属、藜属、地肤属、猪毛菜属、酸模属、萹蓄、酸模叶蓼、龙葵、苍耳、苋属、莹蔺、红鳞扁莎、异型莎草、紫苏属、铁苋菜、草瑞香、狐尾藻、芡实和赤爮属等;农作物有粟、黍、稻、小麦和大豆5种,其中粟的数量最多,黍次之;呈现出以旱作为主、稻作占据一定地位的多种作物种植格局。

（17）芦城孜遗址

该遗址位于皖北地区,炭化植物遗存分析[3]表明:该遗址的植物包括稻、粟、黍、黍属、狗尾草属、马唐属、稗属、黍亚科、唇形科、苋科、藜科、豆科、菊科和葫芦科等;农作物有稻、粟和黍,以稻为主。

（18）尉迟寺遗址

该遗址位于皖北地区,炭化植物遗存分析[4]表明:该遗址的植物包括粟、黍、稻、黍亚科、紫苏和蓼属等;粟、黍、稻为农作物,以水稻为主,其次是粟,黍较少;呈现出多种谷物种植的农作物结构;可能比大汶口文化晚期耕作更加精细。

（19）钓鱼台遗址

该遗址位于皖北地区,炭化植物遗存分析[5]表明:该遗址的植物包括水

〔1〕　王珍珍:《山东滕州北台上遗址植物大遗存分析》,山东大学硕士学位论文,2018年。

〔2〕　郭荣臻、高明奎、孙明、王龙、王山宾、靳桂云:《山东菏泽十里铺北遗址先秦时期生业经济的炭化植物遗存证据》,《中国农史》2019年第5期,第15~26页。

〔3〕　王育茜、陈松涛、贾庆元、高雷、靳桂云:《安徽宿州芦城孜遗址2013年度浮选结果分析报告》,《海岱考古(第九辑)》,科学出版社,2016年,第365~380页。

〔4〕　赵志军:《浮选结果分析报告》,《蒙城尉迟寺(第二部)》,科学出版社,2007年,第328~337页。

〔5〕　张娟、杨玉璋、张义中、程至杰、张钟云、张居中:《安徽蚌埠钓鱼台遗址炭化植物遗存研究》,《第四纪研究》2018年第2期,第393~405页。

稻、粟、大豆属、禾本科、柿属、酸模属、马齿苋科、莎草科、藜科、豆科、栎属和桃属等;农作物主要有水稻、粟两种,以水稻为主;呈现出以水稻种植为主、粟种植为辅的稻——粟兼作农业模式。

（20）禹会村遗址

该遗址位于皖北地区,炭化植物遗存分析[1]表明:该遗址的植物包括稻谷、小麦、粟、大麦、稗属、狗尾草属、野稷、豆科、藜、葫芦科、莎草科、蓼科、茄科、石竹科、牛筋草、苍耳、马唐、麦仁珠、花椒和悬钩子;稻、粟、小麦和大麦是农作物,以稻为主;呈现稻旱混作的农作物结构。

（21）午台遗址

该遗址位于胶东半岛地区,炭化植物遗存分析[2]表明:该遗址的植物包括粟、黍、稻、小麦、黍亚科、狗尾草属、马唐属、黍属、牛筋草、禾本科、野大豆、豆科、藜属、地肤、碎米莎草、莎草科、蓼科、菊科、大戟科、茄科、石竹科、唇形科、十字花科、锦葵科、紫苏、葫芦科、葎草、酸浆草、虮子草、酸浆属和葡萄属等;农作物包括,粟、黍、稻和小麦,粟占主要,其次是黍,稻和小麦都较少;农作物组合反映了以旱作为主、兼有小规模稻作的聚落农业体系;农作物与非农作物差距明显,表明农业生产并不占主要地位,数量众多且包含多种可食种类的非农作物遗存表明采集是居民植物性食物的重要来源。

（22）小结

本时期做过植物考古工作的遗址数量比大汶口文化时期更多一些,包括鲁北、鲁中南、鲁西南、鲁东南、胶东半岛和皖北地区。

本时期,几乎所有的遗址都同时发现粟黍等旱作农作物与稻同时存在的现象,与大汶口文化晚期比较接近;同时,又在多处遗址中发现有小麦、大豆和大麦等农作物遗存,显示出农业种植结构的复杂化。野生植物资源仍然是先民利用的对象,但在很多遗址中这类遗存发现的数量都非常少,说明先民采集活动的比重非常低,先民的主要经济活动为从事农业生产。从区域特征来看,虽然各地区都同时呈现出稻旱混作的农业格局,但从其比重来看,鲁北、胶东和鲁西南地区似以旱作农业为主,而皖北和鲁东南地区则以稻作农业为主。

2. 龙山文化时期的生业经济

从植物考古研究成果来看,本时期各遗址植物主要包括三种类型:一是农

---

〔1〕 尹达:《禹会村遗址浮选结果分析报告》,《蚌埠禹会村》,科学出版社,2013 年,第 250～268 页。

〔2〕 陈松涛、孙兆锋、吴文婉、王富强、靳桂云:《山东午台遗址龙山文化聚落生计的植物大遗存证据》,《江汉考古》2019 年第 1 期,第 105～113 页。

作物,包括粟、黍、稻、小麦、大豆和大麦等,已经发展出多种农作物并行的复杂种植制度;二是农田杂草类,可以体现出先民对农田的耕作程度,本时期有的遗址显示出明显的精耕细作特征;三是果实类,多为先民采集所获的食物资源,这类资源在多数遗址中发现都比较少。本时期,先民采集所获的食物资源在大多数遗址中都占比非常低,有的遗址甚至没有这类植物的发现,说明采集活动在先民经济生活中所占的比重比以往更低。各区域间的农作物结构有所不同,鲁北、胶东和鲁西南地区各遗址以粟为主,皖北和鲁东南地区各遗址则以水稻为主。

从动物考古研究成果来看,本时期大多数遗址的动物群中都是以哺乳纲为主的,哺乳纲成为先民利用最多的动物资源。从家畜饲养来看,本时期,黄牛已经成为普遍饲养的家畜,但数量并不多;鲁北和鲁南地区一些遗址中开始出现家养绵羊,但数量极少;家养动物(主要为家猪)在大多数遗址中所占的比重都比较高(后杨官庄和芦城孜遗址除外),关于猪骨的特殊埋藏现象发现也比较多,这应该是继承自大汶口文化中晚期的传统,即对家猪的强化利用。本时期,在鲁中南、皖北和鲁东南地区的一些遗址中(如尹家城遗址、后杨官庄遗址等),家猪饲养水平也比较高,但先民利用最多的仍为野生的哺乳动物,显示出先民对周围自然资源开发和利用程度的差异。此外,本时期一些高等级聚落(如丁公、边线王等)除呈现出对猪的强化利用外(消费较多,特殊埋藏较多),还表现出对淡水瓣鳃纲动物的强化利用,似乎表明在这些聚落中可能存在着专门的手工业生产(如蚌制品的生产)。

综合来看,在龙山文化时期,农业生产进一步强化,农作物结构更加复杂,不同区域农业主体成分各有不同;家养动物也得到进一步发展,黄牛饲养已经普及,新出现了家养绵羊,且家猪的饲养规模和饲养水平继续保持稳步发展,依然能够表现出先民对家猪的强化利用;在一些高等级聚落中除出现高度消费家猪的现象外,还可能存在着专门的手工业生产(如蚌制品生产)。

五、海岱地区新石器时代生业经济的发展演变

早于后李文化时期的扁扁洞遗址,先民生活在山区洞穴中,采集和狩猎活动是先民获取食物资源的主要方式,其食物来源明显以中等体型的哺乳动物为主。

后李文化时期,先民从山区迁移至河畔(河漫滩)居住,食物资源更加丰富,来源也十分广泛,狩猎、捕捞和采集活动仍然是先民获取食物资源的主要方式。本时期先民已经开始尝试栽培水稻和粟、黍等作物,开始饲养狗并尝试饲养猪,但这些早期的栽培和饲养活动在先民的经济生活中占的比重都比较低。

北辛文化到大汶口文化早期,先民的生存空间进一步扩大,开始在沿海地区

居住,食物来源更加广泛。本时期沿海地区先民已经对海洋有了一定认识,开始大量开发和利用海洋资源(主要是软体动物和鱼类);内陆地区先民仍然主要以从事狩猎、捕捞和采集活动来获取所需的资源,但对一些野生动物资源(如鱼、鸟)的利用程度比后李文化时期有所降低,相应的对哺乳纲动物的利用程度有所增加。水稻和粟等农作物种植活动仍然存在,家畜饲养(狗和猪)活动也在很多遗址中都有发现,但在大多数遗址中,这类活动所占的比重仍然比较低;鲁南地区少数遗址中家畜饲养所占的比重较高,说明本时期家畜(主要是家猪)饲养存在区域间发展不平衡的现象。

大汶口文化中晚期到龙山文化时期,农业生产得到了进一步强化,家畜饲养(尤其是家猪饲养)也得到了进一步强化;各区域间虽然仍然存在一定的差异,但总体呈现出了以农业和家畜饲养为主的经济生活方式;农作物结构日趋复杂化,各地区都呈现出稻旱混作的农作物格局,不同区域的主要农作物存在一定的差异;本时期出现的高等级聚落中除家猪消费程度较高外,似乎也表现出存在专门手工业生产的可能性。

第五章　动物的特殊埋藏现象及
先民对动物的特殊利用

本章的特殊埋藏现象主要指的是动物完整骨架埋藏或高频率出现的骨骼部位埋藏现象。按照出土遗迹的不同,主要分为墓葬和其他遗迹两个部分。

第一节　墓葬中随葬的动物遗存

本节研究的重点在于探讨各个时期墓葬中随葬动物的种属、部位是否有着一定的规律;同种动物其随葬部位在不同时期内是否发生过一定的变化;随葬的不同动物遗存摆放的位置是否有着一定的规律;随葬的动物种属及部位与墓主性别年龄是否存在必然的联系等。

本节选取的墓葬仅包含随葬有动物遗存(包括动物遗存制品)的墓葬,所用资料以正文发表为准,若正文中未出现该墓葬的资料则以文后附表为准;笔者及学生鉴定的北阡、焦家、金寨、赵庄、丁公和午台遗址中各墓葬填土内发现的动物遗存均未统计在内。

一、后李文化时期

目前已经发表的属于本时期的墓葬数量并不多,随葬有动物遗存的墓葬共14座(表5.1),分别出自后李[1]和小荆山遗址[2]。

随葬的动物种属主要为淡水蚌类,后李遗址随葬蚌壳较大,可能为无齿蚌类;小荆山遗址随葬蚌壳似以长条形的剑状矛蚌为主。

---

〔1〕　济青公路文物工作队:《山东临淄后李遗址第三、四次发掘简报》,《考古》1994 年第 2 期,第97~112 页。

〔2〕　山东省文物考古研究所、章丘市博物馆:《山东章丘市小荆山后李文化环壕聚落勘探报告》,《华夏考古》2003 年第 3 期,第 3~11 页。

表 5.1　后李文化时期出土动物遗存墓葬一览表

遗址名称	墓号	蚌壳	蚌制品	骨制品	墓主性别	墓主年龄(岁)
后李	M111	1			—	—
小荆山	M13	1			男	40
小荆山	M21	1			男	50
小荆山	M7	1			女	40
小荆山	M6	1			男	45~50
小荆山	M8			骨钉 1	女	18
小荆山	M1	1			男	50
小荆山	M16		蚌簪 1		女	20
小荆山	M15	1			男	35
小荆山	M17	1			男	50
小荆山	M18	1	蚌簪 1,纽形蚌饰 1		女	40
小荆山	M10	1			女	45
小荆山	M5	1			女	40~45
小荆山	M03		蚌饰 1		—	—

注:"—"表示不清楚。

随葬的蚌壳大都放置在墓主手边、肱骨、股骨、骨盆与胸前,基本上都位于墓主的上半身,笔者认为这类随葬品对于墓主来说可能有着特殊的含义;另外还发现有一定数量蚌壳制成的簪等饰品,佩戴于墓主的头部,应该是墓主生前佩戴之物;从墓主的性别来看,男女比例基本相当,似无一定的规律;从墓主的年龄来看,全部为成年个体。

随葬的蚌壳及蚌制品的原材料,在遗址中都有发现,据本文第二章的研究,后李文化时期遗址附近气候温暖,河湖密集,这类材料极易获得;随葬数量最多的蚌壳为剑状矛蚌,此种蚌类体型较长,且一端较为尖锐,先民选择此种蚌类随葬,可能意味着对其长而锐利的特征的利用。

二、北辛文化时期

目前已经发表的属于本时期的墓葬数量不多,随葬有动物遗存的墓葬共 11

座(表 5.2),主要出自大汶口[1]、北辛[2]、东贾柏[3]、万北[4]、大伊山[5]、二涧村[6]等遗址。

表 5.2 北辛文化时期出土动物遗存墓葬一览表

遗址名称	墓号	猪下颌	骨制品	牙制品	墓主性别	墓主年龄(岁)
大汶口	M1003		骨镞 2		男	25~30
大汶口	M1011			牙镞 3	男	45
大汶口	M1032	1			男	13~14
北辛	M703		骨镞 1		—	婴儿
东贾柏	M9		骨镞 2		男	18~24
东贾柏	M14		骨笄、束发器、骨锥、骨针各 1		女	30~35
大伊山	M32		骨锥 1	1	女	40
大伊山	M35			1	—	10~15
大伊山	M42		骨凿 3		—	成年
万北	M17		骨矛 1		—	—
二涧村	M7		骨针 5		—	—

注:“—”表示不清楚。

本时期墓葬中开始出现随葬猪下颌骨的现象,但出现频率并不高。

随葬数量较多的为骨牙制品,包括有骨镞、牙镞、骨笄、骨锥、骨针、骨凿、骨矛、和束发器等。其中随葬骨镞和牙镞的墓有 4 座,墓主的性别除了 1 例为婴儿

---

[1] 山东省文物考古研究所:《大汶口续集》,科学出版社,1997 年。
[2] 中国社会科学院考古研究所山东队、山东省滕县博物馆:《山东滕县北辛遗址发掘报告》,《考古学报》1984 年第 2 期,第 159~191+264~273 页。
[3] 中国社会科学院考古研究所山东工作队:《山东汶上且东贾柏村新石器时代遗址发掘简报》,《考古》1993 年第 6 期,第 461~467+557~558 页。
[4] 南京博物院:《江苏沭阳万北遗址新石器时代遗存发掘简报》,《东南文化》1992 年第 1 期,第 124~133+257~259 页。
[5] 连云港市博物馆:《江苏灌云大伊山新石器时代遗址第一次发掘报告》,《东南文化》1988 年第 2 期,第 37~46 页;南京博物院、连云港市博物馆、灌云县博物:《江苏灌云大伊山遗址 1986 年的发掘》,《文物》1991 年第 7 期,第 10~27+100 页。
[6] 江苏省文物工作队:《江苏连云港市二涧村遗址第二次发掘》,《考古》1962 年第 3 期,第 111~116+3~4 页。

外全部为男性,年龄则没有一定的规律性;随葬骨锥的墓有 2[1] 座,墓主性别均为女性,为三四十岁的壮年个体;随葬骨针的墓有 2 座,其中一座墓主为壮年女性,另一座性别年龄不详;随葬骨凿的墓只有 1 座,墓主未成年,性别未明;随葬骨矛的墓只有 1 座,墓主性别年龄不详。

综合来看,随葬的动物遗存制品似乎有一定的性别差异,随葬狩猎工具(镞)的墓主均为男性,随葬锥针类生活工具的墓葬则为女性。从随葬品的数量来看,多的随葬 5 件,少的只有 1 件,数量上差别并不悬殊。

三、大汶口文化早期

目前已经发表的属于本时期的墓葬数量较多,随葬有动物遗存的墓葬共 497 座。从分区来看,包括了胶东半岛和鲁中南苏北地区。

1. 胶东半岛地区

此类墓葬目前仅见于北阡遗址[2],共 45 座,随葬动物主要为獐、猪、牡蛎及骨角牙贝制品等,随葬部位包括獐上犬齿、猪上颌骨、猪下颌骨、雄猪下犬齿和牡蛎壳等(表 5.3)。

表 5.3　大汶口文化早期出土动物遗存墓葬数量统计表

动物遗存 墓葬		獐牙	猪下颌骨	猪上颌骨	猪骨	猪牙	牡蛎	鳄鱼	榧螺	龟甲	狗	骨角牙制品
胶东半岛	北阡	4	20	4			3					20
鲁中南及苏北地区	王因	19	8		11	21		1	1	2		176
	刘林	51								8	3	58
	大墩子	19	6	1		4				7	1	88
	花厅											10
	大汶口	10	2	1	4	4						31
	野店		1							1		7

---

[1] 这里应该为 3 座,但是因为东贾柏遗址中 M18 的信息在发掘简报中并未提及,墓主性别年龄均未知,所以此处及下文的统计中并未包含在内。

[2] 北阡遗址动物遗存由笔者整理。

随葬獐上犬齿的墓葬仅4座;随葬猪类遗存的有30座,其中随葬上颌的有5座,随葬下颌的有20座,随葬下颌犬齿(带加工痕迹)的有9座,同时随葬猪上下颌的墓葬有2座;随葬牡蛎的墓葬有3座;随葬动物遗存制品(包括猪下颌犬齿制品)的墓葬共20座。

从随葬数量来看,獐上犬齿和猪上颌骨多只随葬1件(各只有1座墓葬随葬2件);猪下颌骨以随葬1件的为主(16座墓葬),多的有3件,墓均1.25件;牡蛎以随葬2件的为主,且随葬的壳均有火烧过的痕迹。

从随葬的猪上下颌骨可以推算其死亡年龄,包括12个小于2岁的未成年个体和19个大于2岁的成年个体。

随葬的动物遗存制品包括骨锥、骨簪、骨针、骨环、角锥、牙制品和贝饰等。其中猪下颌犬齿制成的牙饰出现频率较高,应该是墓主生前日常佩戴之物,死后也随葬于身上。

2. 鲁中南苏北地区

本地区共发现此类墓葬共452座,分布于王因[1]、刘林[2]、大墩子[3]、花厅[4]、大汶口[5]和野店[6]等墓地中(表5.3)。随葬动物种属为獐、猪、鳄鱼、鹿、鱼、龟、狗和榧螺等。

随葬獐上犬齿的墓葬有99座,墓主性别似以男性为主;随葬数量多为1~2件,多的有6件。

随葬猪类遗存的墓葬有60座,包括了头骨、下颌骨、牙齿及其他骨骼。从墓主性别来看,似以男性为主;随葬数量多为1~2件;多只随葬其中一个部位,多个部位一起随葬的现象比较少见。

〔1〕 中国社会科学院考古研究所:《山东王因——新石器时代遗址发掘报告》,科学出版社,2000年,第152~209、337~387页。

〔2〕 江苏省文物工作队:《江苏邳县刘林新石器时代遗址第一次发掘》,《考古学报》1962年第1期,第86~87页;南京博物院:《江苏邳县刘林新石器时代遗址第二次发掘》,《考古学报》1965年第2期,第15~19页及文后附表。

〔3〕 南京博物院:《江苏邳县四户镇大墩子遗址探掘报告》,《考古学报》1964年第2期,第20~25、51页;南京博物院:《江苏邳县大墩子遗址第二次发掘》,《考古学集刊·1》,中国社会科学出版社,1981年,第33~36、50~70页。

〔4〕 南京博物院:《花厅——新石器时代墓地发掘报告》,文物出版社,2003年,第10~26、47~103、202~210、213页。

〔5〕 山东省文物考古研究所:《大汶口续集——大汶口遗址第二、三发掘报告》,科学出版社,1997年,第109~138、222~230页;山东省文物管理处、济南市博物馆:《大汶口——新石器时代墓葬发掘报告》,文物出版社,1974年,第8~33、134、136~155页。

〔6〕 山东省博物馆、山东省文物考古研究所:《邹县野店》,文物出版社,1985年,第98~111、167~179页。

随葬狗的墓葬仅 4 座,存在于大墩子和刘林墓地;随葬均为 1 具完整的骨架,表明狗与死者的关系比较亲密,可能是其生前的伙伴或宠物。

随葬龟的墓葬,有 18 座,墓主性别以男性为主;随葬数量多为 1~2 件。

随葬的动物遗存制品,包括有獐牙勾形器、骨锥、骨珠、骨镯、骨匕、骨镞、束发器、骨笄、骨针、骨刀、骨坠、骨片、骨管、骨凿、骨铲、骨柶、骨梳、骨枪头、骨鱼镖、骨筒、蚌镞、蚌片、牙镞、牙坠、牙约发、雕刻牙饰、角锥、角柶等。这些制品可以分为生产工具(如镞、矛等)、生活用具(如柶、匕等)、随身饰品(如束发器、约发等)和特殊用途物品(如獐牙勾形器)等几大类。

随葬獐牙勾形器的墓葬有 40 座,其中除了大汶口发现 1 座外,其余均出自刘林和大墩子墓地。墓主性别以男性为主,数量多为 1~2 件。

随葬锥(骨、角质)的墓葬有 137 座,墓主性别似以男性为主;随葬数量以 1 件为主,多的有 13 件。

随葬骨匕和柶的墓葬有 121 座,墓主性别总的来说似以男性为主,有的墓地则性别差异不明显;随葬数量以 1~2 件为主。

随葬束发器等牙饰的墓葬有 69 座,墓主性别似以男性为主;随葬数量多为 1~2 件。

3. 小结

本时期,发现此类墓葬共 497 座。随葬的动物种属主要为猪和獐,其中獐上犬齿随葬现象是从本时期开始的。此外,还发现有随葬狗、鳄鱼、龟、鱼、牡蛎和榧螺等的现象。

从随葬种属来看,以獐出现的频率最高,共 103 座,随葬的部位均为上颌犬齿。从发现位置来看,多为墓主手持,有的是单手持 1~2 件,有的是双手各持 1 件,有的则是放置在身侧。雄獐的上犬齿,形状较为锋利,是其御敌的主要武器,先民选择此类遗存持于手中,明显具有"趋吉避凶"的特殊含义。从墓主性别来看,似以男性为主。

随葬猪类遗存的墓葬,共 90 座,部位包括了头骨、下颌骨、牙齿(包括犬齿制品)和其他骨骼。一般只随葬其中一个部位,少见多个部位同时随葬的现象。笔者认为,这一类的遗存除了犬齿和门齿形状较为长大,与獐牙具有相似含义外,其余(尤其是头骨和下颌骨)均应视作肉食的象征。从墓主性别来看,似以男性为主。随葬数量以 1~2 件为多,差别不大。

从分区的情况来看,胶东半岛与鲁中南苏北地区存在一定的差异。动物种属除了獐和猪外,狗、龟和鳄鱼等仅发现于鲁中南苏北地区;牡蛎则仅发现于胶东半岛地区,带有明显的地方特色。

随葬的动物遗存制品,包括有獐牙勾形器、骨锥、骨珠、骨镯、骨匕、骨镞、束发器、骨笄、骨针、骨刀、骨坠、骨片、骨管、骨凿、骨铲、骨栖、骨梳、骨枪头、骨鱼鳔、骨筒、蚌镞、蚌片、牙镞、牙坠、牙约发、雕刻牙饰、角锥和角栖等。其中鲁中南苏北地区出土的此类制品数量和种类都比较多,獐牙勾形器、骨栖、骨匕、骨筒、镞等均为本地区所特有的类型;胶东半岛地区发现的此类制品数量较少,种类也较为简单,以牙饰为主。

四、大汶口文化中晚期

目前已经发表的属于本时期的墓葬数量较多,随葬有动物遗存的墓葬共513座。从分区来看,在鲁中南苏北、鲁北、鲁东南、鲁豫皖和胶东半岛地区都有发现。

1. 鲁中南苏北地区

本地区共发现此类墓葬374座,分布于大汶口[1]、花厅[2]、大墩子[3]、野店[4]、梁王城[5]、西康留[6]、建新[7]、西夏侯[8]、岗上[9]、尹家城[10]、堡头[11]和赵庄[12]等遗址中(表5.4)。随葬动物种属为獐、猪、鳄鱼、鹿、鱼、牛、龟和狗等。

---

〔1〕 山东省文物考古研究所:《大汶口续集——大汶口遗址第二、三发掘报告》,科学出版社,1997年,第109~138、222~230页;山东省文物管理处、济南市博物馆:《大汶口——新石器时代墓葬发掘报告》,文物出版社,1974年,第8~33、134、136~155页。

〔2〕 南京博物院:《花厅——新石器时代墓地发掘报告》,文物出版社,2003年,第10~26、47~103、202~210、213页。

〔3〕 南京博物院:《江苏邳县四户镇大墩子遗址探掘报告》,《考古学报》1964年第2期,第20~25、51页;南京博物院:《江苏邳县大墩子遗址第二次发掘》,《考古学集刊·1》,中国社会科学出版社,1981年,第33~36、50~70页。

〔4〕 山东省博物馆、山东省文物考古研究所:《邹县野店》,文物出版社,1985年,第98~111、167~179页。

〔5〕 南京博物院、徐州博物馆、邳州博物馆:《梁王城遗址发掘报告·史前卷》,文物出版社,2013年。

〔6〕 山东省文物考古研究、滕州市博物馆:《山东滕州市西康留遗址调查、钻探、试掘简报》,《海岱考古(第三辑)》,科学出版社,2010年,第143页。

〔7〕 山东省文物考古研究所、枣庄市文化局:《枣庄建新——新石器时代遗址发掘报告》,科学出版社,1996年,第63、68~69页。

〔8〕 中国科学院考古研究所山东队:《山东曲阜西夏侯遗址第一次发掘报告》,《考古学报》1964年第2期,第60~65、102~103页;中国社会科学院考古研究所山东队:《西夏侯遗址第二次发掘报告》,《考古学报》1986年第3期,第315~317、332、336~337页。

〔9〕 山东省博物馆:《山东滕县岗上村新石器时代墓葬试掘报告》,《考古》1963年第7期,第353页。

〔10〕 山东大学历史系考古专业教研室:《泗水尹家城》,文物出版社,1990年,第13页。

〔11〕 杨子范:《山东宁阳县堡头遗址清理简报》,《文物》1959年第10期,第61~63页。

〔12〕 该遗址出土动物由笔者指导学生鉴定,墓葬人骨性别年龄信息目前尚不清楚。

随葬獐上犬齿的墓葬有 201 座,墓主性别以男性为主;随葬数量多为 1~2 件,多的有 5 件;随葬部位多为墓主手持,有的放置于身旁。

随葬猪类遗存的墓葬有 142 座,包括了头骨、下颌骨、牙齿及其他骨骼。从部位来看,大多只随葬其中一个部位,多个部位一起随葬的现象比较少见;从墓主性别来看,差异并不明显;随葬数量以 1 件为主,多的有 18 件。

随葬狗的墓葬,有 15 座,仅存在于大墩子和花厅墓地中;随葬均为完整的骨架,表明狗与死者的关系比较亲密,可能是其生前的伙伴或宠物。

随葬龟的墓葬,有 22 座,墓主性别以男性为主;随葬数量多为 1~2 件。

随葬鳄鱼的墓葬仅 1 座,发现于大汶口墓地。

随葬的动物遗存制品,包括有獐牙勾形器、骨锥、骨环、骨矛、骨板、骨匕、骨镞、束发器、骨笄、骨簪、骨针、骨凿、骨枘、骨枪头、骨鱼鳔、骨雕筒、牙雕筒、蚌片、牙约发、牙珠、牙饰、角坠等。这些制品可以分为生产工具(如镞、矛等)、生活用具(如枘、匕等)、随身饰品(如束发器、约发等)和特殊用途物品(如獐牙勾形器)等几大类别。

随葬獐牙勾形器的墓葬有 35 座,其中除了大汶口发现 1 座外,其余均出自大墩子和花厅墓地。墓主性别以男性为主;数量多为 1~3 件,多的有 5 件;发现部位多为手持。

随葬锥(骨、角质)的墓葬有 55 座,墓主性别似以男性为主;随葬数量以 1~2 件为主,多的有 8 件。

随葬骨匕和枘的墓葬有 37 座,墓主性别总的来说似以男性为主;随葬数量以 1~2 件为主。

随葬束发器等牙饰的墓葬有 44 座,墓主性别差异并不明显;随葬数量多为 1~2 件。

随葬骨牙雕筒的墓葬有 45 座,只发现于鲁中南地区的墓葬中。从墓主性别来看,似以男性为主;随葬数量多为 1 件。

2. 鲁北地区

发现的此类墓葬共 210 座,分布于五村[1]、呈子[2]、三里河[3]、前埠下[4]、

[1] 山东省文化考古研究所、广饶县博物馆:《广饶县五村遗址发掘报告》,《海岱考古(第一辑)》,山东大学出版社,1989 年,第 82 页。

[2] 昌潍地区文物管理组、诸城县博物馆:《山东诸城呈子遗址发掘报告》,《考古学报》1980 第 3 期,第 335~342、382 页。

[3] 中国社科院考古所:《胶县三里河》,文物出版社,1988 年,第 33~37 页、119~132 页。

[4] 山东省文物考古研究所、寒亭区文物管理所:《山东潍坊前埠下遗址发掘报告》,《山东省高速公路考古报告集 1997》,科学出版社,2000 年,第 52~58、98~99 页。

尚庄[1]、周河[2]和焦家遗址中(表5.4)。随葬动物种属为獐、猪、疣荔枝螺、龟等。

随葬獐上犬齿的墓葬有65座,墓主性别似以女性为主;数量多为1件,多的有2件。

随葬猪类遗存的墓葬有55座,其中41座均为下颌骨。从墓主性别来看,男性略多一些,性别差异并不明显;从随葬数量来看,少的仅1件,多的有37件,差别比较悬殊。

随葬疣荔枝螺的墓葬共14座,多数出现于三里河遗址(13座)。性别来看,似以男性为主;随葬数量来看,为1~4件,差别并不大。

随葬龟的墓葬有15座,分布于前埠下、尚庄和焦家遗址。

随葬狗的墓葬仅1座,发现于焦家遗址。

焦家遗址随葬蚌壳的墓葬有63座,男女性别差异不明显;随葬数量1~4件不等,以1件为主。

随葬的动物遗存制品,种类复杂,数量繁多。包括:鹿角勾形器、长条形蚌器、蚌匙、蚌镞、蚌饰、骨匕、骨刮器、骨锥、骨镞、骨坠、骨削、骨凿、骨针、骨雕筒、牙镞、牙刮器、牙束发器、牙梳、角锄和角镰等。其中前埠下遗址以牙制品为多,其他遗址则以骨、蚌制品为多。

出现频率最高的为长条形蚌器、鹿角勾形器、蚌匙和牙束发器等饰品,其中前面两种均为三里河遗址所特有的种类。

随葬长条形蚌器的墓葬有32座,多发现在墓主手边,墓主性别差异并不明显,数量也多为1~2件,笔者认为该类型器物与小荆山遗址的剑状矛蚌含义比较相似,应为"辟邪"所需。

随葬鹿角勾形器的墓葬有21座,墓主以男性为主,数量多为1~2件,笔者认为该类型器物应为特定用途的工具,可能与成年男性从事的某种经济活动有关。

随葬蚌匙的墓有29座,墓主性别以男性为主,数量多为1~2件,其意义可能与鹿角勾形器相似,是某种特殊用途的工具。

随葬束发器等牙饰的墓葬有12座,墓主均为男性,数量多为1~2件,笔者认为此类物品均属墓主生前所用的饰品,下葬时继续佩戴在身上。

〔1〕　山东省文物考古研究所:《茌平尚庄新石器时代遗址》,《考古学报》1985年第4期,第470~472、503~504页。
〔2〕　平阴周河遗址考古队:《山东平阴周河遗址大汶口文化墓葬(M8)发掘简报》,《文物》2019年第11期,第4~14页。

3. 鲁东南地区

发现的此类墓葬共33座,分布于大朱家[1]、庄坞[2]、杭头[3]、双丘[4]和陵阳河遗址[5]中(表5.4)。随葬动物种属为猪、獐、鳄鱼等。

随葬猪类遗存(均为下颌骨)的墓葬数量最多,有29座;随葬獐牙的墓葬仅有3座,其中1座同时还随葬有猪类遗存;随葬鳄鱼的墓葬仅1座。

随葬猪下颌骨的墓葬中,墓主以男性为主;从数量上来看,少的只有1件,多的达到二三十件,最多的有33件,差别比较悬殊;从发现位置来看,多置于椁外,应为下葬时的祭食。

随葬的动物遗存制品,包括有骨笄、骨针、骨矛和雕筒等,数量都比较少。这类制品多为墓主生前所用,死后即随葬在身旁。

4. 胶东半岛地区

该地区本时期发现的墓葬数量较少,目前仅在北庄和古镇都遗址有零星发现。

北庄遗址[6]的M16,在人骨架左小腿骨外侧随葬有一对獐牙,另外还有骨锥、蚌刀、蚌镞,位置不详。

古镇都遗址[7]的M13,墓南侧有骨针1件,墓主为儿童;M6,墓南侧人骨头部出土1件骨笄和1件束发器。

5. 鲁豫皖地区

此类墓葬仅发现于尉迟寺[8]和金寨遗址[9],共24座(表5.4)。随葬动物

[1] 山东省文物考古研究、莒县博物馆:《莒县大朱家村大汶口文化墓葬》,《考古学报》1991年第2期,第169~177、203~205页;苏兆庆、常兴照、张安礼:《山东莒县大朱村大汶口文化墓地复查清理简报》,《史前研究》1989年辑刊,第95页。

[2] 苍山县图书馆文物组:《山东苍山县新石器时代墓葬清理简报》,《考古》1988年第1期,第12页。

[3] 山东省文物考古研究所、莒县博物馆:《山东莒县杭头遗址》,《考古》1988年第12期,第1059~1060页。

[4] 临沂市文物考古队、费县文物管理所:《费县双丘遗址大汶口文化墓葬发掘报告》,《海岱考古(第九辑)》,科学出版社,2016年,第1~10页。

[5] 山东省考古所、山东省博物馆、莒县文管所:《山东莒县陵阳河大汶口文化墓葬发掘简报》,《史前研究》1987年第3期,第64~77页。

[6] 北京大学考古实习队、烟台地区文管会、长岛县博物馆:《山东长岛北庄遗址发掘简报》,《考古》1987年第5期,第390页。

[7] 烟台市博物馆、栖霞牟氏庄园管理处:《山东栖霞市古镇都新石器时代遗址发掘简报》,《考古》2008年第2期,第10~12页。

[8] 中国社会科学院考古研究所:《蒙城尉迟寺——皖北新石器时代聚落遗存的发掘与研究》,科学出版社,2001年;中国社会科学院考古研究所、安徽省蒙城县文化局:《蒙城尉迟寺》(第二部),科学出版社,2007年。

[9] 宋艳波、乙海琳、张小雷:《安徽萧县金寨遗址(2016、2017)动物遗存分析》,《东南文化》2020年第3期,第104~111页。墓葬人骨性别年龄信息目前尚不清楚。

主要为獐、鹿、猪、鱼、鳖和蚌等,部位包括有獐上犬齿、猪下颌骨、猪骨、鹿角、鱼骨、鳖甲和蚌壳。

随葬獐上犬齿的墓葬有9座,墓主似以男性为主;从数量上看,以1件为主,多的有4~5件。

随葬猪类遗存(下颌骨、犬齿和骨骼等)的墓葬共12座,其中2[1]座同时随葬猪下颌骨和猪骨,1座同时随葬猪上颌骨和下颌骨,1座随葬一头无头猪骨架。从墓主性别来看,似以男性为主;数量上来看,以1件为主,多的有2件,差别并不明显。

随葬鳖甲的2座墓葬,墓主均为成年男性,其中1座还同时随葬蚌壳;随葬鱼骨的墓葬,墓主为儿童,性别不详。

随葬的动物遗存制品,包括:骨镞、骨针、骨凿、蚌铲等,数量都比较少。这类制品均为墓主生前所用,死后即随葬在身边。

表 5.4 大汶口文化中晚期出土动物遗存墓葬数量统计表

随葬动物 \ 墓葬	獐上犬齿	猪头	猪下颌骨	猪牙	猪骨	狗	疣荔枝螺	螺蛤	鳄鱼骨板	龟鳖甲	蚌壳	骨角蚌贝牙制品
鲁北地区 三里河	16		23		1		13	9			1	44
鲁北地区 前埠下			2							1	1	13
鲁北地区 呈子	1	1										6
鲁北地区 周河	1		1									1
鲁北地区 五村					1							
鲁北地区 焦家	45		15	6	7	1	1		1	13	63	61
鲁北地区 尚庄	2							1		1		6
鲁中南苏北地区 大墩子	14	2	8	5		9				7		72
鲁中南苏北地区 大汶口	76	42	4	9	4				2	12		73
鲁中南苏北地区 野店	13		4		2							13
鲁中南苏北地区 西夏侯	20	3	2	1	2							18
鲁中南苏北地区 梁王城	42	6	12	4	18						1	21

[1] 尉迟寺遗址报告总结中提及这样的墓葬有3座,可能墓葬登记表中的部分兽骨属于猪骨,但并未标明,笔者的统计以墓葬登记表为准(2座)。

续　表

随葬动物\墓葬		獐上犬齿	猪头	猪下颌骨	猪牙	猪骨	狗	疣荔枝螺	螺蛤	鳄鱼骨板	龟鳖甲	蚌壳	骨角蚌贝牙制品
鲁中南苏北地区	花厅	22	3		3	11	6						12
	西康留	1											1
	建新	4	1								1		2
	岗上	2		4		4							
	尹家城	1			1								4
	赵庄		1	1									
	堡头	4	3			1						2	6
鲁东南地区	大朱家	1	19										1
	庄坞	2											
	杭头			4						1			2
	双丘												1
	陵阳河			6									4
鲁豫皖地区	尉迟寺	9		6		3					2	1	6
	金寨		1	2		1							

6. 小结

本时期,发现此类墓葬共 643 座。随葬的动物种属主要为猪和獐,另外还发现有狗、牛、鳄鱼、龟、鳖、鱼、疣荔枝螺、蚌等。

从随葬种属来看,以獐出现的频率最高,共 278 座,随葬的部位主要为牙齿。从发现位置来看,多为墓主手持,有的是单手持 1~2 件,有的是双手各持 1 件,有的则是放置在身侧。獐牙为雄獐的上犬齿,形状较为锋利,是雄獐御敌的主要武器,先民选择此类遗存持于手中,明显有"辟邪"的特殊含义。从墓主性别来看,似以男性为主。

随葬猪类遗存的墓葬有 238 座,部位包括了头骨、下颌骨、牙齿和其他骨骼,以下颌骨出现的频率最高。一般只随葬其中一个部位,少见多个部位同时随葬的现象。笔者认为,这一类的遗存除了犬齿和门齿形状较为长大,与獐牙具有相似含义外,其余均应视作肉食的象征。从墓主性别来看,似以男性为主。随葬数量少的只有 1 件,多的有 37 件,差别比较悬殊。

从分区的情况来看,主要集中于鲁中南苏北和鲁北地区,其他地区数量都比较少。动物种属除了獐和猪外,狗多发现于鲁中南苏北地区(鲁北的焦家也有发现);疣荔枝螺多发现于鲁东南地区(鲁北的焦家也有发现);鳖仅发现于鲁豫皖地区;鳄鱼在大汶口、杭头和焦家墓葬中有发现,可能与这几处墓葬等级较高有关。

随葬的动物遗存制品,包括有獐牙勾形器、骨锥、骨环、骨矛、骨板、骨匕、骨镞、束发器、骨笄、骨簪、骨针、骨凿、骨栖、骨枪头、骨鱼鳔、骨雕筒、牙雕筒、蚌片、牙约发、牙珠、牙饰、角坠等。其中鲁中南苏北地区出土的此类制品数量和种类都比较多,獐牙勾形器为本地区所特有的类型;骨雕筒仅在鲁中南苏北、鲁北和鲁东南地区有发现;长条形蚌器、鹿角勾形器和蚌匙则是鲁北地区所独有的类型。各地区均有不同数量牙制的束发器等饰品发现,应该为当时比较流行的日常饰品。

五、龙山文化时期

目前已经发表的属于本时期的墓葬数量较多,随葬有动物遗存的墓葬共113 座(表 5.5)。主要分布于鲁北、鲁中南、鲁东南和胶东半岛地区。

表 5.5　龙山文化时期出土动物遗存墓葬数量统计表

墓　葬	随葬动物	獐上犬齿	猪下颌骨	猪骨	兽骨	疣荔枝螺	鳄鱼骨板	蛤	蚌壳	骨角蚌贝牙制品
鲁北地区	三里河[1]	30	20	1		16		3		15
	姚官庄[2]		1							
	呈子[3]	5	9							1
	丁公[4]		2							
	西河[5]	1	1							
	西朱封[6]	1	1				2			2

〔1〕　中国社会科学院考古研究所山东队:《胶县三里河》,文物出版社,1988 年。
〔2〕　山东省博物馆:《山东潍坊姚官庄遗址发掘简报》,《考古》1963 年第 7 期,第 347～350+3～5 页。
〔3〕　昌潍地区文物管理组等:《山东诸城呈子遗址发掘报告》,《考古学报》1980 年第 3 期,第 329～385+413～422 页。
〔4〕　该遗址出土动物由笔者指导学生鉴定,墓葬人骨性别年龄等信息目前尚不清楚。
〔5〕　山东省文物考古研究所、章丘市城子崖博物馆:《章丘市西河遗址 2008 年考古发掘报告》,《海岱考古(第五辑)》,科学出版社,2012 年,第 101 页。
〔6〕　中国社会科学院考古研究所、山东省文物考古研究院、山东临朐山旺古生物化石博物馆:《临朐西朱封:山东龙山文化墓葬的发掘与研究》,文物出版社,2018 年。

续　表

墓葬 ＼ 随葬动物		獐上犬齿	猪下颌骨	猪骨	兽骨	疣荔枝螺	鳄鱼骨板	蛤	蚌壳	骨角蚌贝牙制品
鲁南苏北	尹家城[1]	12	7				1			9
	二疏城[2]	1								
鲁东南	尧王城[3]								2	
	苏家村[4]		5							
	大范庄[5]	7			1					1
胶东半岛	司马台[6]									1
	午台[7]		7							

　　主要种属包括猪、獐、鳄鱼、疣荔枝螺、蛤和蚌等;随葬的具体部位主要为獐上犬齿、猪下颌骨、鳄鱼骨板、疣荔枝螺、蚌和蛤壳等。

　　其中,疣荔枝螺和蛤壳只见于鲁北地区的三里河遗址,该遗址离海较近,此类种属在遗址动物群中较为常见;鳄鱼骨板仅见于尹家城和西朱封的大型墓葬中,墓葬等级较高;猪和獐在各地区墓葬内均有发现,为本时期较为普遍的随葬动物。

　　随葬獐牙的墓葬有57座,多为墓主手持,有的是单手,有的则是双手各持1件。獐牙为雄獐的上犬齿,形状较为锋利,是雄獐御敌的主要武器,先民选择此类遗存持于手中,明显有"辟邪"的特殊含义。从墓主的性别来看,男性的比例稍高一些。从随葬数量来看,以1件为主,多的为2件。

　　随葬猪类遗存的墓葬有53座,除1座描述为猪骨外,其余均为下颌骨。可

〔1〕　山东大学历史系考古研究室:《泗水尹家城》,文物出版社,1990年。

〔2〕　中国社会科学院考古研究所、枣庄市博物馆:《枣庄市二疏城遗址发掘简报》,《海岱考古(第四辑)》,科学出版社,2011年,第1~29页。

〔3〕　临沂地区文管会等:《日照尧王城龙山文化遗址试掘简报》,《史前研究》1985年第4期,第51~64+3~4页。

〔4〕　该遗址由笔者2019年带队发掘,资料尚未发表。

〔5〕　临沂文物组:《山东临沂大范庄新石器时代墓葬的发掘》,《考古》1975年第1期,第13~22+6+71~74页。

〔6〕　烟台市文管会:《山东海阳司马台遗址清理简报》,《海岱考古(第一辑)》,山东大学出版社,1989年,第250~253页。

〔7〕　该遗址出土动物由笔者指导学生鉴定,墓葬出土人骨性别年龄信息尚不完全清楚。

见,对于猪类遗存的随葬,到了龙山文化时期,可能已经形成了一定的习俗,即专门以下颌骨来作为猪这类肉食的象征。从墓主性别来看,男性的比例要稍高一些。从随葬数量来看,差别比较悬殊,少的仅1件,多的有32件。其中尹家城墓葬中随葬数量普遍较多,平均每墓达到16.9件,而且多为幼猪。表明当时家猪饲养水平较高。

三里河有16座墓葬随葬有疣荔枝螺。从数量上来看,少的只有1件,多的有6件;从墓主性别来看,比例基本相当。此类遗存在遗址中较为常见,随葬在墓中,可能显示出墓主对该类遗存的特殊喜好。

随葬的动物遗存制品包括:长条形蚌器、蚌匙、蚌片、蚌铲、蚌锥和蚌刀等蚌制品,束发器、骨镞、骨锥、骨矛、骨哨、骨针、骨匕、骨刮器、骨管、骨簪、鹿角拍子、角镞等骨角制品。其中出现频率最高的为蚌匙,与长条形蚌器均为三里河遗址所特有的制品。

随葬有蚌匙的墓有7座,其中4座均置于臀部。从性别来看,有5座为男性墓主,只有2座为女性墓主,似以男性为主。

其他制品多为生产、生活用品及装饰品,均为墓主生前所用之物,死后即随葬在墓中。这类制品在墓葬中出现的频率和数量都较大汶口文化时期有所减少。

第二节　其他遗迹中动物遗存的 特殊埋藏现象

本节的研究对象为除墓葬之外的其他遗迹中发现的动物遗存特殊埋藏现象,这里包含了两层含义:一为定位描述,即这些动物遗存是出自墓葬之外的各种遗迹中的,如灰坑、房址等;二为定性描述,即这些动物遗存的埋藏方式是带有特殊性的,这里的特殊性包括动物个体的完整埋藏,器物中的动物遗存和相对集中的动物特定部位的埋藏等几个方面,笔者认为这些方面可能表现出先民的特殊意识形态。

一、后李文化时期

月庄遗址[1]的H172,坑内出土较为完整的动物骨骼一具,经笔者鉴定为一只成年狗的骨架。该灰坑周边并未发现任何的房址或墓葬。

---

[1]　山东大学东方考古研究中心、山东省文化考古研究所、济南市考古研究所:《山东济南长清区月庄遗址2003年发掘报告》,《东方考古(第2集)》,科学出版社,2006年,第365~456页。

西河遗址[1]的 F39 出土陶釜 1 件,内有部分动物遗存,种属包括鱼、鸟、哺乳动物等。

后李遗址[2],在 H2048∶1 釜内和 H2048∶5 釜内,均发现有少量的骨块。

综合来看,本时期发现的此类埋藏数量较少,包括动物骨架的整体埋藏和器物中的零散的动物埋藏。前者可能与先民祭祀等宗教活动有关;后者则可能与先民的肉食活动直接相关,为储藏食物或制作食物之用。

二、北辛文化时期

王因遗址[3]的 T4012H35,遗物中有较完整的牛头骨等动物骨骼。还有一定数量的钙化粪球。研究者推测像这样的灰坑原可能充当圈栏之用。笔者认为,仅凭出现粪渣的现象来推测作为圈栏的用途,证据还是远远不够的,即使不为人工饲养的野生动物也有可能在遗址中留下此类遗存。

北辛遗址[4]的 H14,在近底部放置有六个个体的猪下腭骨,集中放在一堆。在这堆猪下颚骨之上,有石板覆盖着;H51,在近底部有相当完整的猪头骨两个。

东贾柏遗址[5]的 F12,坑口为规整圆形,直径 2、深约 1.5 米,坑口堆积一层红烧土块,其下埋有 3 只猪骨架,再下至底均为纯净的黄土,可能属祭祀类的建筑遗存;H13,值得提及的是坑中有完整的地平龟遗骸,在别的灰坑中还有多枚规整的地平龟放在一起的现象,这或许与原始宗教有关;在大沟底部及一些灰坑内,陆续清理出鳄鱼的残骸,尤以较为完整的鳄鱼头骨为过去所不见。

大墩子遗址[6]的 H2,兽骨有牛的下颌骨和肢骨、猪和貉的下颌骨、鹿角、龟甲和鱼骨等;H3,表面有一层蚌壳,填土内有鹿角、猪和狗的下颌骨及其他兽骨等,可能与先民的祭祀活动有关;H13,坑内堆积有大量鱼骨和兽骨,有猪下颌

〔1〕 山东省文物考古研究所:《山东章丘市西河新石器时代遗址 1997 年的发掘》,《考古》2000 年第 10 期,第 15~28+97~98 页;山东省文物考古研究所、章丘市城子崖博物馆:《章丘市西河遗址 2008 年考古发掘报告》,《海岱考古(第五辑)》,科学出版社,2012 年,第 67~138 页。
〔2〕 山东省文物考古研究所:《山东 20 世纪的考古发现和研究》,科学出版社,2005 年,第52 页。
〔3〕 中国社会科学院考古研究所:《山东王因——新石器时代遗址发掘报告》,科学出版社,2000 年,第 16 页。
〔4〕 中国社会科学院考古研究所山东队、山东滕县博物馆:《山东滕县北辛遗址发掘报告》,《考古学报》1984 年第 2 期,第 162 页。
〔5〕 中国社会科学院考古研究所山东工作队:《山东汶上县东贾柏村新石器时代遗址发掘简报》,《考古》1993 年第 6 期,第 482~483、486~487 页。
〔6〕 南京博物院:《江苏邳县四户镇大墩子遗址探掘报告》,《考古学报》1964 年第 2 期,第 12 页;南京博物院:《江苏邳县大墩子遗址第二次发掘》,《考古学集刊·1》,中国社会科学出版社,1981 年,第 28 页。

骨二十三个、狗下颌骨四个、鹿下颌骨一个、鹿角二个。

综合来看,本时期此类遗存的发现比前一时期要略多一些,集中发现于鲁中南苏北地区。特殊动物埋藏现象主要发生于房址和灰坑中,且以灰坑为主;埋藏的动物种属包括有猪、狗、鹿、牛、龟和鳄鱼等,以猪为主;埋藏的动物部位包括头骨、上下颌骨、完整的甲壳和骨架,以下颌骨(尤其是猪下颌骨)出现的频率最高。这些特殊埋藏的意义有的可能与先民的宗教祭祀有关(如完整猪骨架的埋藏和完整地平龟的发现等),有的则应该与先民的渔猎活动有关(如上述多个灰坑中同时发现多种动物骨骼的现象)。

三、大汶口文化早期

本时期遗址多见于胶东半岛地区或鲁中南苏北地区。

1. 胶东半岛地区

大仲家遗址[1]的第3层发现两件小猪骨架,编号分别为 T2Z1 和 T2Z2。

其中 T2Z1 位于探方的南部,坐标为 235 厘米×115 厘米-70 厘米,猪头向为东偏南 13°。

T2Z2 位于探方的东北部,坐标为 155 厘米×315 厘米-75 厘米,头向为东偏南 20°。在清理时未见土坑的痕迹。

两猪的年龄均在 1 岁以下。应该与祭祀活动有关。

2. 鲁中南苏北地区

(1) 王因遗址[2]

F5,房址的居住面上发现狗骨架一具,表明狗在先民生活中占据了比较重要的地位,与先民的关系比较亲近。

F3,在房址以西 3 米处发现一小坑,坑内发现狗骨架一具,此坑外边还有猪骨一堆,狗骨与猪骨与 F3 同层,或许与这座房子奠基有关。笔者认为,这一特殊的考古学文化现象至少可以说明,狗和猪的埋藏与 F3 相关的一些仪式活动有关。

(2) 刘林遗址[3]

灰沟北段底部,发现二十个猪牙床集中放在一起,依据王仁湘的观点,这些

---

〔1〕　中国社会科学院考古研究所:《胶东半岛贝丘遗址环境考古》,社会科学文献出版社,2007 年,第 182~190 页。

〔2〕　中国社会科学院考古研究所:《山东王因——新石器时代遗址发掘报告》,科学出版社,2000年,第 73、75 页。

〔3〕　南京博物院:《江苏邳县刘林新石器时代遗址第二次发掘》,《考古学报》1965 年第 2 期,第 11~12 页。

猪骨可能是作为一种转移厄运的对象丢弃在垃圾坑(沟)中的[1]。

(3)果庄遗址[2]

H17内置完整猪骨架一具。该灰坑周边并未发现任何的房址或墓葬。

(4)大汶口遗址[3]

H19内出土有保存完好的整猪骨架两具,头东脚西,背向南,上下叠压,判断为成年猪。该灰坑周边并未发现任何房址或墓葬。

H20填土中南部发现一具完整猪骨架,头东背南,个体较小,应为幼猪;北部及中部同一层位上发现大量零散猪骨,至少属于两个成年个体,部分猪骨被烧黑。该灰坑与F4相距不远,二者可能存在一定的关系。

综合来看,本时期此类遗存发现的数量仍然不多,主要分布于胶东半岛和鲁中南苏北地区。比较特殊的动物埋藏现象主要发生于房址、地层、灰坑和灰沟中;埋藏的动物种属包括猪、狗等,以猪为主;其中猪以完整骨架和大量下颌的形式埋藏,狗则为完整骨架。

从这些特殊埋藏的意义来看,应该是以祭祀为主的,具体功能上可能包括房屋的奠基及落成后的庆祝仪式,转移厄运的宗教仪式等。

四、大汶口文化中晚期

本时期该类埋藏现象在鲁北、鲁中南苏北、鲁豫皖地区均有发现。

1. 鲁北地区

(1)三里河遗址[4]

H227,在坑内距口深0.6米~0.86米处,掩埋着五头完整的幼猪。1号猪骨架在坑的西南部距口深0.60米处被发现,是最上层的一头幼猪,头向北,躯干向左侧卧,四肢向东,体长约0.65米。2号猪骨架,在坑的西北部距口深0.80米处被发现,头向西南,躯干向右侧卧,四肢向东,体长约0.60米。3号猪骨架,在坑的东南部,距坑口深0.70米处被发现,头向东,躯干向右侧卧,四肢向东南,体长约0.65米。4号猪骨架,在坑的西部,距坑口深0.81米处被发现,头向北,躯干

[1] 王仁湘:《新石器时代葬猪的宗教意义——原始宗教文化遗存探讨札记》,《文物》1981年第2期,第79~85页。
[2] 山东省文物考古研究院:《曲阜果庄遗址考古发掘报告》,《海岱考古(第十二辑)》,科学出版社,2019年,第1~57页。
[3] 山东省文物考古研究所:《山东泰安市大汶口遗址2012~2013年发掘简报》,《考古》2015年第10期,第7~24+2页。
[4] 中国社会科学院考古研究所:《胶县三里河》,文物出版社,1988年,第11~13页。

向右侧卧,四肢向西,骨骼稍凌乱,体长 0.40 米。5 号猪骨架,在坑的中部,距坑口深 0.86 米处被发现,头向东,躯干向左侧卧,四肢向东南,体长 0.45 米。从幼猪的掩埋情况推测,这个袋形坑可能是一个猪圈。

笔者认为,将这一灰坑推测为猪圈,证据还不够充分。且不说这些猪骨的埋藏层位显示出并非一次埋藏的;单单从埋藏的猪骨本身来说,全部为幼年个体,如果是猪圈的话,为什么会一下子出现这么多幼猪同时死亡的现象?而且死亡后还直接埋藏在原地,而不采取任何措施?此种情况,应该仅会发生在突然降临灾难的情况下,而该遗址应该不属此类。因此,笔者认为,这些埋藏的幼猪还是用于祭祀方面的可能性更大一些。其埋藏深度不同,可能意味着不止一次的祭祀行为。

从该遗址的遗迹平面图(原报告图六[1])及文字描述来看,H227 打破F202;而从 F202 的平面图(原报告图八[2])来看,H227 则正好位于 F202 东墙之外。笔者认为从与房址的关系来看,该灰坑性质似乎定为房址的祭祀或奠基坑更为合适。

(2)焦家遗址[3]

该遗址发现多座具有特殊动物埋藏现象的遗迹。仅以 2017 年度的发掘情况来看,包含以下几类特殊埋藏。

H588、H605 和 H608 等器物坑中,均出土数量较多的猪趾骨,这些器物坑被认为与周边墓葬的祭祀活动有关,夹杂在器物中的猪趾骨显然也具有特殊的意义。同类的器物坑还有 H880,该遗迹中不仅出土猪趾骨,还出土有狗骨和鳄鱼骨板。

H644、H670、H760、H828、H929 和 H936,均出土有完整的未成年猪骨架。

H942,同时出土有完整的未成年猪骨架和成年狗骨架。

H593、H670、H694、H830、H867、H870、H892 和 H923 中,均出土了完整狗骨架,其中 H830 和 H923 中的狗为未成年个体,H593、H670 和 H694 中的狗为雄性个体。

F94 和 F95 中也都发现有完整狗骨架。

此外,还发现一处埋藏完整雄鹰骨架的祭祀坑(仅缺少右侧的股骨和胫骨)。

---

[1] 中国社会科学院考古研究所:《胶县三里河》,文物出版社,1988 年,第 9 页。

[2] 中国社会科学院考古研究所:《胶县三里河》,文物出版社,1988 年,第 12 页。

[3] 王杰:《章丘焦家遗址 2017 年出土大汶口文化中晚期动物遗存研究》,山东大学硕士学位论文,2019 年。

上述这些完整动物骨架埋藏的遗迹,周边都存在有房址或大型墓葬,应与房址的奠基、大型墓葬的祭祀等活动有关。

2. 鲁中南苏北地区

（1）西康留遗址[1]

H26,南侧坑底有一完整的动物骨架,根据简报中的插图分析,笔者判断这一完整的动物骨架为猪的骨架。目前尚不清楚该遗迹周边是否存在房址或墓葬。

（2）建新遗址[2]

F27,房基东部发现一猪坑（H265）,大部分压在房基之下……坑内埋有完整猪骨架1具,仰身,头西尾东,四肢向上,似被捆绑,骨骼保存较好,经鉴定为成年家猪。骨架胸左侧发现石珠1件,尾侧有蚌片1件,骨架仅背脊置于坑内,四肢及头颅均伸在房基第3层内,故二者应为同时埋葬,H265是F27的奠基坑,F27当是一座有特殊用途的建筑。

（3）南兴埠遗址[3]

T10第7层中发现一具比较完整的动物骨架,因腐朽严重,难以采集,故未能进行骨骼鉴定,但从发掘现场观察,可能为一具猪的骨架。

（4）西夏侯遗址[4]

T9H15,在其东南部另挖一个小浅坑,内有完整的猪骨架一具,头东尾西,向南侧卧,四肢弯曲规整地分别叠和在一起,似经过捆绑后埋放。

T4③H5之南有二具猪骨架,已残,位于深0.4米的同一平面上,两者并列放置,相距1.4米,从残存部分看都是头东,朝南侧卧。南边一具仅存肩胛骨以下部分,无前肢骨。北边一具残存破碎头骨、半块下颚骨、一块肩胛骨和两段前肢骨、肋骨。

T101中部第4层深1.6米处,发现一具猪骨架,保存完整,头东尾西,向南侧卧,前肢弯曲叠放胸前,后肢弯曲岔开分放。前肢下压着一根人的肢骨。未发现

〔1〕　山东省文物考古研究、滕州市博物馆:《山东滕州市西康留遗址调查、钻探、试掘简报》,《海岱考古（第三辑）》,科学出版社,2010年,第138页。
〔2〕　山东省文物考古研究所、枣庄市文化局:《枣庄建新——新石器时代遗址发掘报告》,科学出版社,1996年,第20～21页。
〔3〕　山东省文物考古研究所:《山东曲阜南兴埠遗址的发掘》,《考古》1984年第12期,第1057～1068页。
〔4〕　中国社会科学院考古研究所山东队:《西夏侯遗址第二次发掘报告》,《考古学报》1986年第3期,第308～309页。报告正文308页描述H14有完整的猪骨架,后文（309）页描述则为H15,且所附插图也为H15,故本文引用时以H15为准。

埋坑,但附近陶片较多。

发掘者认为上述这些埋放比较规则的猪骨架(包括 H15 的一具)可能和同层的墓葬有关。

(5) 野店遗址[1]

K1:内埋一具整猪,其上下各由 I 型缸片铺盖。

K2:内埋一具整猪。

这两个猪坑,应该属于典型的祭祀遗迹。

(6) 花厅墓地[2]

T2 西北部位猪坑内有两具整猪骨架,其尾后还有两个猪头骨,保存状况极差,可能为老年公猪。可能与墓葬有关。

(7) 赵庄遗址[3]

G3 中发现 7 处兽坑,其中 SK1、SK2、SK3 位于 9 层下,SK4、SK5、SK6 位于16a 层下,周边均未发现其他遗迹。

SK1 中为一具雄性成年猪骨架,头北尾南,面东背西,右侧肢骨叠压左侧肢骨,整体呈蜷曲状,可能为捆缚后放置坑中的。

SK2 中为一具成年狗骨架,有被扰动过的迹象,头部骨骼及部分前肢缺失。

SK3 中为一具雌性青年猪(1.5 岁左右)骨架,头南尾北,面东背西,右侧肢骨叠压左侧肢骨,整体呈蜷曲状,可能为捆缚后放置于坑中的。

SK4 中为一具 0.5~1 岁的幼猪骨架,头西尾东,面北背南,右侧肢骨叠压左侧肢骨,整体呈蜷曲状,可能为捆缚后放置于坑中的。

SK5 中为一具小于 1 岁的猪骨架,头部缺失,肢骨有扰动。

SK6 中为一具成年雄性狗骨架,头东尾西,面南背北,右侧肢骨叠压左侧肢骨,整体呈蜷曲状,可能为捆缚后放置于坑中的。

SK7 中为一具 1.5~2 岁猪骨架,头北尾南,面西背东,右侧肢骨叠压左侧肢骨,整体呈蜷曲状,可能为捆缚后放置于坑中的。

总体来看,该遗址兽坑骨架应为捆缚后整体埋藏的,全部为右侧肢骨叠压左侧肢骨,但从头向来看又各不相同,埋藏的动物死亡年龄也各不相同,并未展现出规律性特征。且周边无其他遗迹发现,因此这几处兽坑的功能与性质目前尚

〔1〕 山东省博物馆、山东省文物考古研究所:《邹县野店》,文物出版社,1985 年,第 17 页。

〔2〕 南京博物院:《花厅——新石器时代墓地发掘报告》,文物出版社,2003 年,第 10~26、47~103、202~210、213 页。

〔3〕 乙海林:《淮河流域大汶口文化晚期的动物资源利用——以金寨、赵庄遗址为例》,山东大学硕士学位论文,2019 年。

不清楚。

3. 鲁豫皖地区

（1）尉迟寺遗址[1]

F33,房址内发现一大口尊,在大口尊内清理出 1 件鼎,鼎内发现一些被火烧成青灰色的兽骨。笔者认为这样的现象可能与祭祀活动有关。

此外,该遗址还发现了 8 座专门的兽坑:

S1:坑内埋有 1 具较完整的、年龄较小的狗骨架,背部弯曲、四肢似捆绑式。

S2:坑底埋有猪骨架 1 具,头向北,面向南,呈侧身屈肢状,较完整。

S3:底部埋有 1 具完整猪骨架,头向东南,后肢弯曲,前肢并拢,似捆绑式。

S4:坑内埋有猪骨架 1 具,头向东北,吻部向前,后肢弯曲,前肢合拢,似捆绑式。

S5:坑内埋有猪骨架 1 具,头向北,吻部向前,后肢残缺,前肢弯曲并拢。

S6:坑底部埋有 1 具猪骨架,头向南,面向东,体形较小,肢部略零乱。

S7:坑底部埋有 1 具较完整的猪骨架,头向东南,吻部向东,后肢弯曲,略残缺,前肢弯曲至肩部。

SK8:坑内埋有一具完整的猪骨架,前肢作匍匐状,后肢弯曲似被捆绑,应是人类有意识的行为。

从兽坑和祭祀坑内埋藏的动物特征来看,应为先民为了某种特殊的目的有意识的埋入坑中的,整体骨架有捆缚痕迹表明埋藏时这些动物都还应该是活体状态。

S1 开口 4 层下,S2~S7 均开口于 6 层下,每一兽坑的一侧或附近几乎都有建筑基址,显然与建房有关。SK8 开口于 6 层下,坑的方向与墓葬方向相同,可能为墓葬祭祀坑。

（2）金寨遗址[2]

H109 位于同时期墓葬 M62 和 M53 之间,可能与这两个墓葬有关。

H15 与 M87、M24 位置比较接近,可能与这两个墓葬有关。

上述灰坑底层出土的动物遗存基本都呈现出灰白色(被火烧过)的特征,可能为周边墓葬的祭祀坑。

综合来看,本时期此类遗存发现的数量比较多,主要分布于鲁北、鲁中南苏

---

[1]　中国社会科学院考古研究所:《蒙城尉迟寺——皖北新石器时代聚落遗存的发掘与研究》,科学出版社,2001 年,第 42~43、108、111~112 页;中国社会科学院考古研究所、安徽省蒙城县文化局:《蒙城尉迟寺(第二部)》,科学出版社,2007 年,第 99~100 页。

[2]　乙海林:《淮河流域大汶口文化晚期的动物资源利用——以金寨、赵庄遗址为例》,山东大学硕士学位论文,2019 年。

北与鲁豫皖地区。这些特殊埋藏现象主要发生于房址和灰坑(包括祭祀坑)中;埋藏的动物种属包括猪、狗、龟等,以猪为主;埋藏的动物部位包括下颌骨、完整的骨架,以完整骨架(尤其是猪的骨架)出现的频率最高;出土动物的年龄有较大差别(从幼年到老年都有发现);从完整骨架的表现特征来看,应该大都是经捆缚后埋藏的,显然是先民有意为之。

从这些特殊埋藏的意义来看,应该是以祭祀为主的,具体功能上可能包括房屋的奠基及落成后的庆祝仪式,墓葬的祭祀仪式或者是祭神仪式。

五、龙山文化时期

1. 鲁北地区

(1) 三里河遗址[1]

H126,在近底部发现一头成年大猪,骨架比较完整,只在臀部以下被 H127 打破,头向北稍偏西,前后脚在一起,似捆缚状。头部稍高,腰部稍低,相差约 16 厘米。该遗迹可能与周边墓葬有关。

河卵石铺成的长方形遗迹,向南约 1.0 米,M102 之西约 0.7 米处,有一具完整的狗骨架,头向正东。狗骨架下,整齐地平铺着黑陶片七片,看来这具狗骨架是有意识放置的,从这种迹象分析,M102 与狗骨架、长方形河卵石遗迹三者有关,可能是作为特殊活动的一个场所。

(2) 景阳岗遗址[2]

H8,在坑北部下面发现了完整狗头骨及后肢骨。

H13,在坑底北侧有 1 具完整狗骨架。

这两个灰坑可能同时建成,且均打破小台基,可能与祭祀活动有关。

(3) 尚庄遗址[3]

H62,底部遗存有一层厚 5~10 厘米的鱼鳞和鱼骨堆积。笔者认为这应该与先民处理鱼类食物的行为有关。

G1,在沟底的中部和南端发现狗骨架 4 具,狗头骨 1 个,小动物头骨 2 个。这一灰沟的性质比较特殊,应该还是与祭祀活动有关。

---

〔1〕 中国社会科学院考古研究所:《胶县三里河》,文物出版社,1988 年,第 18 页。

〔2〕 山东省文物考古研究所、聊城地区文化局文物研究室:《山东阳谷县景阳岗龙山文化城址调查与试掘》,《考古》1997 年第 5 期,第 17 页。

〔3〕 山东省博物馆、聊城地区文化局、荏平县文化馆:《山东荏平县尚庄遗址第一次发掘简报》,《文物》1978 年第 4 期,第 36 页;山东省文物考古研究所:《荏平尚庄新石器时代遗址》,《考古学报》1985 年第 4 期,第 478、480 页。

（4）呈子遗址[1]

H7，坑内有较完整猪下颌骨 5 件。这一特殊埋藏现象，可能与刘林遗址的灰沟相似。

（5）赵铺遗址[2]

H4 南部 0.8 米深处有一无头猪骨架，在东部 1.25 米深处有一完整猪骨架。可能与周边房址有关。

（6）教场铺遗址[3]

T3840 灰坑内有基本完整的猪骨架 1 具。

H140 和 H147 内发现有基本完整的乳猪骨架各 1 具。

应该与先民的祭祀活动有关。

（7）姚官庄遗址[4]

西 AT9 内发现 1 具完整的猪骨架。

（8）边线王遗址[5]

内城北墙发现奠基现象 1 处（D6），为殉猪坑。坑内出土完整猪骨 1 具，头向东侧身屈卧，年龄 1～1.5 岁。

外城西门南侧基槽也存在奠基现象，D8 内为一完整狗骨架，侧身卧式，胸骨及脊椎骨均已散乱，头骨已碎。

西城门北侧基槽也有奠基现象，D11 内殉侧卧式狗骨架 1 具，骨架上部有猪下颌骨 1 块。

D13 内有狗下颌骨 2 片。

D30 内发现狗骨架较为散乱，无头骨。在其西南面约 2.5 米，同一深度发现狗的头骨，编号 D31，探方发掘者认为应是将狗肢解后置入基槽之内的。

外城东北角甲段基槽发现 7 个奠基坑，内置 1 猪，个别的为半只。如 D17 底部有猪骨架一具，头向北，四肢蜷曲，向左侧卧；D19 坑底置猪骨架 1 具，侧身屈肢，头向东，腰椎以下缺失，股骨上段残失，断痕明显，年龄 1.5～2 岁。

[1] 昌潍地区文物管理组、诸城县博物馆：《山东诸城呈子遗址发掘报告》，《考古学报》1980 年第 3 期，第 348 页。

[2] 青州市博物馆 夏名采：《青州市赵铺遗址的清理》，《海岱考古（第一辑）》，山东大学出版社，1989 年，第 185 页。

[3] 该遗址特殊埋藏的灰坑，为笔者整理动物遗存时发现。

[4] 山东省文物考古研究所：《山东姚官庄遗址发掘报告》，《文物资料丛刊（第 5 辑）》，文物出版社，1981 年，第 36 页。

[5] 山东省文物考古研究所、潍坊市博物馆、寿光市博物馆：《寿光边线王龙山文化城址的考古发掘》，《海岱考古（第八辑）》，科学出版社，2015 年，第 1～55 页。

丙段墙体发现两处奠基现象,即 D26、D27,牺牲分别为狗、猪。

丁段墙体发现 1 处奠基坑,底部有狗骨架 1 具,头向北,头骨破碎,四肢与躯干分离。

显然这些特殊动物埋藏现象均与城墙或基槽的修建、挖掘有关,应为先民举行奠基活动后留下的。

（9）丁公遗址[1]

F114、F14 中发现的猪遗存,基本上各个部位均有发现,应该为完整骨架埋藏。

H38、G116、H192 中发现的狗的遗存,基本上各个部位均有发现,应为完整骨架埋藏。

H2040、H509、H1423、H1988 和 H470 中发现的猪的遗存,基本上各个部位均有发现,应为完整骨架埋藏。

2. 鲁中南苏北地区

（1）尹家城遗址[2]

H69,坑底东部放置 1 具完整的狗骨架,头南面东,四肢向内侧蜷屈,显然是有意而为。应该与祭祀有关。

（2）西吴寺遗址[3]

H4213 出土有动物骨架,但文中并未说明为何种动物,且文中插图也未绘出。

（3）藤花落遗址[4]

H179 内发现 1 具完整的成年猪骨架。猪头方向与 F45 门道方向一致,推测为 F45 的奠基坑。

3. 胶东半岛地区

砣矶岛大口遗址[5],T1 的 7A 层有兽坑 1 个,坑内埋有猪 1 头,在其上压 5 块石块,几乎把整个猪骨都压盖住了。该遗迹可能与周边房址有关。

第一期文化晚期兽坑 6 个,其中 4 层有 S2 和 S7 两个,5 层有 S3~5、9 四个。兽坑内的埋葬以一头猪为主,也有少数用狗的。兽骨架上压石块的有 S2、6 和 7 三个兽坑。从空间位置来看,这些墓葬和兽坑均位于穷人顶的山坡;4 层有墓葬 9 座,兽坑 2 个,兽坑位于 T1 南北两组墓葬之间;5 层有墓葬 2 座,兽坑 4 个。

[1]　该遗址特殊埋藏的几个灰坑为笔者鉴定动物遗存时发现。
[2]　山东大学历史系考古专业教研室:《泗水尹家城》,文物出版社,1990 年,第 32~34 页。
[3]　国家文物局考古领队培训班:《兖州西吴寺》,文物出版社,1990 年,第 20~21 页。
[4]　周润垦:《2003~2004 年连云港藤花落遗址发掘收获》,《东南文化》2005 年第 3 期,第 17 页。
[5]　中国社会科学院考古研究所山东队:《山东省长岛县砣矶岛大口遗址》,《考古》1985 年第 12 期,第 1069、1071 页。

总的来说,该遗址的兽坑应与先民对房址和墓葬的祭祀活动有关。

4. 鲁豫皖地区

（1）禹会村遗址[1]

祭祀沟内,发现了很多被火烧过的动物碎骨,能够鉴定的有猪和羊,更多碎渣无法鉴定。可见当时杀牲祭祀的成分之大。此外,在 JSK2 内发现有 1 件骨笄;在 JSK4 内发现有兽骨、兽牙;在 JSK6、8 内也发现有少量兽骨。这些特殊遗迹可能与周边房址有关。

（2）山台寺遗址[2]

H39,位于 T2 探方西北角,坑内共清理出互相叠压的 9 具牛骨架和 1 个鹿上颌骨,很可能为一祭祀坑。根据发掘者的分期,该灰坑属于山台寺龙山文化第二期第五段,与其周边发现的房址、台基等建筑均不共时,目前尚不清楚其与周边遗迹的确切关系。

综合来看,本时期此类遗存发现的数量依然比较多,在鲁北、鲁中南苏北、鲁豫皖和胶东半岛地区都有发现。比较特殊的动物埋藏现象主要发生于灰坑和灰沟中,且以灰坑为主;埋藏的动物种属包括猪、狗、牛和鱼等,以猪为主,同时狗的出现频率也比较高;埋藏的动物部位包括下颌骨和完整的骨架,以完整骨架(猪和狗的骨架)出现的频率最高。

从这些特殊埋藏的意义来看,与大汶口文化时期一样,应该还是以祭祀为主的,具体功能上可能包括房屋的奠基及落成后的庆祝仪式、墓葬的祭祀仪式和祭神仪式等。与大汶口文化时期不同的是,本时期在豫东地区的山台寺遗址出现了用 9 头牛祭祀的现象,这或许与本地区大汶口文化时期开始饲养黄牛,到龙山文化时期黄牛饲养得到进一步发展有一定关系。

第三节　动物遗存特殊埋藏的
演变及其意义

在前面两节,根据出土位置的不同,笔者将海岱地区发现的动物遗存的特殊埋藏现象区分为墓葬内与其他遗迹两种情况分别进行了分析和讨论。

[1] 安徽省蚌埠市博物馆、中国社会科学院考古研究所：《蚌埠禹会村》,科学出版社,2013 年,第60、64~81 页。

[2] 中国社会科学院考古研究所、美国哈佛大学皮保德博物馆：《豫东考古报告——"中国商丘地区早商文明探索"野外勘察与发掘》,科学出版社,2017 年,第 113~114 页。

一、墓葬内的发现

本章的第一节着重讨论了海岱地区不同文化时期、不同区域内墓葬内随葬动物种属、部位等的发展演化。

1. 各地区的发展演化

（1）鲁北地区

后李文化时期，随葬有动物遗存的墓葬仅 14 座。随葬品以蚌壳为主，包括矛蚌属和无齿蚌属（从发表的图片和描述做出的推断，不能完全确定），应以矛蚌属为主。

大汶口文化中晚期，随葬有动物遗存的墓葬共 210 座。从随葬种属来看，以獐上犬齿、蚌壳和猪类遗存（包括头骨、下颌骨、牙齿和其他骨骼）的出土频率最高，分别为 65、63 和 55 座；随葬龟甲的墓葬有 15 座（焦家遗址 13 座）；随葬疣荔枝螺的墓葬有 14 座（三里河遗址 13 座）；此外还有小型鹿、蛤、鱼和海螺壳等动物发现。随葬长条形蚌器和蚌匙成为本地区的特色。

从焦家遗址 2016 年发掘出土的墓葬来看，随葬獐上犬齿的墓葬性别明显以女性为主（性别明确的墓葬中，除一座男性墓和一座男女合葬墓外，其余均为女性），随葬小型鹿近端趾骨的 8 座墓葬，墓主全部为女性；随葬海螺壳的 9 座墓葬中，除 2 座性别不明确外，其余均为女性。可见，至少在焦家遗址，女性墓葬的随葬动物似乎具有一定的特殊性。

龙山文化时期，从随葬种属来看，獐上犬齿和猪类遗存（几乎全部为猪下颌骨）出现频率相差不大，分别为 37 和 35 座；西朱封 2 座大墓随葬有鳄鱼骨板；三里河遗址 16 座墓葬随葬有疣荔枝螺；此外还有随葬蛤壳的现象。

从动物种属发现的频率来看，后李文化时期以蚌为主，大汶口文化中晚期和龙山文化时期则以獐和猪为主（獐的出现频率略高于猪）。从猪类遗存的部位来看，从大汶口文化时期的多个部位演化到龙山文化时期的下颌骨这一特定部位，随葬部位开始有了模式化的特征，显示出丧葬习俗的发展演变。从随葬品的特征来看，从后李文化时期的剑状矛蚌壳，到大汶口、龙山文化时期的獐上犬齿、猪犬齿和长条形蚌器等，形态均较为长大，有一定的相似之处，因此笔者推测这些随葬品的含义也比较相似，可能都是出于"辟邪"的需要。从大汶口文化晚期到龙山文化时期，墓葬中都发现了一定数量的海产螺壳、蛤壳等，尤以疣荔枝螺最为多见，具有明显的本地特色，先民选择这些海产螺壳随葬墓中，可能与先民对其的特殊信仰有关[1]。

---

[1] 承蒙王青教授告知，在威海地区渔民认为海产贝壳有着特殊的魔力，内陆遗址中此类贝壳的发现也可能与这种特殊的信仰有关。

（2）鲁中南苏北地区

北辛文化时期，随葬有动物遗存的墓葬共 11 座。以动物遗存制品随葬为主，开始出现随葬猪下颌骨和猪牙的现象。

大汶口文化早期，随葬有动物遗存的墓葬共 452 座。随葬动物种属比较复杂，但明显的以獐和猪为主，狗则只见于苏北地区。随葬獐上犬齿的墓葬，墓主性别似以男性为主；随葬数量多为 1~2 件，多的有 4 件。随葬猪类遗存的墓葬，墓主性别以男性为主；随葬数量多为 1~2 件；多只随葬其中一个部位，多个部位一起随葬的现象比较少见。随葬龟的墓葬，墓主性别以男性为主；随葬数量多为 1~2 付。

随葬的动物遗存制品，不仅数量多，而且种类也比较复杂，包括有獐牙勾形器、骨锥、骨珠、骨镯、骨匕、骨镞、束发器、骨笄、骨针、骨刀、骨坠、骨片、骨管、骨凿、骨铲、骨栖、骨梳、骨枪头、骨鱼镖、骨筒、蚌镞、蚌片、牙镞、牙坠、牙约发、雕刻牙饰、角锥、角栖等。獐牙勾形器为本地区所特有的器物，墓主性别以男性为主，发现部位多为手持，数量多为 1~2 件；另外，发现数量较多的骨角锥和骨栖、匕等生产生活用具，墓主性别也以男性为主，随葬数量多为 1~2 件。

大汶口文化中晚期，随葬有动物遗存的墓葬共 374 座。随葬的动物种属与早期差别不大，仍以獐和猪为主，狗仍是仅见于苏北地区。本时期开始出现牛骨随葬的现象。随葬獐上犬齿的墓葬比早期要多，墓主性别以男性为主；随葬数量多为 1~2 件，多的有 5 件；随葬部位多为墓主手持，有的放置于身旁。随葬猪类遗存的墓葬也比早期明显增多，随葬部位则与早期相差不大；随葬数量方面，与早期相比开始有了较大的变化，少的只有 1 件，多的有 18 件。随葬龟的墓葬，有22 座，墓主性别以男性为主；随葬数量多为 1~2 件。

随葬的动物遗存制品，与早期相比，数量和种类都有所减少。包括有獐牙勾形器、骨锥、骨环、骨矛、骨板、骨匕、骨镞、束发器、骨笄、骨簪、骨针、骨凿、骨栖、骨枪头、骨鱼镖、骨雕筒、牙雕筒、蚌片、牙约发、牙珠、牙饰、角坠等。其中，发现数量最多的仍是獐牙勾形器、骨角锥和骨栖、匕等，墓主性别及随葬数量方面与早期差别不大；另外还有一种物品发现数量较多，为骨牙雕筒，仅发现于鲁中南地区的墓葬中，墓主性别来看，以男性为主；随葬数量多为 1 件。

龙山文化时期，随葬动物遗存墓葬数量比大汶口文化时期有所减少。从随葬动物种属来看，趋向模式化，为獐、猪和鳄鱼，以前两种为主，未见其他种属；其中鳄鱼仅见于尹家城遗址的大型墓葬中。随葬的猪类遗存，部位也已经固定为下颌骨，未见其他部位。随葬的动物遗存制品，数量和种类相比大汶口文化时期也是大大减少的。

综合来看，从动物种属发现的频率来看，北辛文化时期开始出现猪骨随葬的现象,大汶口文化早期开始出现随葬獐上犬齿的现象,从大汶口文化到龙山文化时期随葬动物都是以獐和猪为主的。从猪类遗存的部位来看,从北辛文化时期的下颌骨、牙齿,到大汶口文化时期的头骨、下颌、牙齿及其他部位骨骼,再到龙山文化时期的下颌骨,经历了由简单到复杂再到最终的模式化的演变过程。从随葬品的特征来看,獐牙、猪牙可能有着"辟邪"等特殊含义,榧螺和狗骨架等则表明先民的特殊喜好,龟和鳄鱼则可能显示出墓主的特殊身份地位;獐牙勾形器、骨雕筒等特有制品的存在,也显示出墓主身份的特殊性;其他镞、锥、柶、匕、束发器等均属墓主生前常见的生产生活用品及随身佩戴的饰品,死后随葬墓中。

（3）鲁豫皖地区

大汶口文化晚期,随葬动物遗存的墓葬共 24 座,随葬动物主要为獐、鹿、猪、鱼、鳖和蚌等,部位包括獐上犬齿、猪下颌骨、猪骨、鹿角、鱼骨、鳖甲和蚌壳。随葬獐上犬齿的墓葬有 9 座,墓主似以男性为主;从数量上看,以 1 件为主,也有 4~5 件的,数量多的墓主均为男性。随葬猪类遗存（下颌骨、犬齿和骨骼等）的墓葬共 12 座,数量多为 1 件,墓主性别倾向不明显。

（4）胶东半岛地区

大汶口文化早期,随葬动物遗存的墓葬共 45 座。从种属来看,以猪类遗存（包括头骨、下颌骨、上颌骨和其他骨骼）发现的频率最高,有 30 座;随葬牡蛎的墓葬有 3 座,牡蛎多经过火烧;随葬獐上犬齿的墓葬只有 4 座。

大汶口文化中晚期,随葬动物遗存的墓葬仅 3 座,其中 1 座随葬有獐牙。

龙山文化时期,随葬动物遗存的墓葬仅 8 座,其中 1 座随葬束发器,其余 7 座均随葬猪下颌骨。

可见,本地区墓葬主要集中于大汶口文化早期,中晚期及龙山文化时期随葬品的数量和种属分布都比早期要少很多。从随葬动物特征来看,既有与同时期其他地区相似的方面（如以猪和獐为主等）,也有明显的自身特色（如随葬烧过的牡蛎等）。

（5）鲁东南地区

大汶口文化中晚期,随葬动物遗存的墓葬共 33 座。从种属来看,以猪类遗存（主要是下颌骨）的出土频率最高,有 29 座,随葬獐牙的仅 3 座。

龙山文化时期,随葬动物遗存的墓葬比大汶口文化中晚期要少一些。以獐上犬齿和猪下颌骨出土频率最高,还有淡水蚌壳的发现。

可见,本地区随葬动物的特征与其他地区相差不大。

（6）小结

从不同区域的发现情况来看,从北辛文化时期开始,一直到大汶口文化中晚期,都是以汶泗流域的鲁中南苏北地区发现此类墓葬的数量最多,且随葬动物种属都较为丰富,随葬的动物遗存制品种类繁杂,数量众多,其中一部分还为当地特有的器形;鲁北地区则是从大汶口文化中晚期到龙山文化时期都保持了相对稳定的发展,到龙山文化时期已经成为发现此类墓葬数量最多、随葬种属最为丰富的地区;鲁东南地区和鲁豫皖地区发现的此类墓葬数量不多,且主要集中于大汶口文化晚期阶段;胶东半岛地区此类墓葬数量也不太多,主要集中于大汶口文化早期阶段,随葬的动物种属有着自己的特色。

从时间演变来看,蚌壳随葬现象首先出现于后李文化时期的鲁北地区,盛行于大汶口文化中晚期,龙山文化时期仍然有少量发现;猪骨随葬现象首先出现于北辛文化时期的鲁中南苏北地区,一直延续到龙山文化时期,且从大汶口文化早期到龙山文化时期经历了骨骼部位逐步固定化的过程;獐上犬齿随葬现象首先出现于大汶口文化早期,一直延续到龙山文化时期;龟甲随葬现象首先出现于大汶口文化早期的鲁中南苏北地区,延续到大汶口文化中晚期,龙山文化时期已不见此类现象;海产螺壳的随葬则仅见于少数几个遗址(尤其以靠海较近的三里河遗址发现最多),从大汶口文化时期延续到龙山文化时期。

从随葬动物在墓葬中的出土位置来看,獐上犬齿一般放置在墓主手边或身侧或手中;龟甲(龟甲器)一般放置在墓主人腰部、腹部或胸部;蚌壳一般放置在墓主人胸腹部;猪头一般放置在墓主人脚下(脚部);猪肢骨(包括蹄骨等)一般放置在随葬器物内(或散落在随葬器物中);猪下颌有放置在二层台上的(一般等级较高的墓葬才会有二层台),也有放置在器物之间的。

2. 随葬动物遗存制品分析

从本章第一节的描述来看,随葬动物遗存及制品的墓葬,墓主以成年为主,性别方面,似乎是以男性为主的。

随葬的这些制品包含了生产生活类的工具用品,日常装饰品与其他用品等。从时代上来看,这类制品在大汶口文化时期的墓葬中出现的频率最高,数量也最多;到了龙山文化时期,此类制品出现的频率大大降低,且数量上也都比较少。

随葬的生产工具如镞、锥、矛、镖等,在多个地区都带有较为明显的性别倾向,多是以成年男性为主。笔者认为这可能与墓主性别及生前的社会分工有关,这些随葬器物大都应为实用器物,是墓主生前常用之物。史前时代的社会分工,应该多是以生理和体力条件作为前提的,因此成年男女在日常生产中占据了极为重要的地位,渔猎类的活动也应该主要由这类人群来实行,从这一角度来说,性别倾向肯定是会有的,但并不是性别决定一切,墓葬中的发现情况也正好可以说明这一点。

随葬的生活用品,包括有栖和匕等,只在一些地区带有较为明显的性别倾向。

笔者认为这类制品应该是墓主生前常用之物,从其数量来看,一般都只随葬1~2件,显示不出明显的差异,更加说明这些物品的日常性。正是因为这类物品是先民日常生活所用,因此在死后也会一起随葬,在性别上并不会显示出太大的差异。

随葬的饰品,包括有束发器、笄、镯、指环、颈饰等,在多个地区也带有较为明显的性别倾向,笔者认为这些物品应该为墓主生前日常佩戴之物,可能与墓主性别及个人喜好有关。

随葬的一些特殊物品,如獐牙勾形器、骨牙雕筒和龟甲制品等,已经有学者专文进行了讨论[1]。从前文总结的情况来看,这类特殊制品主要出自大汶口文化时期的墓葬中,墓主性别倾向更为明显,以成年男性为主。笔者认为这些物品应该还是墓主生前所用之物,但并不像是普通人日常生产或生活的用品,这些墓的墓主在聚落中应该有着各自特殊(特定)的身份。

二、其他遗迹中的发现

本章的第二节着重讨论了海岱地区不同文化时期发现的此类特殊埋藏现象。从前文的描述可以看出,其他遗迹中的动物遗存特殊埋藏,主要表现在动物遗存的整体埋藏和集中埋藏方面,涉及的动物种属有狗、猪、龟和鹰等,以猪和狗出现的频率最高。发现的猪和狗,一般都是以完整骨架的方式埋藏的。

关于这类埋藏的意义,在原报告中一般都有相关的论述,如王因和三里河遗址中被认为是饲养家畜的圈栏,尉迟寺、砣矶岛大口等区分为专门的兽坑等等。

1. 猪的埋藏

在所有的经过统计的120余座遗迹中,出土整猪遗存的多于60座(砣矶岛大口遗址中未注明哪些兽坑中埋藏的是猪,具体数据不明,此处并未统计,因此实际数量只会更多),显然频率非常高。

这类埋藏最早出现于北辛文化时期,统计的9座遗迹中,有6座随葬有猪骨,其中仅1座随葬完整骨架,数量为3具。

大汶口文化时期,统计的近60座遗迹中,有35座都埋藏有完整的猪骨架,总数超过40具。

龙山文化时期,统计的50余座遗迹中,有超过24座埋藏有完整的猪骨架(砣矶岛大口遗址数据不明,未统计在内),总数超过24具。

〔1〕 高广仁、邵望平:《中国史前时代的龟灵与犬牲》,《海岱地区先秦考古论集》,科学出版社,2000年,第291~303页;王永波:《獐牙器——原始自然崇拜的产物》,《北方文物》1988年第4期,第22~29页;栾丰实:《大汶口文化的骨牙雕筒、龟甲器和獐牙勾形器》,《海岱地区考古研究》,山东大学出版社,1997年,第181~200页。

从目前可以查阅到的资料来看,这些整猪埋藏的遗迹周围多存在有房址、城墙、台基和墓葬等遗迹现象(表5.6),笔者认为这些猪骨应该主要是先民祭祀或奠基等活动使用的动物祭品。

2. 狗的埋藏

在经过统计的120余座遗迹中,出土完整狗骨架的超过29座(砣矶岛大口遗址数据不明,未统计在内),出现频率比猪遗存要低一些。

这类埋藏最早出现于后李文化时期,统计的3座遗迹中,有1座埋藏有完整的狗骨架。

北辛文化时期,统计的9座遗迹中,埋藏有狗骨的有2座,未发现整体骨架埋藏的现象。

大汶口文化时期,统计的近60座遗迹中,有16座埋藏狗的遗存,均为完整骨架,数量共16具。

龙山文化时期,统计的50余座遗迹中,有超过12座埋藏有完整的狗骨架(砣矶岛大口遗址数据不明,未统计在内),数量超过12具。

从出土位置来看(表5.6),出土于房址居住面的完整骨架说明先民与狗之间的亲密关系;而出土于房址周围及墓葬周围的狗骨架则应该是先民用于房屋奠基或落成仪式以及下葬仪式时使用的动物祭品。

3. 其他动物

猪和狗以外的其他动物出现频率都比较低,其中鹿、牛、鸟、鱼和其他哺乳动物零散骨骼的集中埋藏现象,应该是先民渔猎等活动的直接反映;龟的特殊埋藏则可能与先民"动物崇拜"的特殊意识形态有关;鹰的特殊埋藏目前仅在焦家遗址有发现(表5.6),可能是先民在对周边大型墓葬的祭祀活动中使用的动物祭品;牛的埋藏目前仅在山台寺有发现(表5.6),可能与该地区先民黄牛饲养水平较高及对黄牛的特殊使用有关。

表5.6 海岱地区新石器时代遗址出土动物特殊埋藏现象及其位置信息一览表

时 代	遗 址	特殊埋藏骨架	位 置 信 息
北辛文化时期	东贾柏	猪骨架	房址(F12)周边
大汶口文化早期	王因	狗骨架	发现于F5居住面
大汶口文化早期	王因	狗骨架及猪骨	房址(F3)西侧
大汶口文化早期	果庄	猪骨架	?
大汶口文化早期	大汶口	猪骨架(H19)	墓葬区?

时　　代	遗　　址	特殊埋藏骨架	位　置　信　息
大汶口文化早期	大汶口	猪骨架(H20)	房址(F4)周边?
大汶口文化中晚期	三里河	猪骨架(H227)	F202 东墙外?
大汶口文化中晚期	建新	猪骨架(H265)	F27 房基东部
大汶口文化中晚期	西夏侯	猪骨架	墓葬区
大汶口文化中晚期	野店	猪骨架	?
大汶口文化中晚期	花厅	猪骨架	墓葬区
大汶口文化中晚期	赵庄	猪骨架、狗骨架	沟内,周边无其他遗迹
大汶口文化中晚期	尉迟寺	猪骨架(S2~7,SK8)	房址、墓葬周边
大汶口文化中晚期	尉迟寺	狗骨架(S1)	房址周边
大汶口文化中晚期	焦家	鹰骨架	大型墓葬周边
大汶口文化中晚期	焦家	狗骨架	F94、F95 内
大汶口文化中晚期	焦家	猪骨架、狗骨架	墓葬周边
龙山文化时期	藤花落	猪骨架	F45
龙山文化时期	砣矶岛大口	猪骨架、狗骨架	房址、墓葬周边
龙山文化时期	三里河	猪骨架、狗骨架	墓葬区
龙山文化时期	景阳冈	狗骨架	台基
龙山文化时期	赵铺	猪骨架	房址?
龙山文化时期	边线王	猪骨架、狗骨架	城墙、基槽等
龙山文化时期	丁公	猪骨架	F114、F14?
龙山文化时期	丁公	狗骨架、猪骨架	房址周边?
龙山文化时期	山台寺	牛骨架(H39)	?

三、不同动物种属的特殊埋藏

1. 猪

关于史前猪的埋藏,已经有多位学者发表了自己的观点[1]。笔者认为,不

---

[1] 王仁湘:《新石器时代葬猪的宗教意义——原始宗教文化遗存探讨札记》,《文物》1981 年第 2
期,第 79~85 页;靳桂云:《中国新石器时代祭祀遗迹》,《东南文化》1993 年第 2 期,第 50~61
页;王吉怀:《试析史前遗存中的家畜埋葬》,《华夏考古》1996 年第 1 期,第 24~31 页;户晓
辉:《猪在史前文化中的象征意义》,《中原文物》2003 年第 1 期,第 13~17 页;冈村秀典:《中
国古代王权と祭祀》,学生社(株式会社),2005 年;罗运兵:《汉水中游地区史前猪骨随葬现象
及相关问题》,《江汉考古》2008 年第 1 期,第 67~75 页。

论是狩猎的野猪,还是饲养的家猪,在整个新石器时代都主要是作为肉食资源存在的。

　　关于猪的埋藏,笔者认为可以从以下几种情况进行分析:

　　首先,可能与埋藏的遗迹有关。从上文的统计中可以看出,整个新石器时代,海岱地区发现超过 60 座遗迹中(不包括墓葬)有集中埋藏猪骨(完整猪骨架)的现象,从这些遗迹的位置信息来看(表 5.6),此类猪骨埋藏的意义大多都应与先民的祭祀活动有关,尤其是以完整骨架埋藏且有明显捆缚痕迹的现象,则更可以说明这是一种献祭活动[1]。

　　其次,墓葬中的猪类遗存,可能与其所放置的位置有关。关于墓葬中发现的猪类遗存,笔者认为除了猪牙(犬齿和门齿)外,其余骨骼应该是随葬给死者的肉食,也有可能是死者下葬时来自他人的献祭之物,总之都应该是作为肉食或肉食的象征存在的。这类遗存的发现位置多在死者身侧,有的甚至是出现于随葬器物中的,更加说明其作为肉食的意义;大汶口文化晚期到龙山文化时期部分墓葬中发现的此类遗存,明显存放在椁外,笔者认为这部分遗存作为献祭品的可能性更大一些[2]。

　　从随葬猪骨在猪身上的位置来看,北辛文化时期数量较少,不予讨论;大汶口文化时期通常都包含了猪的头骨、下颌骨、肢骨、蹄骨、趾骨和牙齿等,有时还包含有肋骨;龙山文化时期,从发现的情况来看,几乎全部为猪的下颌骨,似乎更趋模式化。猪下颌骨带肉量较少,将其随葬墓中,象征意义更加明显。

　　从猪下颌骨的随葬数量来看,北辛文化时期,只有 1 座墓葬发现有猪下颌骨;大汶口文化早期,以随葬 1 件为主;大汶口文化中晚期,随葬数量普遍增多,多的有 37 件;龙山文化时期,随葬数量普遍较多,尹家城遗址有多座墓葬随葬20 件以上。之所以有这样逐渐增多的趋势,笔者认为应当与先民的意识形态发展有关,同时也能够体现出自大汶口文化中晚期开始,海岱地区的家猪饲养已经

---

　[1]　梁钊韬:《中国古代巫术:宗教的起源与发展》,中山大学出版社,1999 年,第 202 页:中国古远的时代,牺牲以动物为主,而且是活体或血腥胴体……《礼记·郊特牲》曰:"至敬不飨味,而贵气臭也",就是说,祭祀时用血腥的胴体,是为了表示隆重。

　[2]　王仁湘:《新石器时代葬猪的宗教意义——原始宗教文化遗存探讨札记》,《文物》1981 年第 2期,第 83 页:海南的黎族,在人死了以后,亲人便要带上猪、羊和酒前往吊祭,丧家当日即杀牲送鬼。入殓后,把已宰杀的猪、牛下颌骨连同其他随葬品放在木棺上,或用木棒把下颌骨挑立在坟冢上;梁钊韬:《中国古代巫术:宗教的起源与发展》,中山大学出版社,1999 年,第 202页:中国古远的时代,牺牲以动物为主,而且是活体或血腥胴体,像《仪礼·特牲·馈食礼》郑注:祭礼自熟始曰馈食,馈食者食道也。这就是说,在祭祀时把牺牲煮熟了,才开始叫做馈食,是供大家食用的。

达到较大的规模,家猪饲养水平较高。

2. 狗

关于史前狗的埋藏意义,高广仁和邵望平曾经专门撰文探讨过[1]。

从前文的描述来看,海岱地区新石器时代发现的狗,多以完整骨架的方式埋藏在各种遗迹中。笔者认为,狗在整个新石器时代都不属于先民主要的肉食资源,先民与狗之间属于另外一种类似伙伴的亲密关系,这种关系自后李文化时期就开始存在,一直延续到龙山文化时期;发现于房址居住面的狗骨架正是这一关系的极好证明。

灰坑中发现的狗,主要表现的可能还是一种动物崇拜或祭祀的意义[2],尤其是出自房屋或城墙台基等奠基坑内的狗骨架,此种含义更加明显。

墓葬内随葬狗的现象,目前仅见于大汶口文化时期;除焦家遗址发现一例为半副骨架外,其他都发现于苏北地区且全部为完整骨架。笔者认为这些狗可能是墓主生前的狩猎伙伴或宠物,在其死后随葬墓中陪伴。

3. 獐

目前,此类动物主要发现于墓葬中,且发现的部位均为雄性獐的上犬齿。关于獐牙及其制品獐牙勾形器的发现,已经有不少学者都撰文讨论其意义[3]。獐牙勾形器目前仅发现于大汶口文化时期地处汶泗流域的鲁中南苏北地区,墓主性别有比较明显的倾向性,墓主身份可能局限于一个较小的范围内。

随葬獐上犬齿的现象从大汶口文化到龙山文化时期一直都比较普遍,各个地区都有发现,尤以大汶口文化时期地处汶泗流域的鲁中南苏北地区最为兴盛,龙山文化时期鲁北地区随葬獐牙的墓葬比例有所上升。从墓主的性别来看,似乎有着一定的倾向性,以男性为主,但就部分地区的情况来看(如焦家遗址),女性墓占的比例也比较高;从墓主年龄来看,以成年为主;从随葬数量来看,以 1~2 件为主,多的也有随葬十余件的,这样的墓例较少,总的来说不具有明显的倾向性,笔者认为这是与獐上犬齿的特殊用途相关联的,随葬獐的上犬齿看重的主要是其尖利的形状具有"辟邪"等象征意义,数量不必太多,只要有就可以了。笔者认为,此类象征意义也体现在随葬的猪牙(主要是雄性猪的长大犬齿和门齿)

〔1〕　高广仁、邵望平:《中国史前时代的龟灵与犬牲》,《海岱地区先秦考古论集》,科学出版社,2000 年,第 291~303 页。

〔2〕　王吉怀:《试析史前遗存中的家畜埋葬》,《华夏考古》1996 年第 1 期,第 28 页:我国少数民族中,还有一种敬狗的习俗……狗死了之后,还要进行慎重的埋葬。

〔3〕　王永波:《獐牙器——原始自然崇拜的产物》,《北方文物》1988 年第 4 期,第 22~29 页;栾丰实:《大汶口文化的骨牙雕筒、龟甲器和獐牙勾形器》,《海岱地区考古研究》,山东大学出版社,1997 年,第 181~200 页。

方面。

4. 鹿、牛、狗獾、鸟等脊椎动物

这些种属出现的频率都比较低,除山台寺龙山文化遗址中出现的祭祀坑H39外,主要都出现在墓葬中。笔者认为这些动物随葬品应该都是以肉食的形式出现在墓葬中的,既可显示出当时先民的渔猎活动,也可显示出墓主的个人喜好。而山台寺遗址出土的牛坑,则为明显的祭祀坑。

5. 鱼、鳄鱼、鳖、蚌、螺等水生动物

这类水生动物发现的频率也不算高,尤其是蚌螺类软体动物都是在特定区域(特定的遗址)内发现的。如中华圆田螺仅发现于王因遗址,牡蛎则仅发现于北阡遗址,疣荔枝螺大多发现于三里河遗址,这些遗址所处的自然地理环境中均能够提供较多的此类动物遗存,因此这类遗存的特殊埋藏可能是先民对当地自然环境的一种适应,带有比较浓重的地方特色。

鱼的发现频率在水生动物里算是比较高的,目前来看仅存在于大汶口文化时期的墓葬中,多个地区都有发现,其中三里河随葬的鱼鉴定为海鱼,其他遗址可能均为淡水鱼。从这一角度来说,这类遗存的特殊埋藏也是对当地环境的一种适应,带有一定的地方特色。

鳄鱼,在大汶口文化到龙山文化时期的多个遗址中均有发现,数量比较少,均为骨板;出土鳄鱼骨板的墓葬规模一般比较大,显示出墓主身份等级较高。从其出现的地区分布情况来看,主要为鲁中南和鲁中北地区,这两个地区从自然地理环境来看,具备鳄鱼生存所需的生态条件,因此这一类遗存在墓葬中的出现似乎也可被视作先民对当地自然环境的一种适应。

第六章 动物资源利用模式的
发展演变

　　人类从诞生之日开始,就一直依靠自然,从自然中获取资源,以维持其生存所需。人,属于灵长目动物,在食性上来说属于杂食,在生物界还常常是食肉动物狩猎的对象。在旧石器时代早期,人类不仅要应对残酷的自然环境,躲避食肉动物的攻击,还要与其竞争获取生存所需的肉食资源,这一类的肉食资源一般是以食草类和杂食类动物为主的;在旧石器时代晚期,从发现的小石器、细石器情况来看,狩猎经济在人类的生活中占据了相当高的地位。

　　进入全新世以后,新石器时代的人类已经能够制作陶器,制作较为先进的石质工具,并且在长期的狩猎采集活动中逐渐意识到一些植物或动物是可以控制并驯化的,从而开始发展农业和部分家畜饲养业。笔者认为,先民驯化饲养家畜的主要目的还是与获取肉食资源有关。

　　从海岱地区的实际情况来看,目前发现的最早的新石器时代遗址——扁扁洞遗址中,发现的动物遗存破碎程度较高,已鉴定出的动物包括珠蚌属、蜗牛科、鱼纲、两栖纲、鳖科、雉科、鹑科、梅花鹿、獐、猪科、犬科(狗?)、猫科、兔科、竹鼠科和食虫目等,这些动物中蜗牛科可能为洞穴内原生的动物,而非先民特意利用的动物。从全部动物的数量来看,即使算上蜗牛科动物,哺乳纲动物也占总动物数量的95%以上;从哺乳纲动物的构成来看,以鹿科和猪科为代表的中型哺乳动物数量是最多的,是先民主要利用的对象。笔者对遗址出土的猪进行了全面考察和分析,认为该遗址出土的猪应属野猪,当为先民的狩猎对象。可见,该遗址先民主要通过狩猎野生哺乳动物来获取所需的肉食资源,这些野生哺乳动物(包括野猪、梅花鹿、獐和小型的猫科、兔科、竹鼠科等)均属典型的林栖动物,其存在与该遗址先民穴居的生活是相适应的,与当地的自然地理环境也是相符的。动物骨骼破碎程度较高则表明先民对这些动物的利用程度较高,除获取一般性的肉食外,还会继续利用其骨髓和油脂等食物资源。

从后李文化开始,海岱地区新石器时代的文化序列已经比较清楚了,在各文化存在的时间内都有一定数量的遗址发现并发掘,其中大部分遗址中对于所获动物遗存都有不同程度的描述与分析(图 6.1、6.2、6.3 和 6.4)。笔者在前文中分别对这些不同时期的遗址中出土的动物群构成及其反映的环境资源(第二章)、动物饲养情况(第三章)、动物遗存所反映的先民生产生活(第四章)及针对特殊动物种属及部位的有意识埋藏(第五章)等情况进行了汇总与分析,本章将在此基础上探讨先民利用动物资源模式的发展与演变过程。

一、后李文化时期

本时期,先民对动物资源的利用还处于相对简单的阶段,主要目的是获取肉食,在获取肉食后也会利用食剩的动物遗存来饲养狗和制作一些生产生活用品。

1. 渔猎活动

从前文的分析可以看出,目前属于后李文化时期的遗址集中分布于鲁北的山前地带(图 6.1)。从各遗址发现的动物群组合情况来看,种属非常丰富,包含瓣鳃纲、腹足纲、甲壳纲、鱼纲、爬行纲、鸟纲和哺乳纲。月庄、西河、张马屯和后

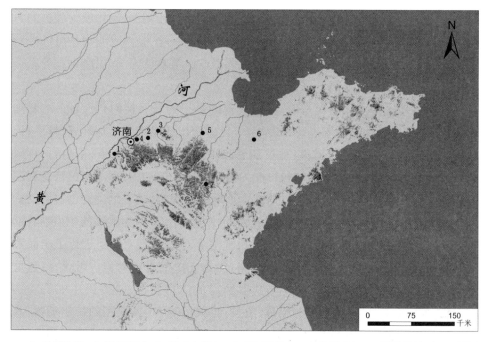

1. 长清月庄　2. 章丘西河　3. 章丘小荆山　4. 历城张马屯　5. 临淄后李　6. 潍坊前埠下　7. 沂源扁扁洞

图 6.1　后李文化时期出土动物遗存遗址分布图

李遗址,均为近二十年来新发掘的遗址,在发掘过程中使用浮选法获取动植物遗存,使得遗址出土的动物遗存能够更加全面地反映当时先民的动物资源利用情况。从动物群的数量构成来看,各遗址除哺乳纲动物外,鱼纲和鸟纲动物的数量也比较多,在有的遗址(如月庄)中发现的鱼纲动物比重要超过哺乳纲的比重;除月庄遗址未发现软体动物外,其余遗址均有一定数量软体动物(瓣鳃纲和腹足纲)被发现,在有的遗址(如张马屯)中的比重还比较高,仅次于哺乳纲和鱼纲。可见,当时先民对遗址周边水生资源的利用还是比较多的,渔猎活动在整个经济活动中占的比重也比较高。

遗址出土的骨鱼镖和网坠等器物,可能是先民用以捕鱼的工具;其中骨鱼镖适合捕获底栖鱼类,而网坠(代表网)则适合捕获生活在河流(湖泊)上中层的鱼类。对各遗址出土鱼类的鉴定结果可知,各遗址中均存在一定数量的底栖鱼类和生活在河流(湖泊)上中层的鱼类。

淡水软体动物,从目前的发现情况来看,先民除获取其肉食外,还会将其随葬墓中,可能不同形状的软体动物(如后李遗址随葬的宽大的蚌类和小荆山遗址随葬的窄长蚌类)具有不同的象征意义。

哺乳动物中,狗和猪可能为家养动物,其他均为野生动物。尽管野生哺乳动物的种属发现也比较多,但从数量来看,主要为不同体型的鹿科动物。鹿科动物属于草食性动物,在整个哺乳动物食物链中处于较低的等级,从旧石器时代开始就是食肉动物和人类的主要狩猎对象,这类动物一般攻击性没有食肉动物强,且对环境的适应程度比较高,数量相对较多一些,而且经常穿梭于河湖岸边的沼泽地和灌木丛中,这种特定的环境便于先民从事狩猎活动。从哺乳动物的总构成情况来看,即使我们将遗址中发现的猪都视作家猪,鹿科动物的数量依然是最多的。

可见狩猎野生哺乳动物和鸟类、渔猎水生的鱼类和爬行动物、捕捞淡水的软体动物是本时期先民获取肉食资源的主要方式。

2. 动物驯化与饲养

狗在本时期属明确的家养动物,从部分遗址的描述来看,其形态上已经与华北狼的特征相差很大了,说明驯化应该开始于更早的阶段(可能为扁扁洞遗址时期)。月庄遗址内发现了灰坑中埋藏整狗的特殊现象,显示出狗这种动物的特殊性;而多个遗址的材料中都包含了数量较多的带有食肉动物咬痕的标本,这类标本的存在,笔者认为是先民利用食剩的残留筋腱的动物遗存来饲养狗的证据;从上述两个方面来看,当时先民与狗之间的关系比较亲近,狗应该不是作为肉食资源存在的,而是作为狩猎等活动的伙伴存在的。

本时期的猪群中可能已经存在部分驯化种,但是其与野生种的形态特征相差并不大,先民饲养猪的主要目的还是在于获取肉食资源。从其数量来看,家畜(主要是家猪)饲养活动在先民经济生活中的比重还比较低。

3. 骨角牙蚌制品

尽管先民们饲养、渔猎和捕捞上述动物的主要目的是获取肉食资源,但是在食用完后先民并不会将其完全丢弃,而是利用动物遗存较为坚硬的部分制作一些制品(包括生产和生活工具)。从本阶段发现的情况来看,先民除了利用动物骨骼和牙齿制作器物外,也会利用鹿角来制作工具,还会利用蚌壳来制作装饰品(如蚌簪等)。

二、北辛文化时期

本时期,先民对动物资源的利用与前一时期相比,要更为复杂一些。当然,不管是饲养家猪还是渔猎其他动物遗存,其主要目的还是为获取肉食。在获取肉食资源后,先民也会利用动物遗存制作各种工具,此类制品的数量、种类和质量都比前一时期有着较为明显的提高。除上述两种主要的利用方式之外,先民还会选择特殊的动物种属(或部位)来进行一些特殊的活动(祭祀或随葬等),满足自身的精神需求。

1. 获取肉食资源

与后李文化时期相比,本时期先民生存范围进一步扩大,向南到达鲁南苏北和皖北地区,向东到达胶东半岛地区(图6.2)。

从各遗址发现的动物群组合情况来看,多数遗址与后李文化时期一致,包含有瓣鳃纲、腹足纲、甲壳纲、鱼纲、爬行纲、鸟纲和哺乳纲,且多以哺乳纲为主。与前一时期相比,鱼纲和鸟纲的比例均有较大程度的下降,哺乳纲和瓣鳃纲的比例有较大程度的增加。胶东半岛地区的大仲家和翁家埠遗址,海产软体动物的比例要远超其他动物;鲁南地区的王因遗址,也发现大量的淡水软体动物;这些都显示出先民对软体动物利用程度的增强。

哺乳动物中,狗和猪为家养动物,其余动物均为野生,猪群中同时存在野猪。野生动物中仍然以不同体型的鹿科动物为主,其他野生动物数量都比较少。从哺乳动物的总构成情况来看,本时期不同地区存在一定的差异。鲁北地区,与后李文化时期基本保持一致,鹿科动物比重最高;胶东半岛地区,鹿科比重较低,猪科比重最高,猪科中可能同时存在家猪和野猪,从其形态学特征及死亡年龄等因素来看,猪群中可能是以家猪为主的;鲁南苏北和皖北地区,不同遗址间存在差异,有的遗址以鹿科为主,有的遗址以猪科为主,显示出区域内部家猪饲养水平的不平衡性。

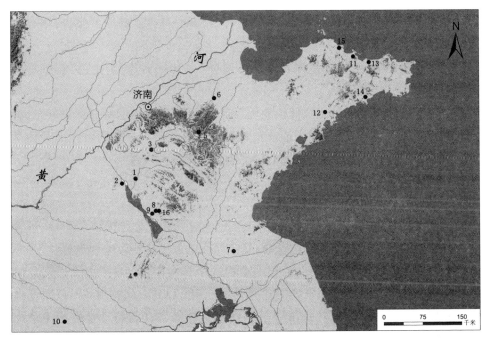

1. 兖州王因　2. 济宁玉皇顶　3. 泰安大汶口　4. 濉溪石山孜　5. 沂源黄崖洞　6. 临淄后李　7. 沭
阳万北　8. 滕州官桥村南　9. 滕州前坝桥　10. 临泉王新庄　11. 烟台白石村　12. 即墨北阡　13. 牟平
蛤堆顶　14. 乳山翁家埠　15. 蓬莱大仲家　16. 滕县北辛

图6.2　北辛文化时期出土动物遗存遗址分布图

可见,本时期先民加大了对软体动物和哺乳动物的利用,减少了对鱼和鸟类
动物的利用;家猪饲养在一些遗址中得到了较快的发展,在一些遗址中则发展较
慢,存在着区域间的不平衡性和区域内部遗址间的不平衡性。但总的来说,先民
还是依靠饲养家猪、狩猎鹿科动物和其他野生哺乳动物、捕捞软体动物等活动来
获取所需的肉食资源。

2. 骨角蚌牙制品

与前一时期相比,此类制品的数量和种类都有了明显增多,而且制作工艺水
平也有了一定的提高;墓葬中发现的此类制品数量也大大增加,一些特定器物与
墓主性别之间存在着一定的联系。随着家猪饲养的发展,利用猪下颌犬齿制作
的牙镞和束发器等器物也开始出现和逐渐增多。

3. 特殊动物种属及部位的埋藏

本时期开始,在多座灰坑和墓葬中都发现有不同动物种属(整体或特定部
位)的集中埋藏现象。涉及的动物种属包括猪、牛、龟、鳄鱼、鱼和蚌贝等软体动
物。其中,大部分属于灰坑(灰沟)内的特殊埋藏现象,墓葬中只发现了猪这一

种动物。

灰坑(灰沟)中埋藏的猪,有的是完整骨架,有的只是头骨或下颌骨;墓葬中发现的猪仅为下颌骨。

其他动物的发现,也多是以身体的一部分(尤其是头骨)为主,只有龟是以完整甲壳的形式埋藏的。

上述这些特殊动物种属及部位的埋藏现象,反映了先民的特殊意识形态,有的可能是祭祀活动的祭品(如房址中发现的完整猪骨架),有的则可能是某种巫术活动的具体体现(如灰沟中发现的猪下颌骨集中埋藏现象)。

三、大汶口文化时期

先民对动物资源的利用与前一时期相比,有了更进一步的发展。当然,不管是饲养家猪、黄牛,还是渔猎其他动物,其主要目的都还是获取肉食资源。

在获取肉食资源后,先民也会利用动物遗存制作各种工具。大汶口文化时期可以说是动物遗存制品大发展的时期,与前一阶段相比,此类制品不仅数量大增,而且种类明显增多,尤其是出现了一些具有特殊含义的非日常生产生活用品,这些制品主要由特定人群使用,并且在死后也会随葬于墓中。从现有发现来看,本时期动物遗存制品的生产应该已经具备了一定的规模,可能已经出现了模式化的生产流程。

在上述两种利用方式之外,先民还会选择特殊的动物种属(或部位)来进行一些特殊的活动(祭祀或随葬等),满足自身的精神需要。这些动物种属以獐、猪和狗为典型代表,其中獐和狗作为"动物崇拜或亲密伙伴"等的象征意义更大一些,而猪作为肉食的含义更大一些。

1. 肉食资源

与北辛文化时期相比,本时期发现的遗址数量更多,做过专门动物考古研究的遗址数量也比较多(图6.3)。大汶口文化时期延续时间较长,从时间上看可分为大汶口文化早期和中晚期两个阶段,这两个阶段先民对肉食资源的获取方式发生过比较大的变化。

(1) 大汶口文化早期

发现的遗址主要位于鲁南苏北、皖北和胶东半岛地区(图6.3),其动物群组合基本延续了本地区北辛文化时期的特征,均包含有瓣鳃纲、腹足纲、甲壳纲、鱼纲、爬行纲、鸟纲和哺乳纲,鲁南苏北和皖北地区以哺乳纲为主(王因遗址本时期可能还继续捕捞大量的软体动物),胶东半岛地区则以瓣鳃纲腹足纲软体动物为主,其他纲动物都非常少。可见,本时期不同地区先民采取不同的生计策

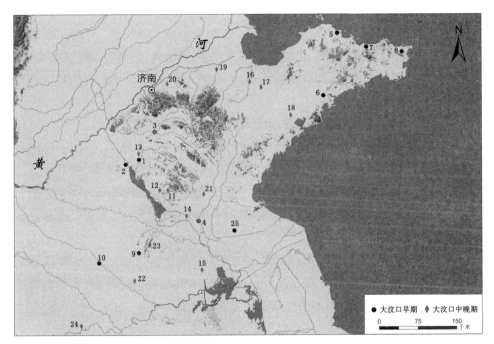

1. 兖州王因　2. 济宁玉皇顶　3. 泰安大汶口　4. 邳县大墩子　5. 蓬莱大仲家　6. 即墨北阡　7. 牟平蛤堆顶　8. 荣成东初　9. 潍溪石山孜　10. 亳州后铁营　11. 枣庄建新　12. 滕州西公桥　13. 兖州六里井　14. 邳州梁王城　15. 泗洪赵庄　16. 潍县鲁家口　17. 潍坊前埠下　18. 胶县三里河　19. 广饶五村　20. 章丘焦家　21. 苍山后杨官庄　22. 蒙城尉迟寺　23. 萧县金寨　24. 阜阳高庄古城　25. 沭阳万北

图6.3　大汶口文化时期出土动物遗存遗址分布图

略,胶东半岛地区先民进一步加强对海生软体动物的获取和利用,鲁南和皖北地区先民则进一步加强对哺乳纲动物的利用。

哺乳动物中,家养动物仍然只有狗和猪,其余动物均为野生,猪群中仍然存在野猪。野生动物中仍然以各种体型的鹿科动物为主,其他野生动物数量都比较少。从哺乳动物的总构成情况来看,无论是胶东半岛地区还是鲁南苏北、皖北地区,大部分遗址猪科的比例都是最高的(万北和后铁营遗址猪科略低一些),不存在区域间或遗址间的巨大差异,这应该与本时期家猪饲养的持续发展有关。

可见,本时期,不同区域先民开始采取不同的生计策略,沿海地区更加强化对软体动物的利用,产生了数量较多的本时期特有的贝丘遗址,同时也大力发展家猪饲养业,以捕捞海生软体动物和饲养家猪来获取主要的肉食资源;内陆(主要是鲁南和皖北地区)先民继续加大对哺乳动物的利用,同样大力发展家猪饲养业,以饲养家猪来获取主要的肉食资源。

（2）大汶口文化中晚期

发现的遗址主要位于鲁南苏北、皖北和鲁北地区（图 6.3），与前一时期相比，本时期各遗址的动物群组合相差不大，均包括瓣鳃纲、腹足纲、甲壳纲、鱼纲、爬行纲、鸟纲和哺乳纲，且均以哺乳纲为主，先民对其他纲动物的利用程度都比较低。

哺乳动物中，除狗和猪为家养动物外，新出现了家养的黄牛，其余均为野生动物；猪群中有可能还存在野猪，但应以家猪为主。野生动物中，仍以不同体型的鹿科动物为主，其他动物都比较少。从哺乳动物总构成情况来看，所有遗址均以猪科比重最高，与前一时期特征比较一致，家猪饲养水平和规模均得到了很大发展。尽管先民已经开始饲养黄牛，但黄牛饲养数量都比较少，在先民肉食资源中的比重并不高。

可见，本时期，各区域间动物资源的获取特征都比较一致，先民主要依靠饲养家猪来获取稳定的肉食资源，同时也狩猎野生哺乳动物、捕捞渔猎水生动物等来补充所需的肉食资源，但渔猎捕捞的比重都比较低。

2. 骨角蚌贝牙制品

与前一时期相比，此类制品不仅数量上大大增加（本时期所发现的此类制品要多于前后三个时期此类制品的总和），而且种类繁多，新出现较多具有特殊用途的器物，如獐牙勾形器、骨牙雕筒和龟甲器等，其中骨牙雕筒可能并非单独存在的器物，应为特定器物的柄部设施。

发现的此类制品中，很大一部分出自墓葬，多数与遗址中出土的同类产品从原材料到加工工艺方面都是一致的，笔者认为，墓葬中随葬的此类制品应该大多属于墓主生前所用的实用器物，包括了生产工具（锥、镞、针等），也包括了一些生活用品（柶、匕等），还包括随身佩戴的装饰品（束发器、笄、簪等），以及供特殊身份人群使用的一些物品（骨牙雕筒和龟甲器等）。

从质料上来看，本时期发现的此类制品主要以动物的骨、角、蚌、贝、牙等较为坚硬的组织部分为原材料，采用了特定的工艺流程生产出数量众多的同类制品，当时此类制品的生产过程可能已经具备了一定的规模和生产流程。

本时期，以雄性猪的下颌犬齿制作的束发器、牙镞及其他制品的发现数量也比前一时期增加很多，笔者认为这应该与本时期家猪饲养业发展程度较高有关，是先民对家猪强化利用的一种表现。

3. 特殊动物种属及部位的埋藏

与前一时期相比，本时期在灰坑、房址或墓葬中集中埋藏动物的现象更为普遍。涉及的动物种属也比之前有所增加，包括猪、狗、牛、獐、龟、鹿、鱼、螺、贝等。

其中灰坑或房址中发现的多为猪和狗,且明显以猪为主;其余动物都是在墓葬中发现的,而且从发现的频率来看,獐类遗存(主要是獐上犬齿)最高,猪类遗存次之,狗则多见于苏北地区,螺贝类多发现于近海地区的遗址中,其他种属发现的频率都比较低。

大汶口文化延续的时间比较长,可以分为早期和中晚期两个大的阶段。无论是随葬獐上犬齿的墓葬,还是随葬猪类遗存的墓葬,中晚期都比早期有所增加。从目前收集到的资料来看,早期,随葬獐上犬齿的墓葬,占有动物及动物制品随葬墓葬总数的 20.7%,随葬猪类遗存的墓葬,占有动物及动物制品随葬墓葬总数的 18.1%;中晚期,随葬獐上犬齿的墓葬,占有动物及动物制品随葬墓葬总数的 43.2%,随葬猪类遗存的墓葬,占有动物及动物制品随葬墓葬总数的 37.1%。且从随葬动物的数量来看,中晚期也比早期有所增加,呈现出一定的等级分化特征。

发现的猪类遗存,埋藏于灰坑或房址中的一般为完整骨架,也有少量的是以集中埋藏下颌骨的形式出现的,笔者认为这应该与先民的祭祀(房屋奠基或祭祀墓葬)或趋吉避凶的巫术活动有关。

墓葬中发现的多为猪身体的一部分(有的遗址以头骨为主,有的遗址以下颌骨为主,有的则随葬牙、腿骨、蹄骨、肋骨等),有少数墓葬以整猪骨架随葬。笔者认为墓葬中随葬的猪类遗存多是肉食资源的象征,完整的猪骨架属于典型的肉食资源;放置腿骨、蹄骨和肋骨,应该也是与肉食直接相关的,而且这类遗存很多时候都是盛放在随葬器物内的,更加显示出其肉食的含义;头骨和下颌骨的出土频率明显以下颌为主,且从一些墓葬中此类遗存的出土位置来看,是置于椁外的,应该属于丧礼(葬礼)中来自其他人的祭品,这些骨骼含肉量都比较低,放置在墓中随葬,似乎其作为肉食资源的象征意义显得更为突出一些。

随葬的猪牙,则可能有着较为特殊的含义,尤其是雄性猪长大的犬齿和门齿,笔者认为与出现频率较高的獐上犬齿一样,都属于类似"辟邪"这种特殊意识形态的反映。

随葬的螺贝类制品,主要发现于近海地区的遗址中,且在此类遗址中出现的频率也都还比较高,带有一定的地区特色,也充分说明,先民用以随葬的物品都是日常生活中随处可见可用之物。王因遗址发现了框螺这一海产贝类,与其所处的自然环境并不相符,可能是通过其他方式获得的,将其随葬墓中,则可能与先民对海产贝类的特殊信仰(认为其有魔力)有关。

随葬的狗,几乎全部都是完整的骨架(苏北地区发现的全部为完整骨架,鲁北的焦家遗址则发现有半副骨架随葬的现象)。狗的遗存在各遗址先民所获的动物遗存中占的比例始终不高,且狗能够提供的肉量比较少,因此笔者认为先民可能会食用狗,但先民对其主要的利用方式并非获取肉食,而可能是看家护院或作为狩猎伙伴,苏北地区墓葬中随葬的狗很可能就是墓主生前的宠物或从事狩猎活动的"伙伴"。

四、龙山文化时期

先民对动物资源的利用与前一时期相比,变化并不明显。不管是饲养家猪、黄牛,还是渔猎其他动物,其主要目的都还是获取肉食资源。

在获取肉食资源后,先民也会利用动物遗存制作各种工具。与大汶口文化时期相比,本阶段在继承前一阶段的基础上,此类制品不仅数量减少了,种类上也少了很多,制作质量也有了一定程度的下降。

在特殊埋藏方面,本时期继承了前一时期的特征,先民依然会选择特殊的动物种属(或部位)来进行一些特殊的活动(祭祀或随葬等),满足自身的精神需要。这些动物种属以獐、猪和狗为典型代表,其中獐和狗作为"动物崇拜或亲密伙伴"等的象征意义更大一些,而猪作为肉食的含义更大一些。与前一阶段不同的是,本时期还出现了卜骨和牛坑祭祀,显示出先民精神信仰方面的发展。

1. 肉食资源

本时期发现的遗址数量较多,做过专门动物考古工作的遗址分布于鲁北、鲁东南、鲁中南苏北、鲁豫皖和胶东半岛地区(图6.4)。与前一时期相比,本时期各遗址的动物构成情况比较复杂,大部分遗址以哺乳纲为主,有的遗址以软体动物为主,有的遗址以鱼纲为主,有的遗址则以爬行纲为主,说明先民对动物资源的利用情况各有不同,这种差异是属于遗址间的差异,与遗址本身所处的区域关系并不大。

哺乳动物中,除已有的狗、猪、黄牛三种家养动物外,本时期在部分遗址中开始出现家养绵羊,其余动物则均为野生。野生动物中,仍然以不同体型的鹿科动物为主,其余动物数量都比较少。从哺乳动物总构成情况来看,大部分遗址以猪科为主,一些遗址以鹿科为主。以鹿科为主的遗址主要分布于鲁南和皖北地区,而这些地区的其他遗址则与其他地区一致,是以猪科为主的,存在着区域内部遗址间的明显差异,产生这种差异的原因,可能与遗址的性质有关,也可能与遗址中先民生计策略的选择及对周边自然资源的开发利用有关。与前一时期相比,饲养黄牛的遗址数量及黄牛的比重都有一定程度的增加,但总体来看,黄牛饲养在先民经济生活中占的比重还是比较低的。

可见,本时期,各区域对动物资源的获取特征也都比较一致,多数遗址先民

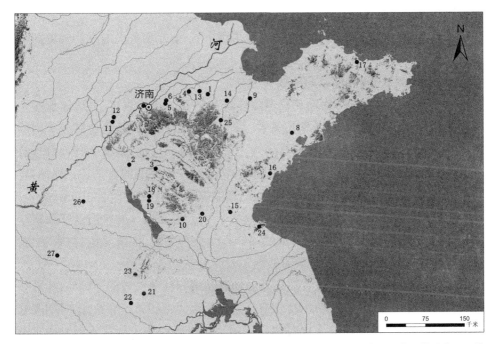

1. 临淄桐林　2. 兖州西吴寺　3. 泗水尹家城　4. 邹平丁公　5. 章丘城子崖　6. 章丘黄桑院　7. 槐荫彭家庄　8. 胶县三里河　9. 潍县鲁家口　10. 枣庄二疏城　11. 茌平教场铺　12. 茌平尚庄　13. 桓台前埠　14. 寿光边线王　15. 临沐东盘　16. 日照两城镇　17. 烟台午台　18. 滕州西孟庄　19. 滕州庄里西　20. 苍山后杨官庄　21. 宿州芦城孜　22. 蒙城尉迟寺　23. 濉溪石山孜　24. 连云港藤花落　25. 临朐西朱封　26. 定陶十里铺北　27. 柘城山台寺

图6.4　龙山文化时期出土动物遗存遗址分布图

依靠饲养家猪来获取稳定的肉食资源,同时也会狩猎野生哺乳动物、渔猎捕捞其他野生动物来补充所需的肉食资源;少数遗址先民依靠狩猎野生鹿科动物来获取主要的肉食资源,也会饲养家猪、渔猎捕捞其他野生动物来补充所需的肉食资源。

2. 骨角蚌牙制品

本时期先民依然会利用脊椎动物的骨骼、角和牙齿,软体动物的壳等来制作所需的生产和生活用品。

与前一时期相比,此类制品不仅数量大大减少,而且器物种类也大大减少,大汶口文化时期的一些特殊种类(如獐牙勾形器、龟甲器、骨牙雕筒等)在本时期均已不见;发现的动物遗存制品的制作精美程度比大汶口文化时期也有所降低;墓葬中随葬的此类制品的数量和种类也都相应减少了。

即使数量、种类及质量都有不同程度的下滑,此类制品在本时期仍然属于比较重要的组成部分,仍然是以日常生产和生活用品为主,原材料及制作工艺与之前相比并无太大变化。

除此之外,本时期在部分遗址中开始出现卜骨,显示出先民对动物资源新的利用方式。

3. 特殊动物种属及部位的埋藏

本时期继承了前一时期的动物埋藏传统和随葬习俗。灰坑、房址等遗迹中埋藏的动物以猪和狗为主,从部位来看,以完整骨架埋藏为主,也有部分骨骼的集中埋藏现象。大部分特殊埋藏遗迹周边都有相应的房址、基槽、城墙、台基或墓葬,笔者认为这些动物的特殊埋藏现象应该与前一个时期的含义是一样的,可能属于房屋、台基或城墙奠基或祭祀活动,以及墓葬祭祀活动中使用的动物。

随葬的动物种属与前一时期相比,发生了一定的变化。虽然仍以獐和猪这两种动物为主,但未见狗的遗存;虽然同样有螺贝类发现,但未见龟、鱼等动物;且本时期扬子鳄骨板随葬的现象有所增加。

随葬獐上犬齿的墓葬,占有动物及动物制品随葬墓葬总数的50.4%;随葬猪类遗存的墓葬,占有动物及动物制品随葬墓葬总数的46.9%。可见,本时期的墓葬中,獐和猪都要比大汶口文化时期出现的频率更高一些。从目前出土的猪类遗存来看,均为下颌骨,且不同墓葬的随葬数量方面存在着较大的差异,可能为阶层分化的反映。从其含义来说,笔者认为与大汶口时期相比并未发生太大变化,依然具有象征的意义,獐上犬齿象征着"辟邪",猪下颌则取代其他部位正式成为肉食的象征,显示出先民意识形态方面的转变。

4. 高等级聚落中的动物遗存

龙山文化时期,海岱地区出现了多座城址,尤以鲁北地区发现数量最多,目前来看,鲁北地区做过专门动物考古研究的遗址中,桐林、丁公、边线王和城子崖均为大家公认的城址,教场铺也可能属于城址;前埠和黄桑院则应属一般性聚落。

从全部动物构成来看,高等级聚落(城址)中各类动物(瓣鳃纲、腹足纲、爬行纲、鸟纲和哺乳纲等)均有一定数量的发现,且多以哺乳纲为主(城子崖遗址情况比较特殊,该遗址经过全面浮选,获得了较多的鱼类遗存,从数量来看以鱼纲为主),以瓣鳃纲为主的软体动物比例也都比较高;一般性聚落中,则少见或基本不见鱼纲、爬行纲和鸟纲动物,哺乳纲动物数量最多,瓣鳃纲占的比重也比较大。笔者从所发现的瓣鳃纲动物保存状况推断,本时期在这些聚落中可能存在着专门的蚌器手工业生产。

从哺乳动物构成来看,高等级聚落(城址)中,无论是可鉴定标本数还是最小个体数,多是以猪科为主的,说明先民对猪的利用和消费要更多一些。一般性聚落(黄桑院)中,从可鉴定标本数来看明显以鹿科为主,猪科和牛科占比都比较低;但从最小个体数来看,猪科与鹿科基本相当,牛科的比重也比较高,猪科和牛科的个体数比重较高,但实际发现的骨骼数量(可鉴定标本数)比重却比较低,这说明该聚落猪科和牛科的部分骨骼可能存在输送到高等级聚落的现象。

可见,本时期,等级较高的聚落中,先民的动物利用比较广泛,饲养家畜、渔猎捕捞水生动物、狩猎野生哺乳动物和鸟类均为先民获取肉食资源的重要方式。从先民的消费情况来看,家猪是先民消费最多的动物,黄牛也占据一定的比重,聚落中的家猪和黄牛,有可能部分来自周边的一般性聚落。

五、小结

从以上分时期的论述与分析中,我们不难看出,整个新石器时代海岱地区先民们对动物遗存利用的主要方式就是获取肉食资源,不管是从周围自然环境中渔猎动物捕捞贝类,还是驯化并饲养家猪和黄牛等,首先都是为了满足广大先民的肉食需要。

除此之外,先民还会利用食剩的动物遗存的坚硬部分制作各种人工制品,包括日常生产和生活用品、装饰品及特殊用途的制品等,先民对动物遗存的这一利用方式从后李文化到龙山文化阶段大体经历了开始——发展——高峰——下滑的过程。

从北辛文化时期开始,先民有意识的选取一些特殊的动物或骨骼部位,在不同的地方(灰坑、灰沟或房址)埋藏,以此来开展各种祭祀或仪式活动。

先民还会在墓葬中随葬特定的动物种属或部位,作为"辟邪"或肉食的象征,这一利用方式存在于后李文化到龙山文化的各个阶段,到龙山文化阶段,似乎达到了高峰,尤其是随葬的动物种属和部位的相对模式化和卜骨的出现充分显示出了该时期先民的精神信仰方面的极大发展。

不同区域内先民动物资源利用方式的差异,在北辛文化到大汶口文化早期,可能还是与遗址所处的自然地理环境关系更大一些;大汶口文化晚期到龙山文化时期,遗址间动物资源利用方式的差异,与周边自然环境关系不大,主要还是与先民生计策略的选择或遗址的等级和性质有关。

参 考 文 献

A

安格拉·冯登德里施（Angela Von den Driesh）著，马萧林、侯彦峰译《考古遗址出土动物骨骼测量指南》，科学出版社，2007 年。

安徽省蚌埠市博物馆、中国社会科学院考古研究所：《蚌埠禹会村》，科学出版社，2013 年。

安徽省文物考古研究所：《安徽省濉溪县石山子遗址动物骨骼鉴定与研究》，《考古》1992 年第 3 期，第 253~262+293~294 页。

安徽省文物考古研究所：《安徽萧县花家寺新石器时代遗址》，《考古》1966 年第 2 期，第 55~62+3 页。

安徽省文物考古研究所：《安徽濉溪石山子新石器时代遗址》，《考古》1992 年第 3 期，第 193~203 页。

安徽省文物考古研究所、固镇县文物管理所：《安徽固镇县垓下遗址 2007~2008 年度发掘主要收获》，《文物研究（第 16 辑）》，黄山书社，2009 年，第 150~155 页。

安徽省文物考古研究所、固镇县文物管理所：《安徽固镇垓下遗址发掘的新进展》，《东方考古（第 7 集）》，科学出版社，2010 年，第 412~423 页。

安徽省文物考古研究所：《濉溪石山孜——石山孜遗址第二、三次发掘报告》，文物出版社，2017 年。

安家瑗等：《动物考古学在美国》，《文物天地》1993 年第 3 期，第 44~45 页。

Akira Matsui, *Fundamentals of Zooarchaeology in Japan and East Asia*, Kyoto university press, 2007。

B

白黛娜（Deborah Bekken）著，彭娟、林明昊译：《动物遗存研究》，《两城镇——

1998~2001 年发掘报告》,文物出版社,2016 年,第 1056~1071 页。

北京大学考古实习队、烟台地区文管会、长岛县博物馆:《山东长岛县史前遗址》,《史前研究》1983 年第 1 期,第 114~130+182~183 页。

北京大学考古实习队、昌乐县图书馆:《山东昌乐县邹家庄遗址发掘简报》,《考古》1987 年第 5 期,第 395~402 页。

北京大学考古实习队等:《山东长岛北庄遗址发掘简报》,《考古》1987 年第 5 期,第 385~394+428+481 页。

北京大学考古系商周组等:《菏泽安丘堌堆遗址发掘简报》,《文物》1987 年第 11 期,第 38~42 页。

北京大学考古实习队等:《栖霞杨家圈遗址发掘报告》,《胶东考古》,文物出版社,2000 年,第 151~206 页。

北大考古实习队等:《莱阳于家店的小发掘》,《胶东考古》,文物出版社,2000 年,第 207~219 页。

北京大学考古学系、商丘地区文管会:《河南夏邑清凉山遗址发掘报告》,《考古学研究(四)》,科学出版社,2000 年,第 443~519 页。

北京大学考古系商周组、菏泽地区博物馆、菏泽市文化馆:《山东菏泽安丘堌堆遗址 1984 年发掘报告》,《考古学研究(八)》,科学出版社,2011 年,第 317~405 页。

C

蔡波涛:《安徽寿县丁家孤堆新石器——商周遗址》,《黄淮七省考古新发现(2011~2017)》,大象出版社,2019 年,第 126~128 页。

苍山县图书馆文物组:《山东苍山县新石器时代墓葬清理简报》,《考古》1988 年第 1 期,第 12~14 页。

曹桂岑:《郸城段寨遗址试掘》,《中原文物》1981 年第 3 期,第 4~8 页。

曹桂岑、马全:《河南淮阳平粮台龙山文化城址试掘简报》,《文物》1983 年第 3 期,第 21~36+99 页。

曹元启:《章丘县董东新石器时代至商周遗址》,《中国考古学年鉴(1991)》,文物出版社,1992 年,第 204 页。

昌潍地区艺术馆等:《山东胶县三里河遗址发掘简报》,《考古》1977 年第 4 期,第 262~267+289~291+300 页。

昌潍地区文物管理组等:《山东诸城呈子遗址发掘报告》,《考古学报》1980 年第 3 期,第 329~385+413~422 页。

陈淳编:《考古学理论》,复旦大学出版社,2004年。

陈松涛:《海岱地区龙山时代的生业与社会》,山东大学博士学位论文,2019年。

陈文华:《农业考古》,文物出版社,2002年。

陈星灿:《史前人饲养猪的方式》,《中国文物报》2000年4月26日第7版。

陈星灿:《考古随笔》,文物出版社,2002年。

陈雪香:《山东日照两处新石器时代遗址浮选土样结果分析》,《南方文物》2007年第1期,第92~94页。

陈雪香:《山东日照六甲庄遗址2007年度浮选植物遗存分析》,《考古》2016年第11期,第23~26页。

成庆泰:《三里河遗址出土的鱼骨、鱼鳞鉴定报告》,《胶县三里河》,文物出版社,1988年,第186~189页。

成庆泰:《烟台白石村新石器时代遗址出土鱼类的研究》,《胶东考古》,文物出版社,2000年,第91~93页。

程至杰、杨玉璋、袁增箭、张居中、余杰、陈冰白、张辉、宫希成:《安徽宿州杨堡遗址炭化植物遗存研究》,《江汉考古》2016年第1期,第95~103页。

Colin Renfrew and Paul Bahn, *Archaeology: Theories, Methods and Practice*, Thames and Hudson, 1996.

科林·伦福儒、保罗·巴恩著,中国社会科学院考古研究所译:《考古学理论、方法与实践》,文物出版社,2004年。

崔圣宽:《薛故城》,《中国考古学年鉴(2003)》,文物出版社,2004年,第213~214页。

崔圣宽、王子孟、宋彦泉、王相臣:《平邑县邱上北墩龙山文化东周汉代及宋元遗址》,《中国考古学年鉴(2011)》,文物出版社,2012年,第284~285页。

D

戴玲玲、张东:《安徽省亳州后铁营遗址出土动物骨骼研究》,《南方文物》2018年第1期,第142~150页。

郸城县文化馆:《河南郸城段砦出土大汶口文化遗物》,《考古》1981年第2期,第187~188页。

党浩:《曲阜市坡里新石器时代和汉代遗址》,《中国考古学年鉴(2000年)》,文物出版社,2002年,第182~183页。

党浩:《莒县大略疃龙山文化及汉代遗址》,《中国考古学年鉴(2000)》,文物出版社,2002年,第183页。

德州地区文物工作队:《山东禹城县邢寨汪遗址的调查与试掘》,《考古》1983 年第 11 期,第 966~972+1057 页。

邓惠、袁靖、宋国定、王昌燧、江田真毅:《中国古代家鸡的再探讨》,《考古》2013 年第 6 期,第 83~96 页。

东海峪发掘小组:《一九七五年东海峪遗址的发掘》,《考古》1976 年第 6 期,第 378~382+377+405~406 页。

E

伊丽莎白·施密德著,李天元译:《动物骨骼图谱》,中国地质大学出版社,1992 年。

埃里奇·伊萨克,《驯化地理学》,商务印书馆,1987 年。

Elizabeth J. Reitz and Elizabeth S. Wing, *Zooarchaeology*, Cambridge University Press, 2008.

F

范雪春:《六里井遗址动物遗骸鉴定》,《兖州六里井》,科学出版社,1999 年,第 65 页。

防城考古工作队:《山东费县防故城遗址的试掘》,《考古》2005 年第 10 期,第 25~36+97+2 页。

方辉:《聚落与环境考古学理论与实践》,山东大学出版社,2007 年。

冯沂、杨殿旭:《山东临沂王家三岗新石器时代遗址》,《考古》1988 年第 8 期,第 682~687+769 页。

傅罗文、袁靖:《重庆忠县中坝遗址动物遗存的研究》,《考古》2006 年第 1 期,第 79~88+2 页。

傅罗文、袁靖、李水城:《论中国甘青地区新石器时代家养动物的来源及特征》,《考古》2009 年第 5 期,第 80~86 页。

G

高华中:《山东沂沭河流域新石器遗址的空间分布》,《环境考古研究(第四辑)》,北京大学出版社,2007 年,第 92~99 页。

高广仁、邵望平:《中国史前时代的龟灵与犬牲》,《海岱地区先秦考古论集》,科学出版社,2000 年,第 291~303 页。

高广仁、胡秉华:《山东新石器时代环境考古信息及其与文化的关系》,《中原文物》2000 年第 2 期,第 4~12 页。

高明奎等:《平度市逢家庄龙山文化与汉代遗址》,《中国考古学年鉴(2003)》,
    文物出版社,2004 年,第 203~204 页。

高明奎等:《青岛市南营新石器时代及商周时期遗址》,《中国考古学年鉴
    (2006)》,文物出版社,2007 年,第 244~245 页。

高明奎、梅圆圆:《山东泰安大汶口遗址》,《黄淮七省考古新发现(2011~
    2017)》,大象出版社,2019 年,第 102~105 页。

高明奎、王龙:《山东菏泽定陶十里铺北遗址的发掘》,《黄淮七省考古新发现
    (2011~2017)》,大象出版社,2019 年,第 132~134 页。

高耀亭等:《中国动物志·兽纲》,科学出版社,1987 年。

Gary W. Crawford、陈雪香、栾丰实、王建华:《山东济南长清月庄遗址植物遗存的
    初步分析》,《江汉考古》2013 年第 2 期,第 107~116 页。

甘恢元:《江苏沭阳万北遗址第四次考古发掘》,《黄淮七省考古新发现(2011~
    2017)》,大象出版社,2019 年,第 100~101 页。

甘恢元:《江苏泗洪赵庄遗址第二、三次考古发掘》,《黄淮七省考古新发现
    (2011~2017)》,大象出版社,2019 年,第 115~118 页。

冈村秀典:《中国古代王権と祭祀》,学生社(株式会社),2005 年。

葛利花:《城子崖遗址史前生业经济的植硅体分析》,山东大学硕士学位论文,
    2019 年。

谷建祥、尹增淮:《江苏沭阳万北遗址试掘的初步收获》,《东南文化》1988 年第 2
    期,第 49~50 页。

广西文物考古研究所:《百色革新桥》,文物出版社,2012 年。

国家文物局考古领队培训班:《兖州西吴寺》,文物出版社,1990 年。

国家文物局考古领队培训班:《山东济宁程子崖遗址发掘简报》,《文物》1991 年
    第 7 期,第 28~47+9 页。

国家文物局考古领队培训班:《泗水天齐庙遗址发掘的主要收获》,《文物》1994
    年第 12 期,第 34~41+72 页。

国家文物局考古领队培训班:《兖州六里井》,科学出版社,1999 年。

国家文物局:《中国文物地图集·山东分册》,中国地图出版社,2007 年。

郭荣臻、高明奎、孙明、王龙、王世宾、靳桂云:《山东菏泽十里铺北遗址先秦时期
    生业经济的炭化植物遗存证据》,《中国农史》2019 年第 5 期,第 15~26 页。

郭书元、李云通、邵望平:《山东兖州王因新石器时代遗址的软体动物群》,《山东
    王因——新石器时代遗址发掘报告》,科学出版社,2000 年,第 428~451 页。

H

韩榕:《栖霞北城子龙山文化及岳石文化遗址》,《中国考古学年鉴(1989)》,文物出版社,1990 年,第 171 页。

何德亮:《山东史前时期自然环境的考古学观察》,《环境考古研究(第二辑)》,科学出版社,2000 年,第 95～103 页。

何德亮:《山东新石器时代环境考古学研究》,《东方博物》2004 年第 2 期,第 24～40 页。

何德亮:《高密市乔家屯龙山文化、战国时期遗址》,《中国考古学年鉴(2005)》,文物出版社,2006 年,第 228～229 页。

何德亮:《山东新石器时代的自然环境》,《环境考古研究(第三辑)》,北京大学出版社,2006 年,第 53～63 页。

何利、邢琪、丁文慧、陈永婷:《章丘市下河沿村北辛文化遗址》,《中国考古学年鉴(2017)》,文物出版社,2018 年,第 281 页。

何曼潇:《山东定陶十里铺北遗址动物考古研究》,山东大学硕士学位论文,2021 年。

河南省文物研究所:《河南鹿邑栾台遗址发掘简报》,《华夏考古》1989 年第 1 期,第 1～14 页。

菏泽地区文物工作队:《山东曹县莘冢集遗址试掘简报》,《考古》1980 年第 5 期,第 385～390+481 页。

胡秉华:《兖州县西桑园北辛文化遗址》,《中国考古学年鉴(1989)》,文物出版社,1990 年,第 169～170 页。

胡秉华:《山东史前文化遗迹与海岸、湖泊变迁及相关问题》,《中国考古学会第九次年会论文集》,文物出版社,1993 年,第 35～49 页。

胡飞:《淮河中游地区新石器时代气候与环境》,《南方文物》2019 年第 1 期,第 159～166 页。

户晓辉:《猪在史前文化中的象征意义》,《中原文物》2003 年第 1 期,第 13～17 页。

胡耀武、王昌燧:《家猪起源的研究现状与思考》,《中国文物报》2004 年 3 月 12 日第 7 版。

胡耀武、栾丰实、王守功、王昌燧、Michael P. Richards:《利用 C,N 稳定同位素分析法鉴别家猪与野猪的初步尝试》,《中国科学(D 辑:地球科学)》2008 年第 6 期,第 693～700 页。

黄蕴平：《内蒙古朱开沟遗址兽骨的鉴定与研究》，《考古学报》1996 年第 4 期，第 515~536 页。

黄蕴平：《动物骨骼概述》，《敖汉赵宝沟》，中国大百科全书出版社，1997 年。

黄蕴平：《天马——曲村遗址兽骨的鉴定和研究》，《天马——曲村 1980~1989》，科学出版社，2000 年。

黄蕴平：《动物骨骼数量分析和家畜驯化发展初探》，《动物考古（第 1 辑）》，文物出版社，2010 年，第 1~31 页。

霍东峰：《史前猪的圈养方式刍议》，《东方考古（第 3 集）》，科学出版社，2006 年，第 351~357 页。

J

济南市考古研究所、章丘市博物馆、山东省文物考古研究所：《山东章丘马安遗址的发掘》，《东方考古（第 5 集）》，科学出版社，2008 年，第 372~464 页。

济宁市文物考古研究室：《山东济宁市张山遗址的发掘》，《考古》1996 年第 4 期，第 1~28 页。

济宁市博物馆：《山东兖州市龙湾店遗址的试掘》，《考古》2005 年第 8 期，第 91~95+98+103 页。

济青公路文物考古队：《山东临淄后李遗址第一、二次发掘简报》，《考古》1992 年第 11 期，第 987~996 页。

济青公路文物考古队宁家埠分队：《章丘宁家埠遗址发掘报告》，《济青高级公路章丘工段考古发掘报告集》，齐鲁书社，1993 年，第 1~114 页。

济青公路文物考古队：《山东临淄后李遗址第三、四次发掘简报》，《考古》1994 年第 2 期，第 97~112 页。

贾庆元等：《固镇县垓下新石器时代晚期和秦汉遗址》，《中国考古学年鉴（2008）》，文物出版社，2009 年，第 226 页。

贾叶等：《固镇县苇塘新石器时代遗址》，《中国考古学年鉴（1993）》，文物出版社，1995 年，第 152 页。

蒋宝庚：《济南西郊发现古文化遗址》，《考古》1981 年第 1 期，第 89 页。

姜富胜、宋艳波：《丁公遗址龙山文化时期蚌制品原料研究——蚌制品取料加工的模拟实验》，《海岱考古（第十辑）》，科学出版社，2019 年，第 417~433 页。

姜仕炜：《邹平县丁公龙山时期至商代遗址》，《中国考古学年鉴（2015）》，文物出版社，2016 年，第 202~203 页。

江苏省文物管理委员会：《徐州高皇庙遗址清理报告》，《考古学报》1958 年第 4

期,第 7~18+102~115 页。

江苏省文物工作队:《江苏新海连市大村新石器时代遗址勘察记》,《考古》1961
　　年第 6 期,第 321~323 页。

江苏省文物工作队:《江苏邳县刘林新石器时代遗址第一次发掘》,《考古学报》
　　1962 年第 1 期,第 81~102+121~129 页。

江苏省文物工作队:《江苏连云港市二涧村遗址第二次发掘》,《考古》1962 年第
　　3 期,第 111~116 页。

姜钦华:《建新遗址几个样品的植硅石分析》,《枣庄建新——新石器时代遗址发
　　掘报告》,科学出版社,1996 年,第 235~236 页。

靳桂云:《中国新石器时代祭祀遗迹》,《东南文化》1993 年第 2 期,第 50~61 页。

靳桂云、吕厚远、魏成敏:《山东临淄田旺龙山文化遗址植物硅酸体研究》,《考
　　古》1999 年第 2 期,第 82~87+104 页。

靳桂云:《前埠下遗址植物硅酸体分析报告》,《山东省高速公路考古报告集
　　(1997 年)》,科学出版社,2000 年,第 106~107 页。

靳桂云、王春燕:《山东地区植物考古的新发现和新进展》,《山东大学学报(哲
　　学社会科学版)》2006 年第 5 期,第 55~61 页。

靳桂云:《山东地区先秦考古遗址植硅体分析及相关问题》,《东方考古(第 3
　　集)》,科学出版社,2006 年,第 259~280 页。

靳桂云:《海岱地区新石器时代人类生业与环境关系研究》,《环境考古研究(第
　　四辑)》,北京大学出版社,2007 年,第 117~129 页。

靳桂云、何德亮、高明奎、兰玉富:《滕州西公桥遗址植硅体研究》,《海岱考古
　　(第二辑)》,科学出版社,2007 年,第 241~243 页。

靳桂云、燕生东、宇田津彻郎、兰玉富、王春燕、佟佩华:《山东胶州赵家庄遗址
　　4 000 年前稻田的植硅体证据》,《科学通报》2007 年第 18 期,第 2161~
　　2168 页。

靳桂云:《山东先秦考古遗址植硅体分析与研究(1997~2003)》,《海岱地区早期
　　农业和人类学研究》,科学出版社,2008 年,第 20~40 页。

靳桂云、王传明、赵敏、方辉:《山东地区考古遗址出土木炭种属研究》,《东方考
　　古(第 6 集)》,科学出版社,2009 年,第 289~305 页。

靳桂云、赵敏、孙淮生、孙建波:《山东茌平龙山文化遗址植物考古调查》,《东方
　　考古(第 6 集)》,科学出版社,2009 年,第 317~320 页。

靳桂云、王传明、赵敏、王富强、赵娟:《山东烟台庙后遗址植物考古研究》,《东方
　　考古(第 6 集)》,科学出版社,2009 年,第 321~330 页。

靳桂云、王传明、兰玉富:《诸城薛家庄遗址炭化植物遗存分析结果》,《东方考古（第6集）》,科学出版社,2009年,第350~353页。

靳桂云、赵敏、王传明、党浩:《山东济宁玉皇顶遗址植硅体分析及仰韶时代早期粟作农业研究》,《海岱考古（第三辑）》,科学出版社,2010年,第100~113页。

靳桂云、王传明:《海岱地区3000BC~1500BC农业与环境研究——来自考古遗址的植硅体证据》,《东方考古（第7集）》,科学出版社,2010年,第322~332页。

靳桂云、王传明、张克思、王泽冰:《淄博市房家龙山文化遗址植物考古报告》,《海岱考古（第四辑）》,科学出版社,2011年,第66~71页。

靳桂云、王海玉、燕生东等:《山东胶州赵家庄遗址龙山文化炭化植物遗存研究》,《科技考古（第三辑）》,科学出版社,2011年,第36~53页。

靳桂云、吴文婉、燕生东等:《山东胶州赵家庄遗址居住区土样植硅体分析与研究》,《科技考古（第三辑）》,科学出版社,2011年,第54~74页。

靳桂云、王育茜:《北阡遗址2007年出土炭化植物遗存分析》,《考古》2011年第11期,第19~23页。

靳桂云:《后李文化生业经济初步研究》,《东方考古（第9集）》,科学出版社,2012年,第579~594页。

靳桂云、王育茜、王海玉、吴文婉:《山东即墨北阡遗址(2007)炭化种子果实遗存研究》,《东方考古（第10集）》,科学出版社,2013年,第239~254页。

K

凯斯·道格涅等:《家猪起源研究的新视角》,《考古》2006年第11期,第74~80页。

孔庆生:《广饶县五村大汶口文化遗址中的动物遗骸》,《海岱考古（第一辑）》,山东大学出版社,1989年,第122~123页。

孔庆生:《小荆山遗址中的动物遗骸》,《华夏考古》1996年第2期,第23~28页。

孔庆生:《前埠下新石器时代遗址中的动物遗骸》,《山东省高速公路考古报告集(1997)》,科学出版社,2000年,第103~105页。

孔昭宸等:《建新遗址生物遗存鉴定和孢粉分析》,《枣庄建新——新石器时代遗址发掘报告》,科学出版社,1996年,第231~234页。

孔昭宸等:《六里井遗址植物硅酸体及孢粉分析鉴定报告》,《兖州六里井》,科学出版社,1999年,第217~220页。

孔昭宸等:《滕州庄里西遗址植物遗存及其在环境考古学上的意义》,《第四纪研究》1999 年第 4 期,第 381 页。

孔昭宸、刘长江、何德亮:《山东滕州市庄里西遗址植物遗存及其在环境考古学
　　上的意义》,《考古》1999 年第 7 期,第 59~62+99~100 页。

孔昭宸等:《山东兖州王因遗址 77T4016 探方孢粉分析报告》,《山东王因——新
　　石器时代遗址发掘报告》,科学出版社,2000 年,第 452~453 页。

L

兰玉富:《诸城市薛家庄新石器时代和汉代遗址》,《中国考古学年鉴(2002)》,
　　文物出版社,2003 年,第 233 页。

兰玉富等:《胶南市河头新石器时代至宋元遗址》,《中国考古学年鉴(2003)》,
　　文物出版社,2004 年,第 202 页。

郎婧真:《枣庄二疏城遗址龙山文化时期动物遗存分析》,山东大学学士学位论
　　文,2020 年。

李宝军、刘延常、李玉、郭公仕:《五莲县丹土新石器时代遗址》,《中国考古学年
　　鉴(2016)》,文物出版社,2017 年,第 289 页。

李景聃:《豫东商丘永城调查及造律台黑孤堆曹桥三处小发掘》,《中国考古学报
　　(第 2 册)》,1947 年,第 88~120 页。

李民昌:《江苏沭阳万北新石器时代遗址动物骨骼鉴定报告》,《东南文化》1991
　　年第 Z1 期,第 183~189 页。

李明德:《鱼类学(上册)》,南开大学出版社,1992 年。

李有恒等:《陕西西安半坡新石器时代遗址中之兽类骨骼》,《古脊椎动物学报》
　　1959 年第 4 期,第 173~186 页。

李有恒、许春华:《山东曲阜西夏侯新石器时代遗址猪骨的鉴定》,《考古学报》
　　1964 年第 2 期,第 104~105 页。

李有恒:《大汶口墓群的兽骨及其他动物骨骼》,《大汶口——新石器时代墓葬发
　　掘报告》,文物出版社,1974 年,第 156~158 页。

李有恒等:《广西桂林甑皮岩遗址动物群》,《古脊椎动物与古人类学报》1978 年
　　第 4 期,第 244~254+298~302 页。

李玉亭:《费县翟家村新石器时代及汉唐遗址》,《中国考古学年鉴(1992)》,文
　　物出版社,1994 年,第 227 页。

李晓哲、宋艳波:《中国境内史前时期羊的发现与传播研究综述》,《东方考古
　　(第 15 集)》,科学出版社,2019 年,第 162~173 页。

李学训:《章丘县焦家新石器时代至商周遗址》,《中国考古学年鉴(1991)》,文

物出版社,1992 年,第 202 页。

李学训:《昌乐县后于刘龙山文化至汉代遗址》,《中国考古学年鉴(1991)》,文物出版社,1992 年,第 207~208 页。

李玉亭:《章丘县王官新石器时代遗址》,《中国考古学年鉴(1991)》,文物出版社,1992 年,第 201 页。

李日训:《苍山县大兴屯龙山文化及周代遗址》,《中国考古学年鉴(1999)》,文物出版社,2001 年,第 190~191 页。

李日训:《苍山县西道庄龙山文化至汉代遗址》,《中国考古学年鉴(1999)》,文物出版社,2001 年,第 191 页。

李振光等:《平阴县张沟新石器时代至唐代遗址和周代墓地》,《中国考古学年鉴(2006)》,文物出版社,2007 年,第 245~246 页。

李振光、董文斌:《淄博市临淄区后李新石器时代及东周遗址》,《中国考古学年鉴(2017)》,文物出版社,2018 年,第 285~286 页。

连云港市博物馆:《江苏灌云大伊山新石器时代遗址第一次发掘报告》,《东南文化》1988 年第 2 期,第 37~46 页。

梁思永:《墓葬与人类,兽类,鸟类之遗骨及介壳之遗壳》,国立中央研究院历史语言研究所:《城子崖——山东历城县龙山镇之黑陶文化遗址》第七章,中国科学公司,1934 年,第 90~91 页。

梁钊韬:《中国古代巫术:宗教的起源和发展》,中山大学出版社,1999 年。

林光旭等:《莱州市路宿龙山文化至东周时期遗址》,《中国考古学年鉴(2008)》,文物出版社,2009 年,第 247 页。

林夏、甘恢元:《江苏沭阳万北遗址》,《大众考古》2016 年第 9 期。

临沂地区文管会等:《日照尧王城龙山文化遗址试掘简报》,《史前研究》1985 年第 4 期,第 51~64+3~4 页。

临沂市博物馆:《山东临沂湖台遗址及墓葬》,《文物资料丛刊(第 10 辑)》,文物出版社,1987 年,第 16~21 页。

临沂市博物馆:《山东临沂新石器时代遗址调查简报》,《考古》1992 年第 10 期,第 875~893 页。

临沂文物组:《山东临沂大范庄新石器时代墓葬的发掘》,《考古》1975 年第 1 期,第 13~22+6+71~74 页。

临沂市文物考古队、费县文物管理所:《费县双丘遗址大汶口文化墓葬发掘报告》,《海岱考古(第九辑)》,科学出版社,2016 年,第 1~10 页。

刘敦愿:《日照两城镇龙山文化遗址调查》,《考古学报》1958 年第 1 期,第 25~

42+149~156 页。

刘凤君等:《邹平县厂宫村大汶口文化至汉代遗址》,《中国考古学年鉴（1986）》,文物出版社,1988 年,第 137 页。

刘明玉、解玉浩、季达明:《中国脊椎动物大全》,辽宁大学出版社,2000 年。

刘莉等:《中国家养水牛起源初探》,《考古学报》2006 年第 2 期,第 141~178 页。

刘莉著,陈星灿、乔玉、马萧林、李新伟、谢礼晔、郑红莉译:《中国新石器时代——迈向早期国家之路》,文物出版社,2007 年。

刘月英等:《中国经济动物志——淡水软体动物》,科学出版社,1979 年。

刘延常:《五莲县丹土新石器时代遗址》,《中国考古学年鉴（1997）》,文物出版社,1999 年,第 154~155 页。

刘延常等:《五莲县丹土大汶口文化、龙山文化时期城址和东周时期墓葬》,《中国考古学年鉴（2001）》,文物出版社,2002 年,第 182~184 页。

刘延常、王绪波、李善超:《临沭县东盘北辛文化及龙山文化至东汉遗址》,《中国考古学年鉴（2010）》,文物出版社,2011 年,第 269~272 页。

龙虬庄遗址考古队:《龙虬庄——江淮东部新石器时代遗址发掘报告》,科学出版社,1999 年。

路国权、王芬、唐仲明、宋艳波、田继宝:《济南市章丘区焦家新石器时代遗址》,《考古》2018 年第 7 期,第 28~43+2 页。

卢浩泉、周才武:《山东泗水县尹家城遗址出土动、植物标本鉴定报告》,《泗水尹家城》,文物出版社,1990 年,第 350~352 页。

卢浩泉:《西吴寺遗址兽骨鉴定报告》,《兖州西吴寺》,文物出版社,1990 年,第 248~249 页。

栾丰实:《东夷考古》,山东大学出版社,1996 年。

栾丰实:《海岱地区考古研究》,山东大学出版社,1997 年。

栾丰实、方辉、靳桂云:《考古学理论·方法·技术》,文物出版社,2002 年。

栾丰实:《栾丰实考古文集》,文物出版社,2017 年。

罗运兵、吕鹏、杨梦菲、袁靖:《动物骨骼鉴定报告》,《蒙城尉迟寺（第二部）》,科学出版社,2007 年,第 306~327 页。

罗运兵:《汉水中游地区史前猪骨随葬现象及相关问题》,《江汉考古》2008 年第 1 期,第 67~75 页。

罗运兵、张居中:《河南舞阳县贾湖遗址出土猪骨的再研究》,《考古》2008 年第 11 期,第 90~96 页。

罗运兵:《关中地区史前动物考古学研究的几个问题》,《考古与文物》2009 年第

5 期,第 91~96 页。

罗运兵:《中国古代猪类驯化、饲养与仪式性使用》,科学出版社,2012 年。

吕凯、王龙:《滕州市北台上新石器至明清时期遗址》,《中国考古学年鉴（2017）》,文物出版社,2018 年,第 286 页。

吕鹏:《试论中国家养黄牛的起源》,《动物考古（第 1 辑）》,文物出版社,2010 年,第 152~167 页。

吕鹏:《西朱封墓地出土动物遗存鉴定报告》,《临朐西朱封：山东龙山文化墓葬的发掘与研究 》,文物出版社,2018 年,第 407~412 页。

M

马萧林:《灵宝西坡遗址家猪的年龄结构及相关问题》,《华夏考古》2007 年第 1 期,第 55~74 页。

马萧林:《河南灵宝西坡遗址动物群及相关问题》,《中原文物》2007 年第 4 期,第 48~61 页。

马萧林:《灵宝西坡遗址的肉食消费模式——骨骼部位发现率、表面痕迹及破碎度》,《华夏考古》2008 年第 4 期,第 73~87+106 页。

马萧林:《关于中国骨器研究的几个问题》,《华夏考古》2010 年第 2 期,第 138~142 页。

马春梅、朱诚、林留根、李中轩、朱青、李兰:《连云港藤花落遗址地层的孢粉分析报告》,《藤花落——连云港市新石器时代遗址考古发掘报告（下）》,科学出版社,2014 年,第 680~687 页。

N

南京博物院:《江苏邳海地区考古调查》,《考古》1964 年第 1 期,第 19~25 页。

南京博物院:《江苏射阳湖周围考古调查》,《考古》1964 年第 1 期,第 26~29+18 页。

南京博物院:《江苏邳县四户镇大墩子遗址探掘报告》,《考古学报》1964 年第 2 期,第 9~56 页。

南京博物院:《江苏邳县刘林新石器时代遗址第二次发掘》,《考古学报》1965 年第 2 期,第 9~47+152~165+180~183 页。

南京博物院、连云港市博物馆、灌云县博物馆:《江苏灌云大伊山遗址 1986 年的发掘》,《文物》1991 年第 7 期,第 10~27+100 页。

南京博物院:《江苏沭阳万北遗址新石器时代遗存发掘简报》,《东南文化》1992

年第 1 期,第 124~133 页。

南京博物院、连云港市文管会、连云港市博物馆:《江苏连云港藤花落遗址考古
　　发掘纪要》,《东南文化》2001 年第 1 期,第 35~38 页。

南京博物院:《花厅——新石器时代墓地发掘报告》,文物出版社,2003 年。

南京博物院、徐州博物馆、邳州博物馆:《邳州梁王城遗址 2006~2007 年考古发
　　掘收获》,《东南文化》2008 年第 2 期,第 24~28+98~100 页。

南京博物院、徐州博物馆、邳州博物馆:《梁王城遗址发掘报告·史前卷》,文物
　　出版社,2013 年。

南京博物院、徐州博物馆、邳州博物馆:《江苏邳州梁王城遗址大汶口文化遗存
　　发掘简报》,《东南文化》2013 年第 4 期,第 21~41+127~128 页。

南京博物院、连云港市博物馆:《藤花落——连云港市新石器时代遗址考古发掘
　　报告》,科学出版社,2014 年。

倪勇、伍汉霖:《江苏鱼类志》,中国农业出版社,2006 年。

P

平阴周河遗址考古队:《山东平阴周河遗址大汶口文化墓葬(M8)发掘简报》,
　　《文物》2019 年第 11 期,第 4~14 页。

Q

祁国琴:《动物考古学所要研究和解决的问题》,《人类学学报》1983 年第 3 期,
　　第 293~300 页。

祁国琴:《姜寨新石器时代遗址动物群的分析》,《姜寨——新石器时代遗址发掘
　　报告》,文物出版社,1988 年,第 504~538 页。

祁国琴、袁靖:《欧美动物考古学简史》,《华夏考古》1997 年第 3 期,第 91~
　　99 页。

齐乌云:《从山东沭河上游史前遗址的孢粉分析看当时的人地关系》,《环境考古
　　研究(第三辑)》,北京大学出版社,2006 年,第 85~91 页。

齐钟秀:《烟台白石村新石器时代遗址出土软体动物的鉴定》,《胶东考古》,文
　　物出版社,2000 年,第 93~94 页。

齐钟彦:《三里河遗址出土的贝壳等鉴定报告》,《胶县三里河》,文物出版社,
　　1988 年,第 190~191 页。

青州市博物馆:《青州市赵铺遗址的清理》,《海岱考古(第一辑)》,山东大学出
　　版社,1989 年,第 183~201 页。

青州市博物馆:《青州市新石器遗址调查》,《海岱考古(第一辑)》,山东大学出版社,1989 年,第 125~140 页。

邱怀:《中国黄牛》,农业出版社,1992 年。

R

饶小艳:《邹平丁公遗址龙山文化时期动物遗存研究》,山东大学硕士学位论文,2014 年。

任式楠、吴耀利:《中国考古学·新石器时代卷》,中国社会科学出版社,2010 年。

任相宏:《山东临沂市后明坡遗址试掘简报》,《考古》1989 年第 6 期,第 560~562 页。

任相宏:《沂源姑子坪龙山文化至周代遗址》,《中国考古学年鉴(1991)》,文物出版社,1992 年,第 204~205 页。

日照市图书馆等:《山东日照龙山文化遗址调查》,《考古》1986 年第 8 期,第 680~702+769~770 页。

S

山东省博物馆:《山东潍坊姚官庄遗址发掘简报》,《考古》1963 年第 7 期,第 347~350+3~5 页。

山东省博物馆:《山东滕县岗上村新石器时代墓葬试掘报告》,《考古》1963 年第 7 期,第 351~360+6~10 页。

山东省博物馆:《山东野店新石器时代墓葬遗址试掘简报》,《文物》1972 年第 2 期,第 25~30 页。

山东省博物馆:《山东蓬莱紫荆山遗址试掘简报》,《考古》1973 年第 1 期,第 11~15 页。

山东省博物馆等:《山东茌平县尚庄遗址第一次发掘简报》,《文物》1978 年第 4 期,第 35~45 页。

山东省博物馆等:《邹县野店》,文物出版社,1985 年。

诸城县文化馆:《山东诸城县前寨遗址调查》,《文物》1974 年第 1 期,第 75 页。

山东省文物管理处:《日照县两城镇等七个遗址初步勘查》,《文物参考资料》1955 年第 12 期,第 20~41 页。

山东省文物管理处:《山东日照两城镇遗址勘察纪要》,《考古》1960 年第 9 期,第 10~14+5 页。

山东省文物管理处、济南市博物馆:《大汶口——新石器时代墓葬发掘报告》,文物出版社,1974 年。

山东省文物考古研究所:《山东姚官庄遗址发掘报告》,《文物资料丛刊(第 5 辑)》,文物出版社,1981 年,第 1~83 页。

山东省文物考古研究所等:《山东栖霞杨家圈遗址发掘简报》,《史前研究》1984 年第 3 期,第 91~94+99+118 页。

山东省文物考古研究所:《山东曲阜南兴埠遗址的发掘》,《考古》1984 年第 12 期,第 1057~1068+1153~1154 页。

山东省文物考古研究所:《茌平尚庄新石器时代遗址》,《考古学报》1985 年第 4 期,第 465~505+547~554 页。

山东省文物考古研究所、广饶县博物馆:《山东广饶新石器时代遗址调查》,《考古》1985 年第 9 期,第 769~781+865 页。

山东省考古所、山东省博物馆、莒县文管所:《山东莒县陵阳河大汶口文化墓葬发掘简报》,《史前研究》1987 年第 3 期,第 62~82+99 页。

山东省文物考古研究所:《山东莒县杭头遗址》,《考古》1988 年第 12 期,第 1057~1071+1153~1154 页。

山东省考古研究所等:《山东莒县大朱村大汶口文化墓地复查清理简报》,《史前研究》,1989 年辑刊,第 94~113 页。

山东省文物考古研究所等:《青州市凤凰台遗址发掘》,《海岱考古(第一辑)》,山东大学出版社,1989 年,第 141~182 页。

山东省文物考古研究所:《临朐县西朱封龙山文化重椁墓的清理》,《海岱考古(第一辑)》,山东大学出版社,1989 年,第 219~224 页。

山东省文物考古研究所等:《广饶县五村遗址发掘报告》,《海岱考古(第一辑)》,山东大学出版社,1989 年,第 61~123 页。

山东省文物考古研究所等:《莒县大朱家村大汶口文化墓葬》,《考古学报》1991 年第 2 期,第 167~206+265~272 页。

山东省文物考古研究所:《山东邹平苑城西南庄遗址勘探、试掘简报》,《考古与文物》1992 年第 2 期,第 1~12 页。

山东省文物考古研究所:《山东章丘龙山三村窑厂遗址调查简报》,《华夏考古》1993 年第 1 期,第 1~10 页。

山东省文物考古研究所:《枣庄建新遗址第一、二次发掘简报》,《考古》1994 年第 1 期,第 13~22 页。

山东省文物考古研究所鲁中南考古队、滕州市博物馆:《山东滕州市西康留遗址调查、发掘简报》,《考古》1995 年第 3 期,第 193~202+208+289~290 页。

山东省文物考古研究所、章丘市博物馆:《山东章丘市小荆山遗址调查、发掘报
告》,《华夏考古》1996 年第 2 期,第 1~23 页。

山东省文物考古研究所等:《枣庄建新》,科学出版社,1996 年。

山东省文物考古研究所 聊城地区文化局文物研究室:《山东阳谷县景阳岗龙山
文化城址调查与试掘》,《考古》1997 年第 5 期,第 11~24+97~98 页。

山东省文物考古研究所:《大汶口续集》,科学出版社,1997 年。

山东省文物考古研究所:《山东滕州市西公桥大汶口文化遗址发掘简报》,《考
古》2000 年第 10 期,第 29~45+99~100 页。

山东省文物考古研究所:《山东章丘市西河新时器时代遗址 1997 年的发掘》,
《考古》2000 年第 10 期,第 15~28+97~98 页。

山东省文物考古研究所、寒亭区文管所:《山东潍坊前埠下遗址发掘报告》,《山
东省高速公路考古报告集(1997)》,科学出版社,2000 年,第 1~102 页。

山东省文物考古研究所、东营市博物馆:《山东广饶县傅家遗址的发掘》,《考
古》2002 年第 9 期,第 36~44+103+2 页。

山东省文物考古研究所、章丘市博物馆:《山东章丘市小荆山后李文化环壕聚落
勘探报告》,《华夏考古》2003 年第 3 期,第 3~11 页。

山东省文物考古研究所:《山东 20 世纪考古发现和研究》,科学出版社,
2005 年。

山东省文物考古研究所:《滕州西公桥遗址考古发掘报告》,《海岱考古(第二
辑)》,科学出版社,2007 年,第 1~288 页。

山东省文物考古研究所、济宁市文物局文研室、任城区文物管理所:《山东济宁
玉皇顶遗址发掘报告》,《海岱考古(第三辑)》,科学出版社,2010 年,第 1~
113 页。

山东省文物考古研究所、枣庄市文物管理委员会办公室、枣庄市博物馆:《枣庄
建新遗址 2006 年发掘报告》,《海岱考古(第三辑)》,科学出版社,2010 年,第
162~226 页。

山东省文物考古研究所、淄博市文物局、淄博市博物馆:《淄博市房家遗址发掘
报告》,《海岱考古(第四辑)》,科学出版社,2011 年,第 30~65 页。

山东省文物考古研究所、章丘市城子崖博物馆:《章丘市西河遗址 2008 年考古
发掘报告》,《海岱考古(第五辑)》,科学出版社,2012 年,第 67~138 页。

山东省文物考古研究所、北京大学考古文博学院:《临淄桐林遗址聚落形态研究
考古报告》,《海岱考古(第五辑)》,科学出版社,2012 年,第 139~168 页。

山东省文物考古研究所、临沂市文物局、苍山县文物管理所:《苍山县后杨官庄遗址发掘报告》,《海岱考古(第六辑)》,科学出版社,2013 年,第 15~107 页。

山东省文物考古研究所:《山东泰安市大汶口遗址 2012~2013 年发掘简报》,《考古》2015 年第 10 期,第 7~24+2 页。

山东省文物考古研究所、潍坊市博物馆、寿光市博物馆:《寿光边线王龙山文化城址的考古发掘》,《海岱考古(第八辑)》,科学出版社,2015 年,第 1~55 页。

山东省文物考古研究院:《青州市郝家庄遗址发掘报告》,《海岱考古(第十辑)》,科学出版社,2017 年,第 66~109 页。

山东省文物考古研究院、北京大学考古文博学院:《济南市章丘区城子崖遗址 2013~2015 年发掘简报》,《考古》2019 年第 4 期,第 3~24+2 页。

山东省文物考古研究院:《曲阜果庄遗址考古发掘报告》,《海岱考古(第十二辑)》,科学出版社,2019 年,第 1~57 页。

山东省文物考古研究院、枣庄市文物局、滕州市文物局:《山东滕州市西孟庄龙山文化遗址》,《考古》2020 年第 7 期,第 3~19 页。

山东大学历史系考古专业:《山东泗水尹家城第一次试掘》,《考古》1980 年第 1 期,第 11~17+31+99 页。

山东大学历史系考古专业等:《山东邹平丁公遗址试掘简报》,《考古》1989 年第 5 期,第 391~398 页。

山东大学历史系考古专业等:《山东莒南化家村遗址试掘》,《考古》1989 年第 5 期,第 407~413 页。

山东大学历史系考古专业:《山东邹平县苑城早期新石器文化遗址调查》,《考古》1989 年第 6 期,第 489~496 页。

山东大学历史系考古专业等:《山东邹平县古文化遗址调查》,《考古》1989 年第 6 期,第 505~523 页。

山东大学历史系考古研究室:《泗水尹家城》,文物出版社,1990 年。

山东大学历史系考古专业:《山东邹平丁公遗址第二、三次发掘简报》,《考古》1992 年第 6 期,第 496~504+577、578 页。

山东大学历史系考古专业:《山东邹平丁公遗址第四、五次发掘简报》,《考古》1993 年第 4 期,第 295~299+385~386 页。

山东大学东方考古研究中心、山东省文物考古研究所、济南市考古研究所:《山东济南长清区月庄遗址 2003 年发掘报告》,《东方考古(第 2 集)》,科学出版社,2005 年,第 365~456 页。

山东大学考古学系:《章丘市黄桑院遗址发掘简报》,《海岱考古(第九辑)》,科学出版社,2016 年,第 11~48 页。

山东大学考古学与博物馆学系、滕州市汉画像石馆:《山东滕州官桥村南遗址北辛文化遗存发掘简报》,《东南文化》2019 年第 1 期,第 45~53 页。

商丘地区文物管理委员会、中国社会科学院考古研究所洛阳工作队:《1977 年河南永城王油坊遗址发掘概况》,《考古》1978 年第 1 期,第 35~40 页。

商水县文化馆:《河南商水发现一处大汶口文化墓地》,《考古》1981 年第 1 期,第 87、88 页。

沙雷尔(Sharer,R. J.)著,阿什莫尔(Ashmore,W.)著,余西云等译:《考古学:发现我们的过去》,上海人民出版社,2009 年。

盛和林等:《中国鹿类动物》,华东师范大学出版社,1992 年。

石荣琳:《建新遗址的动物遗骸》,《枣庄建新——新石器时代遗址发掘报告》,科学出版社,1996 年,第 224 页。

施雅风:《中国全新世大暖期气候与环境》,海洋出版社,1992 年。

寿光县博物馆:《寿光县古遗址调查报告》,《海岱考古(第一辑)》,山东大学出版社,1989 年,第 29~60 页。

寿振黄:《中国经济动物志(兽类)》,科学出版社,1962 年。

Simon J. M. Davis, *The Archaeology of Animals*, Yale University Press New Haven and London,1987.

宋吉香:《山东桐林遗址出土植物遗存分析》,中国社会科学院研究生院硕士学位论文,2007 年。

宋艳波:《济南长清月庄 2003 年出土动物遗存分析》,《考古学研究(七)》,科学出版社,2008 年,第 519~531 页。

宋艳波、燕生东、佟佩华、魏成敏:《桓台唐山、前埠遗址出土的动物遗存》,《东方考古(第 5 集)》,科学出版社,2008 年,第 315~345 页。

宋艳波、何德亮:《枣庄建新遗址 2006 年动物骨骼鉴定报告》,《海岱考古(第三辑)》,科学出版社,2010 年,第 224~226 页。

宋艳波:《即墨北阡遗址 2007 年出土动物遗存研究》,《考古》2011 年第 11 期,第 14~18 页。

宋艳波、宋嘉莉、何德亮:《山东滕州庄里西龙山文化遗址出土动物遗存分析》,《东方考古(第 9 集)》,科学出版社,2012 年,第 609~626 页。

宋艳波、李倩、何德亮:《苍山后杨官庄遗址动物遗存分析报告》,《海岱考古(第六辑)》,科学出版社,2013 年,第 108~132 页。

宋艳波:《北阡遗址 2009、2011 年度出土动物遗存初步分析》,《东方考古(第 10

集)》,科学出版社,2013 年,第 194~215 页。

宋艳波、饶小艳:《东初遗址出土动物遗存分析》,《东方考古(第 10 集)》,科学出版社,2013 年,第 189~193 页。

宋艳波、饶小艳:《北阡遗址鱼骨研究》,《东方考古(第 10 集)》,科学出版社,2013 年,第 180~188 页。

宋艳波、林留根:《史前动物遗存分析》,《梁王城遗址发掘报告·史前卷》,文物出版社,2013 年,第 547~559 页。

宋艳波:《鲁南地区龙山文化时期的动物遗存分析》,《江汉考古》2014 年第 6 期,第 84~89 页。

宋艳波、王泽冰:《牟平蛤堆顶遗址 2013 年出土软体动物分析》,《东方考古(第 13 集)》,科学出版社,2016 年,第 208~219 页。

宋艳波、饶小艳、贾庆元:《宿州芦城孜遗址动物骨骼鉴定报告》,《宿州芦城孜》,文物出版社,2016 年,第 369~387 页。

宋艳波:《济南地区后李文化时期动物遗存综合分析》,《华夏考古》2016 年第 3 期,第 53~59 页。

宋艳波、孙波、郝导华:《山东济南彭家庄动物遗存分析》,《京沪高速铁路(山东段)考古报告集》,文物出版社,2017 年,第 77~83 页。

宋艳波、刘延常、徐倩倩:《临沭东盘遗址龙山文化时期动物遗存鉴定报告》,《海岱考古(第十辑)》,科学出版社,2017 年,第 139~149 页。

宋艳波、王永波:《寿光边线王龙山文化城址出土动物遗存分析》,《龙山文化与早期文明——第 22 届国际历史科学大会章丘卫星会议文集》,文物出版社,2017 年,第 204~212 页。

宋艳波、饶小艳、贾庆元:《安徽濉溪石山孜遗址出土动物遗存分析》,《濉溪石山孜——石山孜遗址第二、三次发掘报告》,文物出版社,2017 年,第 402~424 页。

宋艳波、王泽冰、赵文丫、王杰:《牟平蛤堆顶遗址出土动物遗存研究报告》,《东方考古(第 14 集)》,科学出版社,2018 年,第 245~268+368~370 页。

Yanbo Song, Bo Sun, Yaqi Gao, Hailin Yi: The Environment and subsistence in the lower reaches of the yellow river around 10,000 BP—faunal evidence from the bianbiandong cave site in shandong province, China, *Quaternary International*, 2019, 521: 35~43.

宋艳波、李慧、范宪军、武昊、陈松涛、靳桂云:《山东滕州官桥村南遗址出土动物研究报告》,《东方考古(第 16 集)》,科学出版社,2019 年,第 252~261 页。

宋艳波、乙海琳、张小雷：《安徽萧县金寨遗址（2016、2017）动物遗存分析》，《东南文化》2020 年第 3 期，第 104~111 页。

宋艳波、王杰、刘延常、王泽冰：《西河遗址 2008 年出土动物遗存分析——兼论后李文化时期的鱼类消费》，《江汉考古》2021 年第 1 期，第 112~119 页。

孙波等：《临沂化沂庄龙山文化、岳石文化及汉代遗址》，《中国考古学年鉴（1998）》，文物出版社，2000 年，第 140~141 页。

孙波、李曰训、衣同娟：《临朐县古城龙山文化至周代遗址》，《中国考古学年鉴（2011）》，文物出版社，2012 年，第 285~286 页。

孙波、梅圆圆：《基层聚落还是军事据点——山东滕州西孟庄龙山寨墙聚落的一些探讨》，《中国文物报》2020 年 4 月 17 日第 6 版。

孙兆锋：《烟台市大仲家大汶口文化遗址》，《中国考古学年鉴（2015）》，文物出版社，2016 年，第 198 页。

T

唐仲明、王芬、路国权、张宗国：《济南市章丘区焦家遗址 2016~2017 年聚落调查与发掘简报》，《考古》2019 年第 12 期，第 3~19+2 页。

汤卓炜：《环境考古学》，科学出版社，2004 年。

汤卓炜、索罗蒂斯：《中外动物考古发展历程的回顾与展望》，《动物考古（第 1 辑）》，文物出版社，2010 年，第 57~69 页。

汤卓炜、林留根、周润垦、盛之翰、张萌：《江苏连云港藤花落遗址动物遗存初步研究》，《藤花落——连云港市新石器时代遗址考古发掘报告（下）》，科学出版社，2014 年，第 654~679 页。

Terry O'Connor, *The archaeology of animal bones*, Sutton Publishing Limited, 2000.

W

王春云：《日照市岚山区郑家结庄新石器时代及商周遗址》，《中国考古学年鉴（2012）》，文物出版社，2013 年，第 267~268 页。

王芬、宋艳波、李宝硕、樊榕、靳桂云、苑世领：《北阡遗址人和动物骨的 C, N 稳定同位素分析》，《中国科学：地球科学》2013 年第 43 卷第 12 期，第 2029~2036 页。

王芬、李铭、靳桂云：《济南市张马屯遗址新石器时代早期文化遗存》，《考古》2018 年第 2 期，第 116~120 页。

王芬、宋艳波：《济南市章丘区焦家遗址 2016~2017 年大型墓葬发掘简报》，《考古》2019 年第 12 期,第 20~48+2 页。

王富强:《龙口楼子庄新石器时代及青铜时代遗址》,《中国考古学年鉴
（2003）》,文物出版社,2004 年,第 204~205 页。

王富强:《胶东新石器时代遗址的地理分布及相关认识》,《北方文物》2004 年第
2 期,第 1~10 页。

王富强:《山东烟台午台遗址大汶口——龙山文化的新发现》,《黄淮七省考古新
发现（2011~2017）》,大象出版社,2019 年,第 119~122 页。

王海玉、刘延常、靳桂云:《山东省临沭县东盘遗址 2009 年度炭化植物遗存分
析》,《东方考古（第 8 集）》,科学出版社,2011 年,第 357~372 页。

王海玉、靳桂云:《山东即墨北阡遗址（2009）炭化种子果实遗存研究》,《东方考
古（第 10 集）》,科学出版社,2013 年,第 255~279 页。

王海玉、何德亮、靳桂云:《苍山后杨官庄遗址植物遗存分析报告》,《海岱考古
（第 6 集）》,科学出版社,2013 年,第 133~138 页。

王洪明:《山东省海阳县史前遗址调查》,《考古》1985 年第 12 期,第 1057~
1067 页。

王辉、兰玉富、刘延常、佟佩华:《山东省章丘西河遗址的古地貌及相关问题》,
《南方文物》2016 年第 3 期,第 141~147+138 页。

王辉、兰玉富、刘延常、佟佩华、王守功:《后李文化遗址的地貌学观察》,《南方文
物》2018 年第 4 期,第 77~84 页。

王吉怀:《试析史前遗存中的家畜埋葬》,《华夏考古》1996 年第 1 期,第 24~
31 页。

王杰:《章丘焦家遗址 2017 年出土大汶口文化中晚期动物遗存研究》,山东大学
硕士学位论文,2019 年。

王奇志:《连云港市朝阳新石器时代及周代遗址》,《中国考古学年鉴（1996）》,
文物出版社,1998 年,第 137 页。

王强、栾丰实、上条信彦、李明启、杨晓燕:《山东月庄遗址石器表层残留物的淀
粉粒分析:7 000 年前的食物加工及生计模式》,《东方考古（第 7 集）》,科学
出版社,2010 年,第 290~295 页。

王青:《大汶口文化自然环境探讨》,《东南文化》1991 年第 5 期,第 230~235 页。

王青、李慧竹:《海岱地区的獐与史前环境变迁》,《东南文化》1994 年第 5 期,第
67~78 页。

王青:《大汶口文化环境考古初论》,《辽海文物学刊》1996 年第 2 期,第 65~
74 页。

王青:《鲁北地区的先秦遗址分布与中新世海岸变迁》,《环境考古研究(第三辑)》,北京大学出版社,2006 年,第 64~72 页。

王仁湘:《新石器时代葬猪的宗教意义——原始宗教文化遗存探讨札记》,《文物》1981 年第 2 期,第 79~85 页。

王守功、李芳:《后李文化时期环境与社会生活初探》,《环境考古研究(第三辑)》,北京大学出版社,2006 年,第 36~45 页。

王思礼:《山东安丘景芝镇新石器时代墓葬发掘》,《考古学报》1959 年第 4 期,第 17~29+104~109 页。

王炜林:《猫、鼠与人类的定居生活——从泉护村遗址出土的猫骨谈起》,《考古与文物》2010 年第 1 期,第 22~25 页。

王一帆:《丁公遗址动物骨骼碳氮稳定同位素分析》,山东大学学士学位论文,2017 年。

王永波:《獐牙器——原始自然崇拜的产物》,《北方文物》1988 年第 4 期,第22~29 页。

王悦:《章丘黄桑院 2012 年动物遗存研究》,山东大学学士学位论文,2019 年。

王育茜、王树芝、靳桂云:《山东即墨北阡遗址木炭遗存的初步分析》,《东方考古(第 10 集)》,科学出版社,2013 年,第 216~238 页。

王育茜、陈松涛、贾庆元、高雷、靳桂云:《安徽宿州芦城孜遗址 2013 年度浮选结果分析报告》,《海岱考古(第九集)》,科学出版社,2016 年,第 365~380 页。

王子孟、李宝军、郝导华、王龙:《淄博市黄土崖新石器时代至商周遗址》,《中国考古学年鉴(2016)》,文物出版社,2017 年,第 289~290 页。

魏成敏:《昌乐县袁家龙山文化墓地》,《中国考古学年鉴(1999)》,文物出版社,2001 年,第 189~190 页。

魏成敏:《淄博市彭家后李文化遗址》,《中国考古学年鉴(2001)》,文物出版社,2002 年,第 180~181 页。

魏成敏等:《招远市老店龙山文化和商时期遗址》,《中国考古学年鉴(2008)》,文物出版社,2009 年,第 245~246 页。

潍坊市文物管理委员会办公室、昌乐县文物管理所:《山东昌乐县谢家埠遗址的发掘》,《考古》2005 年第 5 期,第 3~17 页。

潍坊市博物馆、昌乐县文物管理所:《昌乐县后于刘遗址发掘报告》,《海岱考古(第五辑)》,科学出版社,2012 年,第 169~242 页。

魏丰等:《浙江余姚河姆渡新石器时代遗址动物群》,海洋出版社,1989 年。

魏娜、袁广阔、王涛、张溯、郭荣臻、靳桂云:《山东章丘宁家埠遗址(2016)炭化植物遗存分析》,《农业考古》2018年第1期,第16~24页。

文化部文物局田野考古领队培训班:《兖州西吴寺遗址第一、二次发掘简报》,《文物》1986年第8期,第45~55+104~105页。

威廉·A.哈维兰著,瞿铁鹏、张钰译:《文化人类学(第十版)》,上海社会科学院出版社,2005年。

吴加安等:《宿县幺庄新石器时代遗址》,《中国考古学年鉴(1992)》,文物出版社,1994年,第221页。

吴瑞静:《大汶口文化生业经济研究——来自植物考古的证据》,山东大学硕士学位论文,2018年。

吴文祺:《微山县尹洼村大汶口文化晚期墓葬》,《中国考古学年鉴(1985年)》,文物出版社,1986年,第155~156页。

吴文婉、靳桂云、王兴华:《海岱地区后李文化的植物利用和栽培:来自济南张马屯遗址的证据》,《中国农史》2015年第2期,第3~13页。

吴文婉、张克思、王泽冰、靳桂云:《章丘西河遗址(2008)植物遗存分析》,《东方考古(第10集)》,科学出版社,2013年,第373~390页。

吴文婉、靳桂云、王海玉、田永德:《山东诸城六吉庄子遗址磨盘、磨棒淀粉粒分析初步结果》,《南方文物》2017年第4期,第201~206页。

吴文婉、姜仕伟、许晶晶、靳桂云:《邹平丁公遗址(2014)龙山文化植物大遗存的初步分析》,《中国农史》2018年第3期,第14~20+13页。

吴晓桐、张兴香、宋艳波、金正耀、栾丰实、黄方:《丁公遗址水生动物资源的锶同位素研究》,《考古》2018年第1期,第111~118页。

伍献文、杨干荣等:《中国经济动物志(淡水鱼类)》,科学出版社,1979年。

吴玉喜:《益都县郝家庄新石器时代遗址》,《中国考古学年鉴(1984)》,文物出版社,1984年,第118页。

吴志刚、高明奎、翁建红:《胶南市河头新石器时代至汉代遗址》,《中国考古学年鉴(2012)》,文物出版社,2013年,第268页。

X

夏武平等:《中国动物图谱(兽类)》,科学出版社,1988年。

夏正楷:《环境考古学——理论与实践》,北京大学出版社,2012年。

徐凤山等:《中国海产双壳类图志》,科学出版社,2008年。

徐明江:《烟台市高新区日头泊龙山文化遗存及宋元墓葬》,《中国考古学年鉴(2013)》,文物出版社,2014年,第254~255页。

徐其忠:《从古文化遗址分布看距今七千年——三千年间鲁北地区地理地形的变迁》,《考古》1992 年第 11 期,第 1023~1032 页。

徐旭生:《中国古史的传说时代(增订本)》,文物出版社,1985 年。

Y

严富华、麦学舜:《淄博临淄后李庄遗址的环境考古学研究》,中国第二届环境考古学术讨论会论文,1994 年,油印稿。转引自何德亮:《山东新石器时代环境考古学研究》,《东方博物》2004 年第 2 期,第 27 页。

烟台市博物馆:《山东烟台市白石村遗址调查简报》,《考古》1981 年第 2 期,第 185~186+170 页。

烟台市博物馆:《烟台白石村遗址发掘报告》,《胶东考古》,文物出版社,1999 年,第 28~95 页。

烟台市博物馆、栖霞牟氏庄园管理处:《山东栖霞市古镇都新石器时代遗址发掘简报》,《考古》2008 年第 2 期,第 7~22+97+2 页。

烟台市博物馆、龙口市博物馆:《龙口市东羔新石器时代遗址》,《中国考古学年鉴(2008)》,文物出版社,2009 年,第 242~243 页。

烟台市博物馆:《荣成市河口遗址发掘报告》,《海岱考古(第五辑)》,科学出版社,2012 年,第 32~66 页。

烟台市博物馆:《山东龙口芦头东南遗址考古发掘报告》,《东方考古(第 11 集)》,科学出版社,2014 年,第 522~533 页。

烟台市博物馆、威海市文物管理办公室、文登市文物管理所:《文登市旸里店墓地发掘简报》,《海岱考古(第七辑)》,科学出版社,2014 年,第 1~13 页。

烟台市博物馆:《山东蓬莱范家遗址调查、勘探、发掘简报》,《海岱考古(第十辑)》,科学出版社,2017 年,第 13~37 页。

烟台市博物馆、龙口市博物馆:《山东龙口市东羔遗址考古发掘报告》,《海岱考古(第十一辑)》,科学出版社,2018 年,第 71~125 页。

烟台市博物馆、龙口市博物馆:《龙口市楼子庄遗址发掘报告》,《海岱考古(第十一辑)》,科学出版社,2018 年,第 126~237 页。

烟台市文管会、烟台市博物馆:《山东烟台毓璜顶新石器时代遗址发掘简报》,《史前研究》1987 年第 2 期,第 62~73 页。

烟台市文管会等:《山东海阳司马台遗址清理简报》,《海岱考古(第一辑)》,山东大学出版社,1989 年,第 250~253 页。

燕生东、曹大志、蓝秋霞:《长清张官遗址发掘的主要收获》,《青年考古学家》第十二期,1999 年印刷,第 27~29 页。

燕生东:《五莲县董家营新石器时代和战国、西汉遗址》,《中国考古学年鉴(2002)》,文物出版社,2003 年,第 230~231 页。

燕生东:《全新世大暖期华北平原环境、文化与海岱文化区》,《环境考古研究(第三辑)》,北京大学出版社,2006 年,第 73~84 页。

燕生东等:《胶州市赵家庄大汶口文化至东周时期遗址》,《中国考古学年鉴(2006)》,文物出版社,2007 年,第 241~242 页。

严文明:《章丘县邢亭山大汶口文化至商代遗址》,《中国考古学年鉴(1986)》,文物出版社,1988 年,第 135 页。

严文明:《章丘县乐盘大汶口文化至商代遗址》,《中国考古学年鉴(1986)》,文物出版社,1988 年,第 136 页。

严文明:《昌乐县邹家庄大汶口文化至商周遗址》,《中国考古学年鉴(1986)》,文物出版社,1988 年,第 136~137 页。

严文明:《走向 21 世纪的考古学》,三秦出版社,1997 年。

严文明:《农业发生与文明起源》,科学出版社,2000 年。

严文明:《中国考古学研究的世纪回顾:新石器时代考古卷》,科学出版社,2008 年。

杨伯峻:《春秋左传注(修订本)》,中华书局,2012 年。

杨凡、张小雷、靳桂云:《安徽萧县金寨遗址(2016 年)植物遗存分析》,《农业考古》2018 年第 4 期,第 26~33 页。

杨立新:《安徽淮河流域的原始文化》,《纪念城子崖遗址发掘 60 周年国际学术讨论会文集》,齐鲁书社,1993 年,第 166~174 页。

杨子范:《山东宁阳县堡头遗址清理简报》,《文物》1959 年第 10 期,第 61~63 页。

叶祥奎:《我国首次发现的地平龟甲壳》,《大汶口——新石器时代墓葬发掘报告》,文物出版社,1974 年,第 159~163 页。

叶祥奎:《山东兖州王因遗址中的龟类甲壳分析报告》,《山东王因——新石器时代遗址发掘报告》,科学出版社,2000 年,第 423~427 页。

乙海琳:《淮河流域大汶口文化晚期的动物资源利用》,山东大学硕士学位论文,2019 年。

沂水县博物馆:《山东沂水县杨庄新石器时代遗址》,《考古》1993 年第 11 期,第 1041~1046 页。

尹达:《禹会村遗址浮选结果分析报告》,《蚌埠禹会村》,文物出版社,2013 年,第 250~268 页。

余杰:《安徽固镇南城孜遗址》,《黄淮七省考古新发现(2011~2017)》,大象出版社,2019 年,第 123~125 页。

袁广阔、王涛、张溯:《章丘市宁家埠新石器时代及商周时期遗址》,《中国考古学年鉴(2017)》,文物出版社,2018 年,第 284 页。

袁靖:《关于如何确定遗址中出土的日本野猪年龄问题的探讨》,《南方民族考古(第 5 辑)》,四川科学技术出版社,1992 年,第 198~202 页。

小池裕子、大泰司纪文、袁靖:《根据动物牙齿状况判断哺乳动物的年龄》,《北方文物》1992 年第 3 期,第 104~106 页。

袁靖、焦南峰译:《日本动物考古学的现状与课题》,《考古与文物》1993 年第 4 期,第 104~110 页。

西本丰弘、袁靖:《论弥生时代的家猪》,《农业考古》1993 年第 3 期,第 282~294 页。

袁靖、秦小丽译:《动物考古学研究的进展——以西欧、北美为中心》,《考古与文物》1994 年第 1 期,第 92~112 页。

袁靖:《关于动物考古学研究的几个问题》,《考古》1994 年第 10 期,第 919~928 页。

袁靖:《研究动物考古学的目标、理论和方法》,《中国历史博物馆馆刊》1995 年第 1 期,第 59~68 页。

袁靖:《试论中国动物考古学的形成与发展》,《江汉考古》1995 年第 2 期,第 84~88+51 页。

袁靖:《论中国新石器时代居民获取肉食资源的方式》,《考古学报》1999 年第 1 期,第 1~22 页。

袁靖:《中国新石器时代家畜起源的问题》,《文物》2001 年第 5 期,第 51~58 页。

袁靖、陈亮:《尉迟寺遗址动物骨骼研究报告》,《蒙城尉迟寺——皖北新石器时代聚落遗存的发掘与研究》,科学出版社,2001 年,第 424~441 页。

袁靖:《考古遗址出土家猪的判断标准》,《中国文物报》2003 年 8 月 1 日第 7 版。

袁靖:《动物考古学研究的新发现与新进展》,《考古》2004 年第 7 期,第 54~59+2 页。

袁靖:《中国古代的家猪起源》,《西部考古(第一辑)》,三秦出版社,2006 年,第 43~49 页。

袁靖、齐乌云：《胶东半岛贝丘遗址的人地关系研究》，《环境考古研究（第三辑）》，北京大学出版社，2006年，第46~52页。

袁靖：《新石器时代动物考古学研究》，《中国考古学研究的世纪回顾——新石器时代考古卷》，科学出版社，2008年，第168~174页。

苑胜龙、程兆奎、徐基：《山东肥城市北坦遗址的大汶口文化遗存》，《考古》2006年第4期，第3~11页。

Z

张飞、王青、陈章龙、张昀、陈雪香：《山东章丘黄桑院遗址2012年度炭化植物遗存分析》，《东方考古（第15集）》，科学出版社，2019年，第174~189页。

张光直：《中国青铜时代》，生活·读书·新知三联书店，1982年。

张光直：《考古人类学随笔》，生活·读书·新知三联书店，1999年。

张光直著，曹兵武译，陈星灿校：《考古学——关于其若干基本概念和理论的再思考》，辽宁教育出版社，2002年。

张光直：《考古学专题六讲》，生活·读书·新知三联书店，2010年。

张敬国：《濉溪县石山子新石器时代遗址》，《中国考古学年鉴（1989）》，文物出版社，1990年，第161页。

张敬国：《宿县芦城子新石器时代遗址》，《中国考古学年鉴（1991）》，文物出版社，1992年，第188页。

张孟闻等：《中国动物志·爬行纲·第一卷》，科学出版社，1989年。

张娟、杨玉璋、张义中、程至杰、张钟云、张居中：《安徽蚌埠钓鱼台遗址炭化植物遗存研究》，《第四纪研究》2018年第2期，第393~405页。

章丘县博物馆：《山东章丘县小荆山遗址调查简报》，《考古》1994年第6期，第490~494页。

章丘市博物馆：《山东章丘市焦家遗址调查》，《考古》1998年第6期，第20~38页。

章丘市博物馆：《山东章丘市大康遗址发掘简报》，《华夏考古》2005年第1期，第23~26+86页。

张素萍：《中国海洋贝类图鉴》，海洋出版社，2008年。

张小雷：《安徽萧县金寨新石器时代遗址》，《黄淮七省考古新发现（2011~2017）》，大象出版社，2019年，第111~114页。

张学海：《益都县杨家营龙山文化和周汉时期遗址》，《中国考古学年鉴（1985）》，文物出版社，1985年，第158页。

张颖：《山东桐林遗址动物骨骼分析》，北京大学学士学位论文，2006年。

张颖：《中国动物考古学发展简史》，《考古学研究（七）》，科学出版社，2008年，第550~557页。

张子晓等：《费县城阳大汶口文化遗址》，《中国考古学年鉴（2002年）》，文物出版社，2003年，第230页。

赵丛苍：《科技考古学概论》，高等教育出版社，2006年。

赵慧民：《尉迟寺遗址孢粉数据与古代植被环境研究》，《蒙城尉迟寺》，科学出版社，2001年，第450~455页。

赵娟：《烟台市臧家大汶口文化遗址》，《中国考古学年鉴（2015）》，文物出版社，2016年，第199页。

赵珍珍、靳桂云、王兴华：《济南张马屯遗址古人类植物性食物资源利用的淀粉粒分析》，《东方考古（第14集）》，科学出版社，2018年，第202~213页。

赵志军：《两城镇与教场铺龙山时代农业生产特点的对比分析》，《东方考古（第1集）》，科学出版社，2004年，第210~215页。

赵志军：《浮选结果分析报告》，《蒙城尉迟寺（第二部）》，科学出版社，2007年，第328~337页。

（汉）郑玄注；（唐）孔颖达正义；吕友仁整理：《礼记正义》，上海古籍出版社，2008年。

郑作新等：《中国动物志·鸟纲·第四卷（鸡形目）》，科学出版社，1978年。

郑作新：《中国经济动物志·鸟类·（第二版）》，科学出版社，1993年。

钟蓓：《滕州西公桥遗址中出土的动物骨骼》，《海岱考古（第二辑）》，科学出版社，2007年，第238~240页。

钟蓓：《济宁玉皇顶遗址中的动物遗骸》，《海岱考古（第三辑）》，科学出版社，2010年，第98~99页。

中国大百科全书总编辑委员会《考古学》编辑委员会：《中国大百科全书·考古学》，中国大百科全书出版社，1986年。

中国疾病预防控制中心营养与食品安全所：《中国食物成分表（第一册·第2版）》，北京大学医学出版社，2012年。

中国科学院古脊椎动物与古人类研究所：《中国脊椎动物化石手册》编写组：《中国脊椎动物化石手册（增订版）》，科学出版社，1979年。

中国科学院《中国自然地理》编辑委员会：《中国自然地理——动物地理》，科学出版社，1979年。

中国科学院中国动物志编辑委员会：《中国动物志爬行纲第1卷·总论·龟鳖

目·鳄形目》,科学出版社,1998年。

中国科学院植物研究所:《三里河遗址植物种籽鉴定报告》,《胶县三里河》,文物出版社,1988年,第185页。

中国科学院考古研究所山东发掘队:《山东梁山青堌堆发掘简报》,《考古》1962年第1期,第28~30页。

中国科学院考古研究所山东发掘队:《山东平度东岳石村新石器时代遗址与战国墓》,《考古》1962年第10期,第509~518+3~6页。

中国科学院考古研究所山东队:《山东曲阜西夏侯遗址第一次发掘报告》,《考古学报》1964年第2期,第57~106页。

中国社会科学院考古研究所河南二队、商丘地区文物管理委员会:《1977年豫东考古纪要》,《考古》1978年第5期,第385~396页。

中国社会科学院考古研究所山东队、滕县博物馆:《山东滕县古遗址调查简报》,《考古》1980年第1期,第32~43页。

中国社会科学院考古研究所山东工作队、山东省滕县博物馆:《山东滕县北辛遗址发掘报告》,《考古学报》1984年第2期,第159~191+264~273页。

中国社会科学院考古研究所山东队、山东省潍坊地区艺术馆:《潍县鲁家口新石器时代遗址》,《考古学报》1985年第3期,第313~351+403~410页。

中国社会科学院考古研究所山东队:《山东省长岛县砣矶岛大口遗址》,《考古》1985年第12期,第1068~1083页。

中国社会科学院考古研究所山东工作队:《西夏侯遗址第二次发掘报告》,《考古学报》1986年第3期,第307~333页。

中国社会科学院考古研究所河南二队、河南商丘地区文物工作队:《河南永城王油坊遗址发掘报告》,《考古学集刊(第5集)》,中国社会科学出版社,1987年,第79~121页。

中国社会科学院考古研究所:《胶县三里河》,文物出版社,1988年。

中国社会科学院考古研究所山东工作队:《山东临朐西朱封龙山文化墓葬》,《考古》1990年第7期,第587~594页。

中国社会科学院考古研究所山东工作队:《山东汶上县东贾柏村新石器时代遗址发掘简报》,《考古》1993年第6期,第461~467页。

中国社会科学院考古研究所安徽工作队:《安徽淮北地区新石器时代遗址调查》,《考古》1993年第11期,第961~980+984页。

中国社会科学院考古研究所:《山东王因——新石器时代遗址发掘报告》,科学出版社,2000年。

中国社会科学院考古研究所：《蒙城尉迟寺》,科学出版社,2001 年。

中国社会科学院考古研究所沣西工作队：《1997 年沣西发掘报告》,《考古学报》2000 年第 2 期,第 199~256+285~292 页。

中国社会科学院考古研究所安徽工作队、蒙城县文化局：《安徽蒙城县尉迟寺遗址 2003 年发掘简报》,《考古》2005 年第 10 期,第 3~24 页。

中国社会科学院考古研究所：《滕州前掌大墓地》,文物出版社,2005 年。

中国社会科学院考古研究所、安徽省蒙城县文化局：《蒙城尉迟寺(第二部)》,科学出版社,2007 年。

中国社会科学院考古研究所：《胶东半岛贝丘遗址环境考古》,社会科学文献出版社,2007 年。

中国社会科学院考古研究所、枣庄市博物馆：《枣庄市二疏城遗址发掘简报》,《海岱考古(第四辑)》,科学出版社,2011 年,第 1~29 页。

中国社会科学院考古研究所科技考古中心动物考古实验室：《河南柘城山台寺遗址出土动物遗骸研究报告》,《豫东考古报告——"中国商丘地区早商文明探索"野外勘察与发掘》,科学出版社,2017 年,第 367~393 页。

《中国猪种》编写组：《中国猪种(一)》,上海人民出版社,1976 年。

中美两城地区联合考古队：《山东日照市两城地区的考古调查》,《考古》1997 年第 4 期,第 1~15 页。

中美两城地区联合考古队：《山东日照市两城镇遗址 1998~2001 年发掘简报》,《考古》2004 年第 9 期,第 7~18+2 页。

中美联合考古队、栾丰实、文德安、于海广、方辉、蔡凤书、王芬、科杰夫：《两城镇——1998~2001 年发掘报告》,文物出版社,2016 年。

庄亦杰、宝文博、Charles French 著,宿凯、靳桂云译,庄亦杰校：《河漫滩加积历史与文化活动：中国黄河下游月庄遗址的地质考古调查》,《东方考古(第 12 集)》,科学出版社,2015 年,第 369~397 页。

周本雄：《河北武安磁山遗址的动物骨骸》,《考古学报》1981 年第 3 期,第 339~347+415~416 页。

周本雄：《山东潍县鲁家口遗址动物遗骸》,《考古学报》1985 年第 3 期,第 349~350 页。

周本雄：《考古动物学》,《大百科全书·考古卷》,大百科全书出版社,1986 年,第 252 页。

周本雄：《烟台白石村新石器时代遗址出土软体动物的鉴定》,《胶东考古》,文物出版社,2000 年,第 95 页。

周本雄：《山东兖州王因新石器时代遗址出土的动物遗骸》，《山东王因——新石器时代遗址发掘报告》，科学出版社，2000 年，第 414~416 页。

周本雄：《山东兖州王因新石器时代遗址中的扬子鳄遗骸》，《山东王因——新石器时代遗址发掘报告》，科学出版社，2000 年，第 417~423 页。

周口地区文化局文物科：《周口市大汶口文化墓葬清理简报》，《中原文物》1986年第 1 期，第 1~3 页。

周昆叔、赵芸芸：《西吴寺遗址孢粉分析报告》，《兖州西吴寺》，科学出版社，1990 年，第 250~251 页。

周润垦、李洪波、张浩林、高海燕：《2003~2004 年连云港藤花落遗址发掘收获》，《东南文化》2005 年第 3 期，第 15~19 页。

朱超：《章丘市榆林新石器岳石及东周时期遗址》，《中国考古学年鉴（2017）》，文物出版社，2018 年，第 283~284 页。

后　　记

　　本书是在 2012 年完成的博士论文基础上修改完成的,新增焦家、丁公等 23 处遗址的资料,更新扁扁洞、北阡等 7 处遗址的资料。书中使用的动物考古相关资料既包含海岱地区 2020 年底前发表的材料,也包含部分本人及实验室尚未发表的材料。这部分尚未发表的材料,多数是因为相关遗址的资料整理工作尚未完成而无法进行细化的量化统计,涉及这些遗址的数量统计结果应以将来正式发表的文章或报告为准。

　　这本书可视作本人入职山东大学近二十年来工作成果的阶段性总结。本书的最终完成,我有很多人需要感谢,没有他们的指引、关怀、信任、支持和帮助,就不会有本书的出版。

　　感谢我的硕士导师黄蕴平先生,黄老师将我引入动物考古研究这一领域,教授我基础的鉴定知识和基本的科研素养。硕士三年的时光里,老师给予我的不仅是学业的指点,还有严格谨慎的治学态度和慈母般的关怀,为我树立了作为指导老师的榜样。

　　感谢我的博士导师栾丰实先生,栾老师将我引入山大考古这个温暖的大集体中,支持我建设动物考古实验室,从事动物考古的教学和科研工作。老师敏捷的思维、广阔的学术视野、严谨的治学之道、宽厚仁慈的胸怀,不仅使我在这十几年的工作和学习中受益匪浅,也将使我获益终生。

　　感谢白云翔教授、孙华教授、方辉教授、王青教授和靳桂云教授等老师在我论文答辩过程中提出的意见和建议,这些宝贵的意见在本书中都有所体现;感谢山东大学历史文化学院的各位前辈和同事对我工作和学习的关心和支持。

　　感谢给我提供遗址一手资料的山东大学、山东省文物考古研究院、烟台市博物馆、江苏省考古研究所、安徽省文物考古研究所、中国社会科学院考古研究所山东工作队和济南市考古研究院等单位的各位领队们,没有你们的信任与支持,就不会有今天这本书的完成;感谢山东大学考古专业 2004～2018 级本科生和我的研究生们,书中很多遗址的资料都是你们与我一起努力的结果,没有你们的支持和帮助,也不可能有今天这本书的完成。

　　感谢老同学吴长青的大力支持,感谢编辑贾利民先生编辑本书的辛苦付出。

　　感谢我的家人对我工作的无限支持,他们是我努力前行的坚强后盾。特别是我的先生薛广源,十余年来,他为了我放弃了很多,付出了很多,承担了很多。还有我亲爱的女儿多多,她的可爱、乖巧、懂事和体贴是我继续前进的动力。

图书在版编目(CIP)数据

海岱地区新石器时代动物考古研究／宋艳波著. —
上海：上海古籍出版社，2022.7
ISBN 978-7-5732-0254-3

Ⅰ.①海… Ⅱ.①宋… Ⅲ.①古动物学—研究—山东
—新石器时代 Ⅳ.①Q915.725.2

中国版本图书馆 CIP 数据核字(2022)第 092857 号

海岱地区新石器时代动物考古研究

宋艳波 著

上海古籍出版社出版发行

(上海市闵行区号景路 159 弄 1-5 号 A 座 5F 邮政编码 201101)

(1) 网址：www.guji.com.cn

(2) E-mail：guji1@guji.com.cn

(3) 易文网网址：www.ewen.co

上海惠敦印务科技有限公司印刷

开本 710×1000 1/16 印张 18.75 插页 3 字数 337,000

2022 年 7 月第 1 版 2022 年 7 月第 1 次印刷

ISBN 978-7-5732-0254-3

K·3139 定价：88.00 元

如有质量问题,请与承印公司联系